本书的研究受到国家社会科学基金重大项目“我国重点生态功能区市场化生态补偿机制研究”（15ZDA054）的资助。

中国重点生态功能区市场化生态补偿机制研究

张　捷　谌　莹　石　柳　景守武　等◎著

责任编辑：王雪珂
责任校对：李俊英
责任印制：程　颖

图书在版编目（CIP）数据

中国重点生态功能区市场化生态补偿机制研究/张捷等著．—北京：中国金融出版社，2021．7
ISBN 978－7－5220－1243－8

Ⅰ．①中…　Ⅱ．①张…　Ⅲ．①生态区—生态环境—补偿机制—研究—中国　Ⅳ．①X－012

中国版本图书馆 CIP 数据核字（2021）第 142306 号

中国重点生态功能区市场化生态补偿机制研究
ZHONGGUO ZHONGDIAN SHENGTAI GONGNENGQU
SHICHANGHUA SHENGTAI BUCHANG JIZHI YANJIU
出版发行　中国金融出版社
社址　北京市丰台区益泽路 2 号
市场开发部　（010）66024766，63805472，63439533（传真）
网 上 书 店　www. cfph. cn
（010）66024766，63372837（传真）
读者服务部　（010）66070833，62568380
邮编　100071
经销　新华书店
印刷　保利达印务有限公司
尺寸　169 毫米×239 毫米
印张　22
字数　330 千
版次　2021 年 7 月第 1 版
印次　2021 年 7 月第 1 次印刷
定价　69.00 元
ISBN 978－7－5220－1243－8

前　　言

自2010年国务院印发《全国主体功能区规划》以来，对于重点生态功能区（含禁止开发区和限制开发区）的生态补偿就成为实施主体功能区规划乃至推动生态文明建设的一个重要政策领域。多年的实践证明，仅仅依靠中央和省级政府的财政转移支付来对重点生态功能区进行生态保护补偿，不仅数量上是远远不够的，而且在提高生态保护和经济社会发展的质量上也显得力有不逮。为了弥补单一纵向补偿的缺陷，党的十八届三中全会关于全面深化改革若干重大问题的决定提出要建立吸引社会资本投入生态环境保护的市场化机制，十九大又明确要求“建立市场化、多元化的生态补偿机制”。2018年底，自然资源部、国家发改委等9部门联合印发《建立市场化、多元化生态保护补偿机制行动计划》，提出了建设市场化、多元化生态补偿机制的主要形式、时间表和路线图。然而，由于理论研究滞后和政策环境未臻成熟，我国重点生态功能区建立市场化生态补偿机制的进展依然显得步履蹒跚，需要进一步开展理论创新和实践总结。

在国家社会科学基金重大项目“我国重点生态功能区市场化生态补偿机制研究”（15ZDA054）的资助下，本项目组在文献梳理、田野调查和实验模拟的基础上开展了多视角的理论创新和实证研究，并在汇集研究成果的基础上形成了这本专著。本书的主要研究内容如下：

第1章为绪论，主要阐明本项目的研究背景和意义。生态补偿实际上反映了作为生态产品主要供给者的广大农村与作为生态产品主要需求者的城市之间围绕生态产品供给的成本/收益进行再分配的一种政治经济关系，建立和健全生态补偿的长效机制，有利于改善生态环境质量，增强优质生态产品的可持续供给，促进重点生态功能区的生态优势转化为发展优势，实现不同地区的协调发展。生态补偿的长效机制应当具有保护动机内生化、补偿资金可持续和多元主体广泛参与的特征，而这正是建立市场化生态补偿机制的意义所在。

第2章介绍市场化多元化生态补偿何以可能、如何实现——基于从单一中心到多中心制度演化的分析视角。在界定核心概念的基础上，旨在构建一个理论框架，探讨中国的生态补偿制度如何由政府主导型体制向市场化多元化体制转型的路径和机制。本章对市场化多元化生态补偿的概念、分类、特征和形式进行了梳理，并分别从适用范畴、制度场域、演化路径及机制设计等方面分析了生态补偿机制转型的机理，指出生态补偿市场化多元化的关键是促进生态治理体制由单一中心结构向多中心结构转变，构建政府、市场和社区等多元共治的新体制。考察了多元共治体制形成的主要路径：通过制度化关联实现主体跨域协调，形成横向生态补偿机制；通过市场化中介与制度拼凑，形成社区主导型生态补偿机制；利用制度互补性对不同场域的影响，实现多重制度互动融合，促进环境权益交易市场的发展。

第3章介绍主体功能区政策对区域经济增长差距的影响。划分主体功能区的主要目的是改善生态环境，优化可持续发展，但在中国，重点生态功能区与经济发展落后地区在空间上高度重合。

本章构建实证模型，分析国家重点生态功能区和国家优化、重点开发区之间的经济差距，发现两类地区的真实生产总值差距悬殊，差距主要由劳动力和资本要素投入的地区差异、要素产出效率以及产业结构的差异所造成；双重差分研究还发现，主体功能区规划的实施扩大了两组样本的经济增长差距，表明现有的生态补偿模式不足以遏制生态功能区与经济开发区之间的发展差距扩大，有必要对生态功能区的生态补偿机制进行制度创新。

第4章介绍生态功能区市场化生态补偿的愿景、争议与理论模型。本章提出在主体功能区战略中引入市场化的生态补偿机制，以诱导重点生态功能区选择用绿水青山换取金山银山的双赢策略。本章梳理和评论了国外围绕市场主导型环境工具（MBI）的争议；构建了两种外部性的内部化理论模型，得出为促使生态功能区的经济开发强度由私人最优向社会最优转移，可以采取以谈判产生的环境标准为产权归依、使横向生态补偿与庇古税原理相结合的制度安排的重要结论。

第5章介绍“科斯范式”与“庇古范式”是否可以融合：中国跨省流域横向生态补偿试点的制度分析。本章从生态系统服务产权交易的视角，探讨了中国跨省横向生态补偿协议的经济学基础，以及其对科斯定理和庇古税的扬弃与融合。构建完全信息的双边博弈模型，发现流域上下游政府通过谈判可以在水质标准上达成内生均衡，这种谈判实质上是建立在状态依存型的排污权初始分配基础上，它部分代替了科斯定理中关于产权明晰化的严格假设，可以最终实现具有帕累托效率的产权交易。

第6章为中国跨省流域横向生态补偿试点绩效的实证研究。本章把安徽省和浙江省实施的新安江流域横向生态补偿试点视为一次准自然实验，采用2007—2015年地级以上城市面板数据，运用双重差分法研究了新安江流域跨省横向生态补偿对水污染强度的影响。研究发现，在分离了其他影响水污染强度的控制变量后，新安江流域横向生态补偿显著地降低了黄山市和杭州市的水污染强度。随着时间的推移，跨省流域横向生态补偿降低水污染强度的效果逐步增强，表明跨省流域横向生态补偿机制可以有效地促进流域生态环境的改善，是中国推进流域治理和生态文明建设的重要制度创新。

第7章介绍森林市场化生态补偿：以林业碳汇为例。本章基于森林碳汇属于特殊的准公共产品的视角，认为单一的财政补贴机制缺乏造血功能，需要在政府财政补贴外，建立健全一套市场化森林碳汇补偿制度，赋予碳汇林业发展以内在驱动力。通过建立高耗能高排放产业与森林经营者之间的林业碳汇市场化交易机制，将环境成本纳入工业生产经营决策，实现外部性的内部化，既有利于节能减排，又可以促进森林碳汇发展。在构建新发展格局的过程中，政府应出台更多政策引导公共和民间资金投资于造林再造林等生态碳汇生产，实现经济高质量发展与碳中和目标的有机融合。

第8章介绍社区主导型市场化生态补偿机制：基于“制度拼凑”与“资源拼凑”的视角。为了探索中国市场化生态补偿机制的多元途径，本章重点研究了社区自然资源管理（CBNRM）与生态服务付费（PES）之间的关系，指出两者代表不同的制度逻辑：前者立足于集体产权下的社会规范，后者建基于产权明晰下的市场机制。为了弥合矛盾，在社区主导型PES机制设计和实施过程中“制度拼凑”不可或缺。本章通过对中国和日本的社区主导型生态补偿典型案例分析，总结出制度拼凑可以分为权力折中、利益共享和示范驱动三种类型，强调了制度拼凑和资源拼凑在形成社区主导型PES机制中的适用性和条件性，对于我国构建市场化多元化的生态补偿体系具有重要参考意义。

第 9 章介绍环境产权交易是否可以获得经济红利与节能减排的双赢：以中国用能权交易为例。本章主要比较命令控制工具和市场机制的工具，何者更能促进经济与环境的双赢。利用 38 个二位数工业分行业数据，分别构造命令控制型和用能权交易型的非参数优化模型，模拟了 2006—2020 年两种政策下中国工业行业的经济潜力和节能潜力。研究结论是，与命令控制政策相比，用能权交易政策均会带来较高的平均经济潜力和节能潜力。但是，具体到各行业，由于市场主体逐利的本质，部分行业的平均节能潜力会被挤出。因此，在实施用能权交易政策时，必须坚持市场交易为主，政府调控为辅，根据各行业不同的经济潜力和节能潜力设计各行业的初始能源配额。

第 10 章介绍环境规制政策与市场化生态补偿机制的互嵌：以河长制行政问责与横向生态补偿为例。本章通过河长制安排探讨环境规制政策与生态补偿市场机制的互嵌可能性。河长制属于命令控制型手段，但它赋予地方行政首长以治水权利和责任，明晰了水环境服务的产权边界和责任主体，有利于引入横向生态补偿的谈判与协商机制。提出在流域治理中使河长制与政府间环境市场相嵌套的必要性和可行性，并为此进行了制度设计。除了上下游两个河长间的横向补偿谈判外，还对多河段（多河长）流域设计了治水基金的区段奖罚制度，其中又分为静态模式、动态模式和动静结合模式，因地制宜地适应各种不同情况。

第 11 章为基于“生态元”核算的长江流域横向生态补偿机制及实施方案研究。本章试图构建适用于大空间尺度且涵盖多种生态服务的综合横向生态补偿模式，建立各地区公平分担保护成本的长效机制。首先，利用“生态元”的核算方法构建长江流域各类生态资源的本底数据库，测算各省生态元总量和单位面积生态元的变化情况。其次，从概念、参与主体、补偿模式和实施效果等方面探讨了创建流域生态缓解银行的构思及其实施机制。基于生态元和生态缓解银行的方案有助于构建大型流域的准市场化综合生态补偿机制。

第12章介绍重点生态功能区生态补偿改革应如何处理政府与市场的关系。本章主要分析不同生态补偿模式中行政手段与市场工具的组合问题。作者认为，由于地理空间、生态服务系统、经济发展水平乃至于环境外部性的千差万别，生态补偿的类型是多种多样的，而对于各种不同类型的生态补偿机制，政府与市场的关系也应各有主从，不宜笼统地提谁为主、谁为辅，而应当根据实际情况分门别类地加以分析。从市场机制适用性的视角，根据理论逻辑和实践经验，本章提出了选择市场化生态补偿工具的一些适用原则，以流域生态补偿为例，梳理了跨省流域生态补偿如何由单一政府出资演变为以市场机制为主、政府支持为辅的市场化多元化生态补偿模式。最后分别从法律体系、基层创新、成本收益共享和估值定价机制几个方面阐述了重点生态功能区创建生态补偿市场机制的着力点。

2020年11月，国家发改委发布了《生态保护补偿条例（公开征求意见稿)》（以下简称《条例》),《条例》所指生态保护补偿是指采取财政转移支付或市场交易等方式，对生态保护者因履行生态保护责任所增加的支出和付出的成本，予以适当补偿的激励性制度安排。《条例》旨在全面贯彻落实党的十八大以来党中央、国务院关于生态环境保护的重要决策部署，系统总结生态保护补偿机制建设的阶段性成果，为不断巩固和发展生态保护补偿实践成果，实现良好生态环境这一最普惠的民生福祉贡献中国智慧。《条例》提出，国家建立政府主导的生态保护补偿机制，对重要自然生态系统的保护，以及划定为重点生态功能区、自然保护地等生态功能重要的区域予以国家财政补助，并鼓励社会力量参与生态保护补偿机制建设，推进生态保护补偿市场化发展。

《条例》的出台一方面标志着我国的生态保护补偿政策开始进入法制化的阶段，尤其是作为生态保护补偿主渠道的财政转移支付的政策体系已经臻于成熟，可以用法律法规固定下来，使政策有所遵循。另一方面，《条例》虽然指出生态保护补偿包括市场交易，国家鼓励社会力量参与机制建设，推进生态保护补偿的市场化发展，但对于市场交易未设专款，对重点生态功能区的补偿只提到财政转移支付，市场化机制语焉不详。这也说明，我国生态保护补偿的市场化机制仍然处于起步阶段，需要在理论上和实践中进一步实现路径探索。

本书正是本着实践总结和理论创新的宗旨所做的一些探索性研究。由于我国的重点生态功能区是以县为单位划分，数据获取困难，问卷调查由于市场化生态补偿开展的时间短，范围和方式不明确，难度也很大。在问卷调查和数据获取十分困难的条件下，项目进行了模型构建、制度分析、机制设计、案例研究、模拟预测和计量分析等工作，突破了过去的研究文献大多停留在定性研究上的局限，在理论构建、制度设计和实证研究上均有所建树，为推进生态补偿市场化发展提供了理论基础和最优案例。

迄今为止，我国生态补偿市场化机制的建设进展缓慢，未能达到预期目标。作者认为，我国生态补偿市场化迟滞的主要原因不在于政府缺乏政治意愿，而在于生态系统的复杂性和社会系统的多样性。一方面现行的自然资源产权制度和生态环境治理体制与创建一个生态环境要素市场的严苛要求相比尚有较大距离，政府规制与市场手段仍然处于替代大于互补的阶段。另一方面，由于现有技术手段尚不足以对生态系统服务功能进行精确计量和货币估值，要通过市场工具同时实现对自然的物理补偿与对社会的经济补偿有机结合也绝非易事，这更增加了建立生态补偿市场化机制的难度。鉴于问题的复杂性，本书的内容依然略显单薄，项目研究主要着力于制度改革和机制设计，提出的观点虽然不乏创见甚至略有超前，但在技术路线和方法学上的研究却停留于浅尝辄止，离顶层设计的落地落实尚存距离。即便如此，作者依然不揣浅陋，抛砖引玉，将拙作就教于同行方家，期盼能够共同切磋，阖力推动中国生态补偿市场化发展的进程。

张捷

2021 年元月于重庆

目　　录

表目录

图目录

第1章
绪　论

1.1　研究背景和意义

中国经济在经过近四十年的高速增长之后，进入以中高速增长、经济结构转型升级、从要素驱动转向创新驱动为主要特征的高质量发展阶段，在此阶段，资源消耗型的粗放增长模式已经难以为继，生态环境问题对经济社会发展的约束作用日益增强。经济高速发展期对原本就很稀缺的生态系统服务的过度消耗，极大地削弱了经济社会可持续发展的自然生态基础。中共中央和国务院2015年5月在《关于加快推进生态文明建设的意见》（以下简称《意见》）中指出，总体上看我国生态文明建设水平仍滞后于经济社会发展，资源约束趋紧，环境污染严重，生态系统退化，发展与人口资源环境之间的矛盾日益突出，已成为经济社会可持续发展的重大瓶颈制约。为了扭转这种状况，《意见》提出到2020年要实现生态环境质量总体改善的目标：主要污染物排放总量继续减少，大气环境质量，重点流域和近岸海域水环境质量得到改善，重要江河湖泊水功能区水质达标率提高到80%以上，饮用水安全保障水平持续提升，土壤环境质量总体保持稳定，环境风险得到有效控制，森林覆盖率达到23%以上，草原综合植被覆盖度达到56%，湿地面积不低于8亿亩，50%以上可治理沙化土地得到治理，自然岸线保有率不低于35%，生物多样性丧失速度得到基本控制，全国生态系统稳定性明显增强。

为了实现上述目标，必须形成源头预防、过程控制、损害赔偿、责任追究的生态文明制度体系，推动自然资源资产产权和用途管制、生态保护红线、生态保护补偿、生态环境保护管理体制等关键制度建设取得决定性进展。该意见把生态保护补偿列为生态文明的关键制度是有原因的，自20世纪80年代以来，我国陆续采取了封山育林，退耕还林，建立自然保护区，在主体功能区规划中设立重点生态功能区等一系列重大措施，试图恢复原有的生态环境。然而，这些措施在相当一段时期内主要是借助工程技术手段来提高生态资源利用率，并未重视利用市场机制建立合理的生态保护补偿机制，尤其是有关生态环境利益/成本分配的经济政策供给不足，使得生态效益及相关的经济效益在保护者与受益者、破坏者与受害者之间存在不公平分配，导致受益者无偿占有生态效益，保护者得不到应有的经济回报，破坏者未能承担破坏生态的责任和成本，受害者也没有得到应有的经济赔偿。这种生态保护和经济利益关系的不平衡，不仅对生态保护不利，也影响了地区之间及利益相关者之间的和谐。要解决这类问题，必须建立有效的生态补偿机制以调整相关方的利益关系，赋予生态保护方足够的保护动机。2005年，中共十六届五中全会首次提出按照“谁开发谁保护，谁受益谁补偿”的原则，加快建立对重点生态功能区在内的生态补偿机制。中共十八大报告明确要求建立反映资源稀缺程度、市场供求关系、体现生态价值和代际补偿的资源有偿使用制度和生态补偿制度。为此，需要在综合考虑生态保护成本、发展机会成本和生态服务价值的基础上，采取财政转移支付和市场交易等方式，对生态保护者给予合理补偿。

然而，建立生态补偿制度涉及如何界定生态保护者和受益者的权利义务，如何评估生态服务的价值，以及如何协调不同地区和不同主体之间的利益关系等难题，是一项十分复杂的系统工程。目前我国的生态补偿主要来自中央和各省的财政转移支付（又称纵向补偿），不仅资金来源狭窄，补偿方式单一，而且缺乏科学性，同时存在补偿不足与补偿过度的问题。更重要的是，纵向补偿无论对于保护者还是受益者均缺乏内在的激励和约束机制，“搭便车”现象随处可见。为了加快形成生态损害者赔偿、受益者付费、保护者得到合理补偿的运行机制，需要把市场机制引入生态补偿领域，探索建立地区间的横向补偿（含货币补偿、实物补偿、项目补偿、技术补偿等）、生态服务使用权交易、生态税费和生态标签等市场化的补偿机制。因此，系统深入地研究对重点生态功能区的市场化生态补偿机制，对于构建生态文明的制度体系，落实主体功能区规划具有重要的现实意义和应用价值。

1.2 现实与问题

生态补偿机制是以保护生态环境、促进人与自然和谐发展为目的，根据生态系统服务价值、生态保护成本、发展机会成本，运用政府和市场手段，调节生态保护利益相关者之间利益关系的制度安排。在我国，重点生态功能区大多数地处偏远贫困地区和生态脆弱地区，生态保护受益地区则大多数属于经济发达地区和人口集聚的城市群，因此，生态补偿实际上反映了作为生态产品主要供给者的广大农村与作为生态产品主要需求者的城市之间围绕生态产品供给的成本/收益进行再分配的一种政治经济关系。中华人民共和国成立以来，我国曾经通过工农业产品价格剪刀差、农业税以及人口红利等要素转移来支撑工业化和城市化进程。近年来，随着资本、劳动力、土地等要素价格的上升和市场化配置，依靠农村传统要素的低价转移来满足城市发展需求的空间变得日益狭小，同时，随着传统要素租金的耗散，支撑农村发展的动能显得日益不足。另一方面，随着工业化进入中后期阶段，城市居民对优良环境和生态服务的需求变得更加强烈。为了满足城市对生态产品的需求，许多农村和偏远地区被划为重点生态功能区，经济开发强度和开发方式都受到限制，需要放弃以资源开发为主的传统工业化模式，一些生态敏感地区甚至被划入了禁止开发区。据乐施会与绿色和平组织的研究报告，在中国生态敏感地带的人口中，74%的人口生活在贫困县内，约占贫困县总人口的81%，贫困人口分布与生态环境脆弱区的地理空间分布高度一致，而贫困地区正是全球气候变化的高度敏感区和重要影响区。中国的重点生态功能区基本上覆盖了14个集中连片特困地区，国家禁止开发区中43%的区域位于国家扶贫开发工作重点县。资源丰富的边远民族地区大多处于生态功能区，生态环境脆弱，囿于经济社会发展的水平，资源开发利用水平不高，极易对生态环境产生负外部性影响。据许丽丽等（2016）的研究，中国14个集中连片贫困地区每年生产大量的“绿色GDP”，对保障中国生态安全具有重要意义。2010年14个片区生态服务总价值达20627.4亿元，与同年份GDP总量22096.20亿元大体相当，在南疆三地州、四省藏区和西藏片区3个西部片区，每年的生态服务总价值为GDP总量的2~12倍。但国家给予14个集中连片特困区的生态补偿资金与当地为维持生态系统服务所损失的机会成本相比严重不足。14个片区每年丧失的机会成本高达1791.0亿元，以此为生态补偿标准，每县平均应该获得生态补偿资金约3亿元，而接受一般性财政转移支付的县平均每年接受补偿资金不到1亿元，不到所需金额的1/3。国家给予的生态补偿资金严重不足，不但给生态功能区扶贫工作带来巨大压力，也给区域带来了严重的生态风险。滇西边境、南疆三地州和大兴安岭南麓片区由于扶贫开发导致的农业活动显著增强，造成的生态风险尤为突出。

国家纵向转移资金不足，不仅使生态功能区经济发展与环境保护的矛盾被放大，而且使生态产品的供需失衡。从供需角度看，由于无法获得正常回报，生态功能区提供生态产品的动力和能力均不足，但另一方面，由于生态产品的外部性特征，受益地区把生态产品当做“免费午餐”，“搭便车”和过度消费现象依然普遍，这就造成生态产品入不敷出，供需缺口日益扩大。因此，建立和健全生态补偿的长效机制，有利于改善生态环境质量，增强优质生态产品的可持续供给，保障资源可持续利用，同时促进重点生态功能区的生态优势转化为发展优势，实现不同地区、不同利益群体之间的协调发展。

何谓生态补偿的长效机制？仅仅依靠上级政府的财政资金和自上而下的行政配置的补偿模式，既难以保证资金的可持续性，又缺乏对生态保护者的内在激励和生态消费者的约束，显然不能被称为长效机制。生态补偿的长效机制应当具有保护动机内生化、补偿资金可持续和多元主体广泛参与的特征。而只有打破中央政府的单一主导体制，形成多主体多中心协同共治的格局，才能实现资金渠道的多元化，并在多元产权主体的基础上推动建立补偿方式的市场化。因此，长效机制就是多元化和市场化的生态补偿机制。同时，多元化和市场化之间也存在着内部关联和因果循环关系，多元化是市场化的前提和基础，没有多元主体就不可能产生市场交易；反过来，市场化又可以促进更多利益主体参与生态环境保护，进一步拓展和丰富生态补偿的多元化，两者之间存在正向反馈关系。

市场化生态补偿是一项涉及面广、政策性强的复杂系统工程，虽然近年来取得显著成效，但在体制机制建设过程中仍然存在一些问题，主要表现在：

（1）单一政府主导型的体制结构未发生根本转变，市场化、多元化生态补偿的实施路径和机制不清晰，道阻且长。生态补偿的顶层设计思路已经基本明朗，中央政府提出让市场在资源配置中起决定性作用、更好地发挥政府作用，在政府主导下发展市场化、多元化的生态补偿机制。十九大后国务院也进行了机构改革，生态文明建设的管理体制得到进一步理顺，这对解决我国生态补偿面临的“政出多门”和政策碎片化问题提供了有力的体制保障。但是，在政府强势主导、大包大揽的制度惯性下，如何消除其他非政府主体的“搭便车”心态，有效动员企业、社区、非政府组织和个人等社会力量积极参与生态补偿，目前尚未找到有效的机制和路径。政府的过度包揽对市场机制和社区治理等自下而上的机制必然产生严重的挤出效应（Crowd out），使得社会资本的投入和社区的参与式保护失去动机。企业、NGO 和居民一旦可以搭政府的“便车”，其在生态环境上自我治理的动力自然就会衰减。而且，政府严格的规制和科层问责制，也使得市场机制和社区自主管理的运作空间（可行集）受到挤压。要解决受益者补偿的动机问题，还需要借鉴国外经验，开展理论创新、制度设计和实践检验。

（2）现行财政体制不利于推进市场化多元化生态补偿机制，尤其是各地区自发实施跨区域生态补偿的动机不强。虽然全国有近 30 个省份相继印发了本辖区《关于健全生态保护补偿机制的实施意见》，有 10 余个省份签署了跨省流域上下游横向生态补偿协议，但省际层面自发建立生态补偿机制的积极性仍然不高，如果缺少中央层面的协调指导和资金支持，由地方自发建立省际生态补偿机制的难度仍然很大。这是因为在当前的财政体制下，财力主要集中于中央，主要的生态环保事权虽然下放给了地方，但并未给予地方相应的资金配套或者资金配套不足，对于外部性很强的生态产品的供给，如果跨省生态补偿（如流域上下游生态补偿）中央只出政策不出资金，地方当然不愿出钱替他人做嫁衣。况且，对于一些经济较发达的省份来说，在分税体制下已经向中央上缴了可用于向贫困地区转移支付的资金，在此基础上再对邻省进行横向生态补偿似乎有重复转移支付之嫌。而在一省范围内，由于各县市都在省级财政的同一口锅里吃饭，在省级财政范围内实行横向生态补偿，实质上是纵向转移支付的一种变相拓展，相当于一种与生态环境考核挂钩的财政奖惩制度，因此在省市行政区域内的生态补偿近年变得流行起来。换言之，建立在分税制基础上的现行财政体制和央地关系，有利于实行同一财政口径下的地区内生态补偿而不利于实行不同财政口径下的地区间生态补偿。

（3）要想建立市场化、多元化的生态补偿机制，就应按照“污染者赔付”“受益者补偿”的原则，理顺生态补偿主体和受偿主体及相互间的权利义务关系。然而，当前我国自然资源资产产权制度尚不完备，统一的确权登记系统和权责明确的产权体系等基础设施建设滞后，统一的生态产品价值评估体系尚待建立，在此情况下，通过公开市场开展产权交易的生态补偿机制无法有效推广。反映在实践中，排污权、碳排放权、水权、林权等市场化交易试点推进缓慢，各地的生态服务公开市场整体上处于低效运行状态，生态补偿措施不得不以财政资金转移为主，其他诸如对口协作、产业转移、人才培训、共建园区等方式大都未能有效开展。

（4）部门间条块分割体制使生态综合补偿十分困难。单要素生态补偿政策在实施中多以部门为主导，系统性、整体性不足，导致要素分割、管理职责交叉、补偿资金难以形成合力、政策叠加效应不明显、资金使用绩效滞后等问题。因此，各地都期盼实施生态综合补偿，但综合哪些要素、怎么综合、谁来牵头等问题都不明确。个别省份探索出台了生态综合补偿试行方案，整合了省级层面与生态保护相关的多项专项资金，但补偿资金到了县级层面依然是条块分割，没有实现真正意义上的整合。

（5）生态保护的地理空间尺度与区域的行政分割问题仍未得到解决，使得大尺度多区域的生态保护计划难以实施。例如在长江流域，虽然各地积极落实共抓大保护、不搞大开发的方针，但流域上下游共下一盘棋的意识和工作机制仍然欠缺。着眼于流域整体性、协调性的全流域补偿机制如何建立，各地想法和诉求并不一致。在谋划构建横向生态补偿机制的同时，如何更好地体现流域上游生态服务价值及保护成本、发展机会成本，生态补偿模式如何因地制宜，也需要在实践中进一步探索。

1.3 构建市场化生态补偿机制的基本框架和演进路径

考虑到中国国情和生态补偿面临的种种复杂问题，中国的市场化生态补偿机制建设不可能一蹴而就，只能循序渐进，根据条件分步推进。图1－1构建了一个简单模型，描述我国市场化生态补偿的基本框架和演进路径。

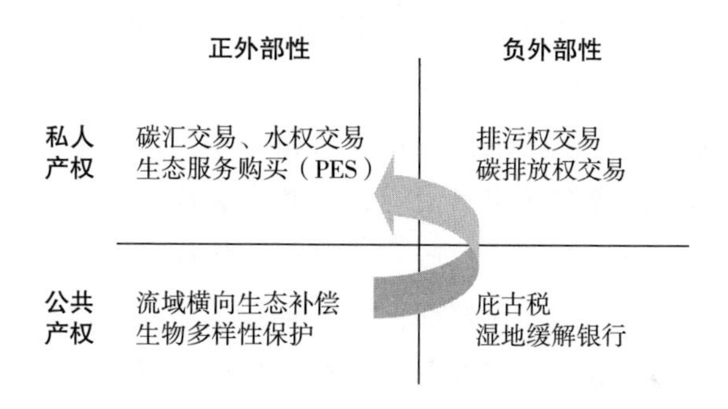

图1－1　生态服务外部性特征、产权属性与市场化生态补偿机制

（资料来源：笔者整理所得）

市场化生态补偿的主要功能是通过市场或者准市场配置资源的机制，消除生态环境保护中的外部性问题①，进而通过外部性的内部化，解决正外部性带来的生态服务供给不足以及负外部性带来的生态服务消费过度的问题。

现代产权理论认为，产权的界定可以有效克服外部性，促进资源的优化配置，这为解决外部性问题、提高资源配置效率提供了新的思路。按照现代产权理论的表述，发挥市场机制作用的前提条件是产权界定清晰和产权制度有效安排。也就是说，只要产权界定清晰、产权制度安排合理，外部性问题就可以通过市场机制得到解决。

---

① 外部性是指经济活动中一个经济主体（国家、企业或个人）的行为直接影响到另一个经济主体的利益，却没有给予相应赔偿或得到相应补偿的现象。外部性分为正外部性和负外部性。正外部性是指经济活动中一个经济主体的行为对另一个经济主体的利益有益，负外部性是指经济活动中一个经济主体的行为对另一个经济主体的利益有损。

根据生态服务的外部性特征和产权属性，本书构建了一个二维模型来反映市场化生态补偿的基本框架和演化路径。图1-1中，横轴划分了生态服务的正负两种外部性[①]，纵轴区别了生态系统服务的产权属性[②]。私人产权主要指支配（含使用）生态服务的非政府行为主体（包括企业、农户、合作社、非政府组织和居民等），公共产权主要包括国有产权和集体产权。在中国国情下，绝大多数的自然资源属于国家所有（如森林、河流、湖泊、矿山、海洋等），国家可以把一些具有正外部性的自然资源委授给地方使用和管理。当生态系统服务的供给者（保护者）和受益者均能够被识别时，它们之间就可以围绕生态服务正外部性的补偿展开谈判。例如，流域的上游地区通过保护生态向下游地区提供了合格的水资源，下游地区理应对上游地区保护水环境的成本（包括治理成本和机会成本）给予补偿。至于怎么补、补多少，则由上下游地方政府或其他主体间通过谈判协商确定。这就是中国目前开展省际跨界流域横向生态补偿的做法。从中国的流域横向生态补偿试点来看，虽然还存在各种需要解决的问题，但这些横向补偿协议至少表明，由地方政府来代理上下游水资源补偿者和被补偿者的谈判是一种低成本的博弈策略。由于横向生态补偿并不需要改变流域水资源的公共产权属性，甚至不需要对使用水资源的初始产权（地方用水指标）进行再分配，只需要在执行协议时进行地方财政资金的横向转移即可，因此它成为我国最早实行的准市场化生态补偿机制。但需要指出，由于产权关系没有发生变化，资源仍然属于国家所有，上下游地方政府之间的谈判实际上需要得到产权所有人中央政府的授权或者鼓励，试点中这些谈判大多数是在中央政府的推动、指导和协调下完成的，甚至中央政府所提供的配套资金远远大于地方政府补偿。因此，中央政府的撮合和出资是达成协议不可缺少的因素，然而对此机制并没有颁布任何法律规定，中央政府有权力

---

① 生态服务的负外部性是指某些生态系统功能因为环境污染和生态退化而丧失乃至发生异化时对人类造成的损失，如空气污染和水污染对人类健康造成的危害。一项生态服务对人类可能既有正外部性又有负外部性，其外部性特征可以根据使用者所制定的环境标准来判别，污染指标超过环境标准的生态服务，给使用者带来的损害大于惠益，净外部性为负；反之则为正。

② 产权是一个包括所有权、使用权、收益权、处分权、转让权等在内的权利束，考虑到生态服务的公共品特征，本书的产权主要是指使用权（民法上的用益权），但也不排除使用权与其他权利的捆绑。

对这一隐含规则加以修改，在出资上逐渐淡出横向补偿协议。

横向生态补偿是在同一产权主体内部的财政转移，是在单一行政主导治理体制中引入了部分准市场化机制（由谈判而非行政命令来为生态服务的外部性定价），它本质上属于体制内的一种环境政治市场（Political Markets）。正因为局限于体制内，不需要重新界定产权，横向生态补偿的交易成本相对较低，成为中国发展市场化生态补偿机制的一个突破口。然而，地方政府参加谈判的动机、跨界断面的水质标准如何确定、补偿标准如何确定、上游地区来水未达到环境标准时怎么办？这些尚未得到解答的问题本书将在后面的研究中尽力给予解答。

实际上，流域横向生态补偿不仅是对生态服务正外部性（生态保护）的补偿，当流域的生态服务产生负外部性时（如上游污染使水质严重超标），横向补偿机制也可以使负外部性的受害者得到损害赔偿，对于这种双向补偿机制在后面的篇章中将进行详细分析。

如果难以找到明确的负外部性制造者和正外部性受益者，政府就可以以生态服务终极所有者的身份，通过对生态服务的全体使用者征税，并对已然明确的正外部性制造者给予补贴，以消除外部性。这种生态税和生态补贴被称为庇古税（Pigouvian Taxes），属于一种价格型的环境政策工具，也是一种政府主导型的低成本安排。目前我国实行的环境税也属于庇古税，但税目仅针对污染物排放，尚未覆盖生态服务领域。除生态税和生态补偿以外，还可以参照美国“湿地缓解银行”的做法，对于占用和损害湿地等生态用地的项目，本着零净损失（No Net Loss）的原则，由占用土地的项目业主预先支付补偿金，委托第三方重建或再建湿地等生态用地。借鉴“湿地缓解银行”的做法，我国可以解决一些不得不占用非国有且具有生态功能土地项目的补偿问题。

如果把前述流域横向生态补偿视为流域上下游地区就流域的水环境容量（水环境自净能力总和）展开的一种使用权交易，如果可以把这种环境容量使用权的总量测算出来并加以限制，就形成了一个排污权总量上限（cap），如果把排污权总量上限进一步分解到各个地区，地区再将其分配给有排污需求的用户，允许这些用户之间对排污许可（配额）展开交易（Cap and Trade），就可以形成一个排污权交易市场。应该说，排污权交易市场与横向生态补偿之间存在紧密的内在关联。横向生态补偿在地区之间通过跨界断面水质标准规定了上游地区可以使用的排污量上限，上游地区为了不超过该上限乃至进一步减少排污量，需要将排污权分解到排污用户，并辅之以市场交易机制，以最低的成本实现排污总量限制。因此，横向生态补偿机制通过总量限制和供需主体的扩容将直接推动排污权交易的发展，使排污权市场摆脱规模狭小、交易清淡的窘境。

排污权总量上限和配额都是政府通过制造稀缺性而人为创造出的一种环境产权，但这种初始产权界定（即广义的产权私有化）为市场交易奠定了基础，而一个有效的、具有一定广度和深度的排污权交易市场，又可以较好地为生态服务的负外部性定价。根据外部性的定义，这种定价意味着污染物排放产生的社会成本得到补偿。有了这种市场定价，在横向生态补偿谈判中，谈判双方就可以把污染物排放的市场价格作为参照系，协商确定达标补偿和超标赔偿的金额，避免在生态服务估值上争执不休。因此，排污权市场的形成和成熟亦将为横向生态补偿营造一个有利的制度环境，排污权交易和横向生态补偿之间存在着相互补充、相互促进的关系。

二氧化碳排放权交易市场的功能和原理与排污权交易市场大致相同。

最后，在对各类自然资源和生态服务的确权（建立初始产权）基本完成，生态补偿的法律法规基本形成的基础上，对大量涉及社区的本地生态服务可以实行生态服务购买（PES）的补偿机制（参见后面章节），而对一些具有直接使用价值的生态服务[①]（如水、碳汇等），则可以采取用益权交易的补偿形式。

水权、排污权、碳排放权等产权交易均属于市场导向的数量控制型政策工具，它们需要具有较完备的监测、评估、核查、分配等管理系统，对市场基础设施要求较高。

相对而言，环境权益交易对于交易双方的产权属性要求并不高，只要产权边界清晰即可，因为市场交易标的主要依据政府分配的使用权，在一

---

① 联合国千年生态系统评估（The Millennium Ecosystem Assessment，MA）把生态系统服务功能划分为四类：供给功能、调节功能、支持功能和文化功能，其中供给功能和文化功能的价值可通过市场价格和收入进行估算和衡量，属于生态系统的直接使用价值；调节功能和支持功能难以通过商品化进行估值，属于生态系统服务功能的间接使用价值。

定条件下可以收回并注销，不是附着于主体的永久财产权。环境权益交易主要问题是权益总量的限定必须具有科学依据，用益权许可的初始发放必须遵循公开公平公正的原则，否则可能出现效率与公平发生冲突乃至显失公平的情况。由此可知，政府在环境权益交易市场的创建过程中起着关键性作用，尤其是政府如何分配初始产权，对于市场运作和价格形成关系重大。

综上所述，针对不同的生态服务外部性特征和产权属性，需要开发出各种市场化的生态补偿方式，逐步实现市场化生态补偿机制对重要生态服务的基本覆盖。这种生态服务市场化在中国的大致演化路径分为以下几步：首先，由特定地区之间展开对生态服务正外部性的横向生态补偿（地方政府间的半市场化交易）；其次，在更大范围内对涉及生态服务的使用者征收“庇古税”；再次，创建各类主体就生态服务的负外部性展开产权交易的公开市场；最后，发展各类主体就生态服务正外部性进行一对一或一对多的生态服务购买，以及多对多的环境权益交易，在完善生态服务定价机制的同时，使生态服务惠益的提供者获得真金白银。

为了推进市场化生态补偿机制的建设，需要进一步理顺生态补偿管理体制，处理好中央与地方的关系，健全和强化监督机制；加强基础研究，加快建立自然资源资产评估核算体系，完善补偿标准核算体系；加强补偿绩效评估，量化评估区际生态服务提供和受益情况，评估结果可作为完善生态补偿政策的重要依据。加快立法步伐，为各地深入实施市场化生态补偿机制提供法律依据。

进一步加强生态补偿机制的顶层设计，做到因地制宜、纵横交织、分类实施、协调推进。对于部分生态脆弱且关乎国家生态安全的重点生态功能区，要建立国家公园制度，实行国家购买，进一步加大纵向转移支付力度，有序进行生态移民，实施封闭式保护。推动其他生态保护地区与生态受益地区建立横向生态补偿机制，鼓励人口稠密地区大胆探索排污权、水权和碳排放权等市场化生态补偿机制，鼓励地区探索建立社会资本出资、市场运作的生态补偿基金机制。以山水林田湖草系统保护为目标，与国家各类区域战略政策相结合，加大对各类财政资金的统筹力度，不断创新资金使用模式，运用各种绿色金融渠道拓宽生态补偿的筹融资路径。

进一步加强生态补偿与生态保护修复的有机结合，有效促进生态服务价值稳定提升。根据区域主导生态功能和生态系统结构特征，识别生态保护修复重点区域空间分布，围绕重点难点问题制订保护修复方案和实施路线图，推动更多重点生态功能区和生态受益区实现生态服务购买，科学测算生态服务增量，合理确定购买价格；鼓励生态修复较好地区在保护优先前提下发展生态旅游、生态农业等生态产业，培育生态产品市场，促进生态产品价值转化，形成生态补偿与生态保护和修复、生态产品开发的良性循环，让更多的生态优势转化为发展优势。

1.4 横向生态补偿机制的制度经济学分析

生态补偿是我国推进生态文明建设和主体功能区战略的基础性制度，在该制度创建的起步阶段，实行的主要是纵向补偿制度。纵向补偿融资渠道单一，补偿力度和补偿效果受到局限。党的十八届三中全会提出“推动地区间建立横向生态补偿制度”。2015 年 9 月国务院在《生态文明体制改革总体方案》中提出试行包括水资源横向生态补偿和水权交易在内的新机制。2016 年 5 月国务院出台的《关于健全生态保护补偿机制的意见》中明确提出完善对重点生态功能区的生态补偿机制，推动地区间建立流域横向生态补偿制度，在典型流域开展横向生态补偿试点。上述政策反映出我国在生态补偿领域逐步引入市场机制，正在尝试建立以纵向补偿为主、以横向补偿为辅的多元化制度体系。

1.4.1 理论范式与补偿方式比较

从本质上看，纵向补偿属于经济学中解决公共产品外部性问题的“庇古范式”。该范式通过对负外部性制造者征收税费，用于补贴正外部性制造者，使外部性内部化。庇古范式倾向于通过政府干预而不是市场交易来解决生态服务的外部性问题。与之相对应的是“科斯范式”。科斯的核心观点是外部性源于生态服务的产权不清，通过法律界定产权并开展市场交易，即可将其外部性内部化。横向补偿建立在补偿方和受偿方自愿参与平等协商的基础上，双方在补偿标准、补偿方式、监管方式等方面通过谈判达成协议并自主执行协议，不存在命令—控制型的关系，因此，横向补偿可以归类于科斯范式，属于半市场化的补偿方式。

在生态服务的受益者广泛且难以确定时，纵向补偿是一种节约交易成本的制度安排。但纵向补偿在生态保护的激励和约束机制上存在着较大的局限性。以流域生态补偿为例，在纵向补偿方式下，水源区容易滋生“等、靠、要”的思想，一味强调自身的发展权受损，对生态保护态度消极。而水源保护的受益地区则安于“搭便车”，强调自身的环境权不可侵犯，认为水源区保护生态是理所当然，不珍惜来之不易的生态服务。与纵向补偿相比，横向补偿引入了激励相容的市场机制。水源区得到的补偿（或处罚）直接与水质水量挂钩，治理动力大为增强；受益区要花钱才能得到好水，对水资源自然更加珍惜和节约。同时，横向补偿双方共饮一江水，利害攸关降低了信息不对称程度，一旦双方形成相互信赖协同治理的利益共同体，道德风险和交易成本会大大降低，收到事半功倍之效。

综上所述，在生态产品外部性的受益者（或受害者）容易辨识，补偿方和受偿方的生态相关性和利益关系联系紧密的情形下，应尽可能地采用基于“科斯范式”的横向补偿，否则需采取基于“庇古范式”的纵向补偿。不过，在中国国情下，这两种补偿方式并非泾渭分明，在不少情况下，两者也可以互为补充，形成“纵横”交织的混合补偿方式。

1.4.2 基于“科斯范式”的横向补偿机制的设计难点

安徽省、浙江省于2011年就新安江流域水环境治理达成我国首个横向生态补偿协议以来，省际横向生态补偿进展缓慢。直至2016年3月，在福建省龙岩市召开的流域上下游横向生态补偿机制建设工作推进会上，广东省与福建省、广西壮族自治区分别签署了汀江—韩江流域、九洲江流域水环境补偿协议，同年10月，粤赣两省又签署了东江流域上下游横向生态补偿协议，这几个协议标志着中国省际横向生态补偿的试点步伐重新加速。

众所周知，广东省地处中国大陆最南端，省际河流共52条，其中来自邻省的河流44条，大部分省内的水资源均来源于外省。由于珠江水系源远流长、上游繁多，长期以来广东省一直讳言生态补偿，以避免产生补不胜补的“骨牌效应”。但近年来广东省却在短短半年多，一口气与上游邻省签署了三个横向补偿协议，其中原因究竟何在？

以东江为例，过去粤赣两省围绕赣南东江源地区的水环境保护问题已经谈了十多年，但始终难以破题。其中的主要障碍有以下几点。其一，产权问题。根据科斯定理，只有在初始产权得到清晰界定的情况下，才可能通过主体间的谈判实现资源的最优配置。但在中国，水资源属于全民所有，沿岸地区只有使用权。发展需要用水且难免产生污染，在所有权主体虚置的情况下，中国的流域上下游在发生水环境纠纷时，无不遇到上游强调自身发展权、下游强调自身环境权的矛盾，粤赣两省也不例外。广东省不仅强调水资源属于全民所有，江西省无权污染水源，同时还强调广东省是全国向中央上缴财政资金最多的省份，这些资金已经纳入了中央对贫困地区的转移支付中（即纵向补偿），没有理由再让广东省重复补偿。在生态补偿尚无法律规范的背景下，“科斯范式”首先遇到了初始产权配置的难题。中央政府作为水资源所有者的代表，究竟应当把初始产权判给谁呢？判给江西省（即承认其发展权），则可能使恶化中的水环境突破生态红线，带来双输的结果；判给广东省（即承认其环境权），又有让“穷人”无偿为“富人”保护环境的意味，有违公平原则。

其二，信息不对称所带来的交易成本问题。横向生态补偿实质上是一种委托代理关系，即下游为了得到更好的水资源，出资让上游去治理生态环境。下游是委托人，上游是代理人。委托代理的合约构建必须同时满足参与约束和激励相容约束两个条件。所谓参与约束是指代理人接受合约的收益必须大于不接受合约而采取其他行动的收益；激励相容约束是指代理人执行合约不但能为自身带来更大收益，而且也符合委托人收益最大化的预期。这两个约束条件意味着合约设计的补偿标准应当大于上游提供生态服务的机会成本，小于下游从生态服务使用中获得的收益。但由于信息不对称，下游不清楚上游保护生态环境的机会成本（如江西省为了达到广东省要求的水质标准，除了治污以外，还需要采取封山、育林、退果、关矿、移民等措施），如果补偿标准定低了，将无法满足上游的参与约束条件；补偿标准定高了，下游又担心被上游“敲竹杠”（Hold Up），无法实现自身收益的最大化。上下游之间在围绕补偿标准的博弈中将陷入僵局。正如“科斯定理”所指出，当信息不对称造成交易成本过高时，市场将无法找到最优均衡点。

以上悖论导致经典的“科斯范式”难以适用于中国国情，纯市场化的生态补偿有可能陷入无解的困境。要破解这种困境，必须在机制设计上进行创新，寻找一种新的制度安排。

1.4.3 嵌套式合约、动态产权配置与环保“锦标赛”机制

分析迄今为止的横向补偿协议，可以发现两个共同点：（1）除了上下游省份各自对等出资或者按照辖内流域面积出资作为补偿基金以外，中央政府还以等于或高于双方出资之和的配套资金作为绩效奖励，用于上游省份的水环境治理；（2）除了九洲江以外，其他流域均采取了“双向补偿”原则（俗称“对赌”），即上游水质稳定达标时由下游拨付资金补偿上游，若上游水质恶化则由上游赔偿下游。作者认为，来自中央的配套资金和双向补偿机制等因素，对于破解科斯范式面临的困境“功不可没”。

首先，在已经达成协议的横向生态补偿案例中，中央不仅是中间协调人、监督人和审核人，而且还扮演了“价格填补人”的角色。中央对地方的资金配套是有条件的，只有当双方达成并执行横向补偿协议、使水环境治理初见成效时，中央对上游地区的补偿资金才会逐步到位。在此纵横交织的嵌套式合约中，纵向补偿成为了横向补偿的诱导和补强机制。一方面它填补了谈判双方在补偿标准上“要价出价”的差距，另一方面，中央的资金配套缓解了下游地区担心被上游“敲竹杠”的疑虑，从而有效地化解了信息不对称条件下横向补偿合约必须同时满足参与约束和激励相容约束的难题。

其次，“双向补偿”模式通过相机抉择的产权配置，巧妙地避开了横向补偿中的“产权”争议。在中央的仲裁下，上下游根据事先约定的水质标准来确定补偿对象和分配补偿资金，坚持权利与义务（责任）对等的原则。如表1-1所示，当上游来水达到双方约定的水质标准时，下游地区负有向上游的环境保护提供补偿的义务，上游地区享有受偿权利，此时的初始产权配置是上游的发展权优先；而当跨界断面的水质不达标时，上游则负有赔偿下游的责任，下游享有受偿权利，此时的产权配置状态是下游的环境权优先。这种按照水质（亦可加入水量）标准来动态配置权利的双向补偿

模式在激励和约束机制上明显优于单向补偿。单向补偿是把环境使用权始终如一地配置给上游，下游要减少上游过度使用环境容量所带来的外部性，唯一的办法是赎买上游的权利。而上游则有更大的选择自由，如果下游的补偿足够多，上游可以放弃对环境容量的过度使用，转而加强环境保护；如果下游的补偿少于环境容量使用所带来的收益，上游可以不执行合约，继续保持过去的环境容量使用强度。后者对流域的生态环境治理显然是不利的。双向补偿合约改变了对上游的“软约束”，在上游未能达到水质标准时反过来赔偿下游，断了上游的“退路”，迫使其只能选择加强环境保护。

表1-1　　基于水质基准的动态流域初始产权配置

水质情况	上游	下游
水质达标	受偿权利发展权优先	补偿义务
水质不达标	赔偿责任	受偿权利环境权优先

资料来源：笔者整理。

需要强调的是，基于水质基准的产权配置可以被视为一种相机抉择的动态产权结构，建立在这种产权结构基础上的生态补偿实质上是布罗姆利所称的“制度交易”（Institutional Transactions），即把主体间的交易视为一种对不同制度安排进行选择的经济行为。在这里，水质基准成为“制度交易”的关键。基准的建立既来自法律规制，又得到了谈判双方的认同，即该基准通过努力是可以实现的。建立在可报告、可检测、可核实三原则（MRV）基础上的水质基准为“制度交易”提供了技术保障，大大降低了双向补偿的交易成本。

最后，纵向配套与双向补偿均属于绩效导向型的激励机制，但这两种机制对于上游的激励强度均明显甚于下游。激励下游参与补偿合约的机制又是什么？除了期望得到更好的水资源这一经济动因以外，是否还有其他非经济因素？自党的十八大以来，生态文明被提到前所未有的高度，中央对地方政府的政绩考核日渐向生态环保质量倾斜。在此背景下，中国地方政府间围绕经济发展的“锦标赛”模式也在悄然发生变化。虽然晋升竞赛依然激烈，但竞赛“指标”中的GDP比重在下降，生态环保比重则越来越大。广东省在半年间与邻省密集签署了三个横向生态补偿协议，其大局意识和环保理念得到中央的高度肯定，不仅扭转了对广东省回避生态补偿的成见，而且引领地方政府环保“锦标赛”的风气之先，对于横向生态补偿试点的推广起到了良好的示范作用。

1.5　难点与建议

我国的流域横向生态补偿试点在“科斯范式”基础上结合中国国情进行了若干制度创新。当上下游的博弈难以同时满足参与约束和激励相容约束时，引入了纵向补偿来填平双方的“价格”鸿沟，形成“纵横”交织的嵌套式合约，并以奖罚兼用的双向补偿来化解上下游的“产权”争议，依靠中央政府的引导和支持克服了科斯范式对交易成本过度敏感的难题。

然而，迄今为止的流域横向生态补偿实践仍然存在以下难点，需要进一步加以改进。

（1）由于生态补偿主要针对提供生态服务的上游地区，对于生态服务使用者的下游仍然存在激励不足的问题。下游在水质较好时缺乏参与补偿的动力，往往是在水质恶化时才被迫参与补偿。这种情况不符合以预防为主的环保原则，而且可能诱使上游采取先污染、得到补偿后再治理的机会主义策略。建议今后在水质达标的流域签订预防性的长期补偿协议，对偏离水质标准（改善或恶化）的情形采取累进的奖罚措施，增强双方参与的积极性。

（2）由于缺乏法律规范，合约的存废在很大程度上取决于地方主政官员的偏好。如果地方主官属于政治型官员，合约成功的概率较高；若地方主官属于经济型官员时情况则相反。建议尽快制定国家层面的生态补偿法规和具有可操作性的实施指南，落实水资源和水环境治理的属地责任制，使横向生态补偿有法可依。

（3）目前的横向补偿试点政治市场色彩较浓，在制定补偿标准时缺乏科学依据和成本核算，在由试点转向推广阶段时，中央财政和地方财政均将面临补偿可持续性的问题。建议建立一套普遍认可的生态服务价值评估方法，合理确定生态补偿的资金标准。

（4）上下游一对一的谈判和补偿模式仅适用于中小流域，对于流经多省的大流域，需要有多个一对一的合约才能构成完整的补偿体系，高昂的交易成本将使目前的模式失效。对于大流域的生态补偿，建议由中央和各省区政府共同组建生态补偿基金，委托第三方管理。借鉴排污权和碳排放权配额的基准分配方法，基于各跨省断面的水质水量数据信息，参考国家水功能区对河流的水质标准计算出补偿基准，如果排污量超标，水质水量综合系数劣于基准，则按照其差距向基金支付相应的补偿金额；相反，如果排污量少、产水量多，水质水量综合系数优于基准，则依据系数差额从基金获得相应补偿。这种基于共同基准的、奖罚并举的综合补偿机制既可以避免高昂的交易成本，而且可以化解上游发展权与下游环境权之间的冲突，构建一种正负外部性可以同时实现内部化的激励相容机制。

第 2 章
市场化多元化生态补偿何以可能、如何实现

——基于从单一中心到多中心制度演化的分析视角

生态补偿是旨在保护生态环境、实现人与自然及人与社会和谐共生，采取公共政策或市场化手段，促进生态系统保护利益内部化的一系列制度安排（陈冰波，2009）。进入 21 世纪以来，伴随着生态文明建设和主体功能区规划的实施，生态补偿在中国环境政策体系中的重要性日益凸显。2016 年 5 月，国务院在《关于健全生态保护补偿机制的意见》中提出研究建立生态环境损害赔偿、生态产品市场交易与生态保护补偿协同推进的新机制。党的十九大报告明确要求“建立市场化、多元化的生态补偿机制”。2018 年 12 月，自然资源部、国家发改委等九部门联合印发《建立市场化、多元化生态保护补偿机制行动计划》，提出了推进我国市场化、多元化生态保护补偿机制的时间表和路线图。该文件指出十八大以来虽然我国生态保护补偿机制建设取得初步成效，但在实践中还存在企业和社会公众参与度不高、优良生态产品和生态服务供给不足等矛盾和问题，亟须建立政府主导、企业和社会参与、市场化运作、可持续的生态补偿机制。文件还列举了市场化多元化生态补偿的九种主要形式。

为什么在具有公共产品属性的生态系统服务领域需要引入市场化多元化生态补偿机制？市场化多元化生态补偿的主要类型、治理结构及其构建路径是什么？通过不同路径构建市场化多元化生态补偿的机理是什么？对于这些问题，本章将在梳理国内外研究的基础上，通过创建理论框架，结

合典型案例，探索符合中国国情的答案。

2.1 构建市场化多元化生态补偿机制的必要性

为什么对属于公共物品的生态保护要实施市场化的生态补偿？从中国的现实情况看，虽然国家用于生态补偿的财政转移支付逐年增加，2001 年我国中央政府投入的生态补偿资金为 23 亿元，2019 年达到 1800 多亿元，但囿于财力所限和生态环境欠账过多，各级政府的财政转移支付仍然无法满足生态修复、环境保护与民生改善的需求。在我国，大多数重点生态功能区同时也是贫困地区和生态脆弱地区，脱贫致富和生态保护压力叠加，对当地的生态环境构成一种潜在威胁。从供需角度看，生态产品的外部性特征使受益地区尤其是非生态功能区把生态产品当做“免费午餐”，“搭便车”和过度消费现象十分普遍。在难以获得正常回报的情况下，生态功能区保护生态环境的动力不足，生态产品入不敷出，供需缺口很大，亟须建立保护生态环境的内生长效机制。

长期以来，我国的环境治理奉行单一的政府主导体制，直至今天，“经济靠市场、环保靠政府”的传统观念在国内依然根深蒂固，基于市场的生态治理体系和利益格局还在形成过程中（王斌斌和李晓燕，2015）。一些学者把“政府主导”当成“中国模式”的基本经验，认为我国的生态治理也应坚持“政府主导、市场补充”的模式（张劲松，2013）。然而，政府主导模式本质上还是经济增长至上，由于生态功能区的 GDP 占比远远低于经济发达地区，每当经济面临下行压力时，政府的资源配置就会不由自主地向发达地区倾斜，对生态治理的投入往往让位于对经济增长的关注。从效率上看，政府主导模式耗费了大量公共财力，而对经济增长与生态治理的促进作用却在边际递减，其弊端也在不断放大（王斌斌和李晓燕，2015）。随着我国社会主义市场经济体制的不断完善，生态治理要逐步破除“政府主导”模式，实现政府与市场的有效融合。对此，一些文献提出了优化政府环境治理模式，构建“政府规制和适度监管下自主运作的市场模式”，推动政府—市场—社会协同治理模式等有益观点（朱远和綦玖竑，2014；王家庭和曹清峰，2014）。但对于政府、市场与社区各自的治理特征、适用类型、相互融合的路径与机制，及其与市场化生态补偿的制度逻辑耦合等方面，国内研究还存在大量空白，需要梳理国内外经验，构建相关理论模型，推进理论创新。

2.2 生态补偿的市场化、多元化：概念、类型和多元模式

2.2.1 生态补偿的概念及其分类

在国内，生态补偿的概念在外延、内涵和基本原则上都不一致，反映出人们对概念的理解和认识仍在深化过程中（吴健和郭雅楠，2018）。但无论是广义定义还是狭义定义，无论是依据“污染者付费”（即赔偿）原则，还是强调“受益者支付”（即补偿）原则，各种定义都有一个共同点，即承认生态补偿是一种环境经济政策。如毛显强等（2002）的定义，“生态补偿是通过对损害（或保护）资源环境的行为进行收费（或补偿），提高该行为的成本（或收益），从而激励损害（或保护）行为的主体减少（或增加）因其行为带来的外部不经济性（或外部经济性），达到保护资源目的的一种使外部成本内部化的环境经济手段”。中国政府的官方定义也指出生态补偿是“根据生态系统服务价值、生态保护成本、发展机会成本，综合运用行政和市场手段，调整生态环境保护和建设相关各方之间利益关系的环境经济政策”（原国家环保总局，2007）。既然是一种以消除生态保护（损害）外部性为目的的环境经济政策，政策制定当然少不了政府（但政府不是唯一主体），不过，政策的设计和实施机制却可以有多种选择，包括行政手段、市场机制和社区规范等。一般来说，行政手段刚性强、覆盖面广，实施成本较低；而市场机制在对主体的激励和约束上显然更具优势；社区规范则具有较强的自我执行力，适宜于具有较强社会文化背景、需要因地制宜的地方情景。根据政策目标、生态系统特征和补偿对象，各种政策工具之间并不存在恒定的最优选择，政策选择和工具组合主要取决于具体情景下的交易成本。国内在生态补偿政策工具选择上仍然存在一些争议（靳乐山和左文娟，2010）。不过我们认为，这些政策手段之间并非完全属于互斥

关系，混合型的政策工具有时可能更加可取（张捷和莫扬，2018）。

国内外解决生态保护外部性的市场化政策工具主要有两大类。一类是生态系统服务市场（Markets for Ecosystem Services，MES），包括排污权交易、碳排放权交易、水权交易等有形的公开市场。MES 的交易对象是非特定的，交易标的标准化，价格通过买卖双方的竞价产生。另一类是生态系统服务付费（Payments for Ecosystem Services，PES），PES 主要是基于受益者付费原则，通过特定生态服务的用户（或用户代表）与生态服务的提供者（保护者）之间的直接谈判来定价，达成对后者的保护活动给予补偿的协议。MES 的最大优势是通过竞争性市场解决了生态服务的定价难题，加之不受空间尺度的限制，交易效率较高。但由于 MES 对于法律、产权、规则和执行体系要求很高，除了少数发达国家以外，在发展中国家尚难普及。而 PES 对于法律、产权、规则和监测体系等要求相对较低、更加灵活多样，特别适合以经济激励来解决需要因地制宜的地方性生态环境外部性问题，因此近 20 年来 PES 在发达国家、新兴经济体和发展中国家均得以迅速发展（Farley and Costanza，2010）。

PES 的概念最初建立在科斯定理（Coase，1960）的基础上，被定义为以最有效的方式来实现环境保护基于市场的环境政策工具（Engelet 等，2008；Pagiolaet 等，2005）。效率是指在成本约束下产出最大的社会价值，理想结果是净收益为正。PES 要实现的目标是环境质量、自然资本保护和成本效益，它的基本理念是“生态系统服务可以被纳入市场，并与任何其他商品一样开展交易”（Farley and Costanza，2010）。然而，后来的研究表明，“科斯范式”的 PES 方式很难在实践中推广（Muradianet 等，2010）。除了交易成本难以降低以外，另一个重要原因是“科斯范式”交易只考虑效率而忽略了公平（Pascualet 等，2010；Kosoy and Corbera，2010）。拉丁美洲的案例研究表明（Kosoyet 等，2007），社会价值观往往超越货币支付的诱惑，使得许多不同类型主体拒绝参与 PES，其中社区生态服务提供者拒绝参与的比例最高。但许多研究者认为，公平与效率的结合是可能的（Pascualet 等，2010），只要调整科斯的论点，在设计 PES 时认真考虑当地利益相关者的背景、诉求和观点，特别是当 PES 计划运用于发展中国家时，必须考虑财富分配、集体所有的财产权、法律和执法机制等现实问题（Adhikariet 等，

2013）。正如 Wunder（2013）所强调，PES 的适用性在于“坚持公平的重要性和多样性的制度背景”。从发展的角度来看，发展中国家的 PES 计划应当包括减贫（生计改善）、农村原住民赋权、社区自治等社会公平目标，谨慎处理好 PES 供应者与受益人之间的关系（Swallowet 等，2009）。

大多数 PES 都是以项目形式设计和实施的，它们不仅是一事一议、一物一价，而且一旦实施完毕，项目将自动终止。而 MES 是一个常设的交易平台，是一个通过价格反映生态服务供需关系的风向标，对于调节生态服务的供给和需求具有长期指导作用。

图 2－1 列出了根据资金来源和实施方式划分的生态补偿类型。左边两种类型的生态补偿，资金主要来源于政府财政资金，属于政府主导型的生态补偿。纵向补偿的资金来自上级财政的转移支付，目前是国家对重点生态功能区的基本补偿方式，其机制属于“庇古范式”的命令—控制型模式，各级政府将资源环境税收用于补贴生态功能区，以抵补其付出的生态保护成本和发展机会成本。“庇古范式”适用于大空间尺度和具有较强公共外部性、难以确定具体受益对象的生态系统服务，它是以政府作为生态服务消费者的代表来对生态服务生产者（保护者）给予补贴。这种方式覆盖面广，交易成本低，实施简单，补偿标准以政府的财力为限，基本不考虑直接与生态服务价值挂钩。现实中，“庇古范式”的生态补偿不仅总是“缺斤短两”，最大的问题是缺乏激励机制，容易养成生态功能区的“懒汉”心态和寻租行为，且常常发生补偿不足和重复补偿并存的现象。

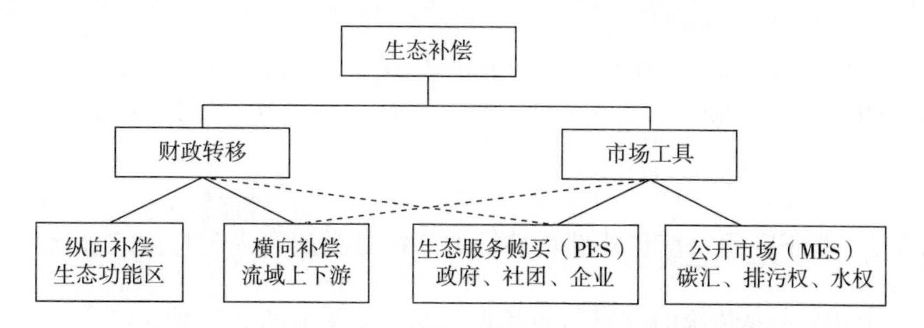

注：（1）框图底层为行为主体或者购买主体。（2）虚线为次要的资金来源或者辅助实施机制。

图 2－1 根据补偿主体和资金来源划分的生态补偿类型

（资料来源：笔者整理所得）

横向生态补偿是平级地方政府之间就生态服务外部性的跨行政区溢出进行的补偿或者赔偿，其资金来源依然是财政转移。但它与纵向补偿最大的区别是补偿协议（含条件、标准和实施办法）不是通过命令—控制手段（虽然有上级压力），而是通过双方的平等协商达成。因此，横向生态补偿含有半市场化的成分。本书认为，中国的横向生态补偿与国外的生态服务购买概念比较接近，称之为 Porras 等（2008）提出的“类生态服务付费”（PES－Like）较为妥帖。

表 2－1　　生态系统服务的类型特征、产权安排和补偿方式

生态系统类型	排他性	竞争性	外部性特征	产品属性	产权安排	补偿机制
空气	×	×	公共外部性	纯公共品	自由访问	生态税与财政补贴 碳排放权交易
河流 湿地	×	θ	准私人外部性	准公共品 俱乐部产品	国家/地方/社区	横向补偿、纵向补贴 Cap and Trade 社区 CPR 管理、PES
森林	O	θ	准公共外部性	私人品 准公共品	国有/地方/社区/私人	PES、CPR、 碳汇交易、国家公园
草原	O	θ	准公共外部性	私人品 准公共品	地方/社区/私人	PES、CPR、Cap and Trade 国家公园
生物多样性	×	θ	准公共外部性	准公共品	国家/地方/社区/私人	纵向补贴、PES、 CPR、国家公园

资料来源：笔者整理所得。

注：（1）×表示不存在；O 表示存在；θ 表示部分存在。（2）公共外部性是指外部性涉及的对象广泛且不确定，难以识别具体的受影响者；准私人外部性是指外部性涉及的对象较为集中，受影响者较容易被识别。

2.2.2　基于空间尺度和外部性特征的二维分类法和生态补偿的多元模式

上述分类是传统的政府与市场两分法，为了分析在何种条件下可以从政府主导模式转向市场化、多元化补偿模式，本书构建了一个双维度的生态补偿分类框架。一个维度是生态服务所涉及的空间尺度，参见图 2－2 中的纵轴，上端是大范围、跨区域乃至跨国家的生态系统服务（如二氧化碳

中和)；下端是小范围、局限在特定地域的生态服务（如小水源地保护）。另一个维度是横轴所表示的生态服务所涉及的外部性特征。左端的私人外部性是指生态服务所涉及的外部性对象相对集中且易于识别，利益相关方的产权边界清晰；右端的公共外部性则相反，受生态环境外部性影响的对象分散且边界模糊，而且生态服务的产权难以界定或者属于可以自由获取的公共资源。

根据以上两个维度，本文可以划分出四种与主要特征相匹配的生态补偿模式（见图 2－2）。对于大范围且具有很强公共外部性的生态服务，适宜于由国家（政府）作为全体用户的代表，采用庇古式的财政转移支付模式。对于较大范围但外部性对象明确的生态服务——如流域上游地区对下游地区的水生态服务，可以通过地方政府间的谈判达成横向生态补偿协议，或者开展水权、排污权等交易。另一方面，如果生态外部性的影响局限在小范围内，而且受益/受害对象明确且产权清晰，最优选择是采取科斯范式的产权交易（PES）。而在许多小规模的社区，生态服务往往具有公共池塘资源（CPR）的性质，社区规范使资源的私人产权难以界定，在此情况下应当采取由社区＋NGO 主导的生态补偿模式（CB－PES）。

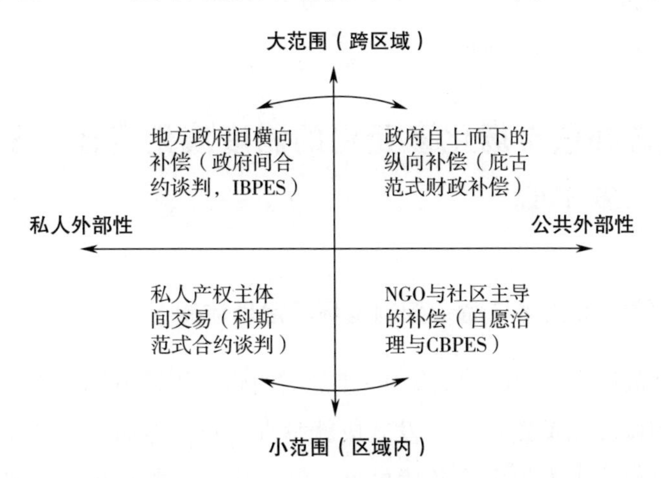

图 2－2　根据空间尺度和生态系统服务外部性特征的生态补偿类型

（资料来源：笔者整理所得）

以上根据生态服务外部性的自然特征（辐射的空间尺度）和社会特征（受影响的对象范围和产权特征）所划分的四种生态补偿模式，构成了多元化生态补偿的基本制度框架。同时，这四种生态补偿模式之间又有些具有相同或相似的筹资渠道和补偿主体。如纵向补偿和横向补偿的资金均来自财政支付，属于政府主导型的生态补偿；其他两种生态补偿的资金则主要来自民间，属于民间主导型的生态补偿。这些具有相同或相似元素的生态补偿模式之间在一定条件下可以互为补充、相互嵌入（参见图2－2中的曲线箭头），理论上由此可以形成无限多样的混合型治理（Hybrid Governance）和生态补偿模式①。不过，这些基本模式之间在主要机制上存在各自的特征和区别：纵向补偿属于垂直的命令—控制型机制；横向补偿引入了地区政府间开展谈判的半市场化机制；科斯范式是典型的市场机制；社区主导型生态补偿则在社会规范的基础上嵌入了某些市场机制。需要强调的是，虽然相近的模式之间存在着互补性和可嵌入性，但由于不同机制的制度逻辑之间存在差异，也可能使混合治理模式发生内部冲突，降低制度效率，使基本目标难以实现。正规制度之间的冲突可以通过行政干预和法律等自上而下的手段加以解决，相比之下，非正规制度（Informal Institutions）之间的摩擦解决起来更为棘手，需要通过谈判、沟通、互动、分享，实现单一制度的解构和多元制度的重构过程，该过程在社会人类学上被称为“制度拼凑”（Institutional Bricolage）。

2.3 生态补偿市场化多元化的制度演化路径：从单一中心到多中心

2.3.1 压缩式工业化与命令控制型环境治理体制

改革开放以来，中国用短短40年的时间走完了西方国家上百年才走完的工业化和城市化道路，经济发展成就举世瞩目。然而，这种压缩式的工业化进程也导致我国的生态环境付出了沉重代价，尤其是生态退化的速度和严重程度，已经远超上千年的积累，某些生态系统的退化几乎达到不可

① 例如，中国的跨省流域横向生态补偿，毫无例外都有中央政府加以推动和指导，除了上下游地方政府间的补偿以外，还有国家财政资金作为配套补偿。

逆的阈值。这种趋势如果持续下去，后果将不堪设想。

为了遏制生态环境持续恶化的趋势，中国政府在高举生态文明建设大旗的同时，不得不采取了动员式的环境保护政策，近年来先后打响了“蓝天”“碧水”“净土”三大攻坚战，并借鉴古代中国的吏治制度，动员大量人力物力实施史上最严格的“环保督查制”“河长制”等命令控制型的制度安排，使环境治理力度达到巅峰状态。在污染治理的初期阶段，主要依靠自上而下层层追责的严规峻法也在情理之中，而且这种单一中心的治理模式见效快，短短数年间就使环境恶化和生态退化的局面得到了初步遏制。

但也要看到，单一中心的治理模式主要依靠科层制的压力传递，而中央的压力可能由于地方保护主义而在科层代理链条中逐步削弱，也可能在严苛的问责制度下蜕变为不顾地方实际条件的“一刀切”式“苛政”。无论何种倾向，结果都会导致制度的边际效率下降或边际成本上升，使制度整体变得不可持续。但生态文明建设和生态环境治理绝非一日之功，它需要一种建立在全社会协同共治基础上、法治化、可自我执行的长效机制。

2.3.2　市场机制和社区自治在生态补偿制度体系中的缺位

单一中心结构带来的一个必然结果，就是生态补偿只能主要依靠政府的财政资金，政府的大包大揽对市场机制和社区治理等自下而上的机制必然产生严重的挤出（Crowd Out）效应，使得社会资本的投入和社区的参与式保护失去动机。企业、居民和 NGO 一旦可以搭政府的“便车”，其自我治理（Self - Governance）的动力自然衰减。而且，政府严格的规制和科层问责制，也使得市场机制和社区自主管理的运作空间受到挤压，制度边界变得僵化。图 2 - 3 的左图显示，在自然资源治理（含生态补偿）的单一中心体制下，政府治理模式居于中心位置且占据着最大空间，市场和社区两种治理模式被分隔在边缘的制度场域中，不仅互不搭界，难以形成制度互补融合，而且后两种模式在资源上也与政府模式互不相干，无法通过资源整合形成全民参与生态保护的资源配置格局。这种场域分割、支离破碎的治理格局，不可能建立起公平有效且可持续的生态环境治理体系。

杜辉（2012）提出，在中国视野下，和其他社会事务一样，权威型社会治理范式同样整体地嵌入环境治理之中，它在生态环境领域的显现构成了困扰中国环境法治实践的根源。环境治理成效受到占据不同利益个人、组织和群体之间相互作用的约束，而不同主体的行为受到其所处场域制度逻辑的制约。在权威型范式下，环境治理成效与未来轨迹取决于参与国家、科层权力和公众三重制度逻辑及其相互间的作用。

2.3.3 多元共治型生态治理体系的构建

本章将生态资源治理体系的制度场域划分为三个域和六个亚域。第一为资源配置域，其中分为市场配置和非市场配置（行政配置、社会惯例配置等）两个亚域。第二为产权制度域，其中分为公共产权与私人产权两个亚域。第三为资源管理域，其中分为（使用者）自主管理与外部管理（科层管理和市场监管）两个亚域。以上两两相对的三大制度场域及其亚域既联系又对立，反映了生态资源治理结构的关联性和特殊性，并揭示出其内部结构的复杂性。如图 2 -3 的左图所示，在中国，生态资源的外部性和单一制政体特征使得公共产权的占比远远大于私人产权，产权制度特征又限制了在资源配置中广泛使用市场化工具，以市场为基础的科斯范式 PES 被压缩在一个狭小范围内；同时，公共产权和行政命令型的资源配置方式，必然导致对资源使用者实行广泛的外部规制，又必然使用户自主管理的社区模式受到压制，只能在场域中偏安一隅。目前这种政府独大的单一中心治理模式仍在不断强化。

毫无疑问，今后我国自然资源治理结构应向更加倚重民间力量和市场机制的方向演化，通过市场化和多元化重构一种多中心的治理结构（Polycentric Governance Structure）。如图 2 -3 的右图所示，在多中心的自然资源治理结构中，制度场域的分界线发生了如下变化：（1）在资源配置手段上，市场交易域的面积大大扩展，更多的生态补偿将通过市场工具来完成；（2）在产权制度上，私人产权的比例有较大幅度的扩大，许多自然资源的使用权通过确权被划归农户、居民和企业；（3）在管理体制上，自然资源由地方与社区自主管理的比例也获得了较大幅度的拓展。场域制度分界线的位移，实质上反映了对政府单一中心治理体制的解构，即通过去中心化（Decentralized）来实现多中心化。同时，在解除了体制束缚后，企业、社区和居民参与生态保护和补偿的积极性增强，各主体之间通过相互嵌入和制度拼凑最终形成多中心协同治理、资源共享的格局。

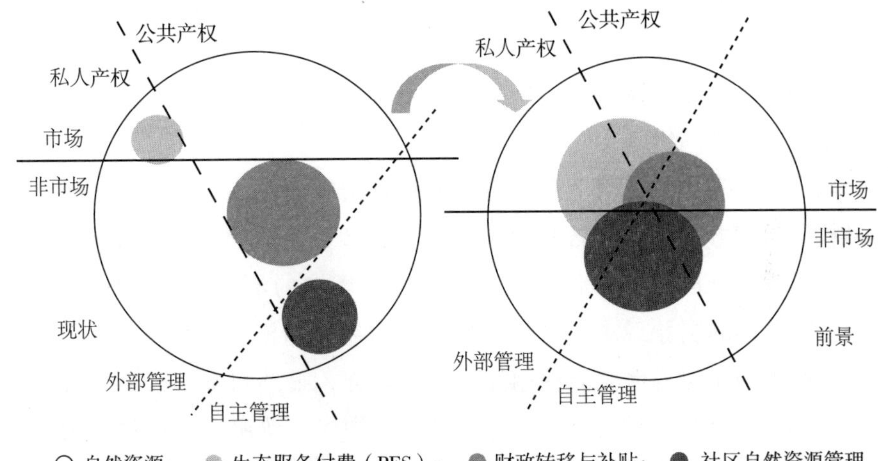

图 2－3　政府、市场和社区在生态资源治理体系中的场域位置及其结构演变

（资料来源：笔者整理所得）

杜辉（2012）认为，多中心治理相对于单一中心治理具有以下优势。

第一，社会个体逐渐由消极的被治理者转变为环境保护积极参与主体，有利于形成参与式保护的格局。在单一制和垂直型社会治理模式中，社会个体被排除在权力主体的范围之外，被动地承担科层强加的义务和责任。他们的公民环境权徒有虚名，而以生态服务消费者身份出现的社会个体也仅仅局限于对利益代表者的政府提出个体需求，这种被动的委托—代理关系在很大程度上抹杀了公众对环境公共事务的权利和参与热情。而多中心治理框架内的社会个体是以积极公民的角色出现，环境保护被视为全体公民的共同事业，公众与公权力、市场、非政府组织等分享生态环境共治权利，政府权力在这一演化过程中逐渐萎缩。在多中心治理架构中，政府定位为有限政府，这样既可以限制公权力的滥用，还可以拓展其他主体参与生态环境公共事务的空间。

第二，环境治理主体多元化和权力多中心化有利于生态补偿筹资渠道的多元化。在共同治理机制尚未形成之前，政府是治理公共事务的唯一主体，也是生态补偿的唯一融资来源。而随着多中心治理机制形成，各类企业、社会组织、私人机构、个人都可以成为生态环境的治理主体和权力中心，在财政资金捉襟见肘的窘况下，各种社会资金和资源可以源源不断地被吸纳到生态治理体系中来，使得生态补偿具有更高的质量和更强的可持续性。同时，各类主体参与到生态补偿中来，有利于形成相互监督、相互制衡的生态治理网络。

第三，生态治理结构由自上而下的垂直结构演化为多中心且平等的网络结构，治理方式由集权转向民主，有利于多方主体之间形成以信任、互惠、制衡为基础的合作伙伴关系，提高生态环境的治理效率和社会公平。尽管各方主体的利益诉求、参与公共事务的途径和模式不尽相同，但正是由于这些不同才使得他们能够相互制衡和补充，最终形成以公共事务为核心、良好、稳定的治理框架。在这种网络结构中，政府采用通过权力来满足公共需要的权威性模式；市场组织依托以市场交易方式为公共事务注入活力和公共产品的商业模式；非政府组织凭借提供专业技术支持等方式来满足社会需要的志愿型模式；个人则依靠提供批判性建议和利益需求为手段来参与公共事务的自觉型模式。这四种模式交织在一起，相互协作，充分彰显了民主理念在生态补偿中的重要价值。更为重要的是，把政府权力纳入民主运行的框架之中，并没有完全摆脱政府管理，而是使其管理权力受到合理限制。

第四，多中心治理结构的出现逐渐消解了公私领域之间的严格界限，并进一步将公共领域与私人领域的均衡态势固化。公共领域和私人领域的均衡，就是要保持两者之间的范围和功能不至于相互侵蚀和替代，“既不能让公共领域范围过大、功能太强，以至于替代私人领域的作用，进而吞噬私人空间；同时也不能让私人领域过分扩张，以至于人人缺乏公共关注，埋首私人生活。”以单一权力为中心的治理机制是不可能维持公共领域和私人领域之间的均衡状态的，缺乏制约的权力由于其本性势必会侵吞私人领域并动摇权力的合法性基础。而在多中心治理结构中，各方主体能够形成制约。

从现实来看，促进治理结构多中心化的关键是要解构体制限制，打破制度场域分割，通过制度拼凑和资源拼凑，诱导政府、市场和社区治理机制相互嵌入、互为补充。以下运用制度演化博弈思路，具体分析实现这一演变过程的几种路径。

2.4 治理结构多中心化的制度演化路径分析

任何制度都存在着结构惰性，即路径依赖现象，更何况生态补偿具有公共产品属性，既然中央政府已经扮演了主要提供者的角色，其他各类主体自然都乐于“搭便车”，即便是某类生态服务的直接受益者，也不愿意主动参与补偿，承担出资者的责任，除非该受益者通过反复博弈发现提供补偿的长期净收益为正。因此，虽然中央政府和学者们对于构建市场化多元化的生态补偿机制以改变单一中心的结构存在迫切要求，但要打破制度锁定的状态、构建一种新的治理结构绝非易事。青木昌彦（2001）指出，制度变迁的试验和模仿如果达到了临界规模，其结果通常既不会是制度规范的突变，也不会是迥然不同的治理结构的“无序”共存，其结果往往可能是对常规模式的一种“改良”，即显著改变了现存规范的某些特征，同时也保留了其他一些基本特征。那么，究竟有哪些路径能够实现结构转型呢？

路径 I. 制度化关联和关联博弈：主体跨场域协调决策——以横向生态补偿机制为例。

在以政府为主体的治理结构短期内难以改变的情况下，由单一中心向多中心结构转型的一条现实路径可能是，在同一种类型主体之间，围绕利益关系的协调展开跨场域的关联博弈，这种关联博弈使得不同场域间的制度化关联（Institutionalized Linkage）[①] 成为可能（青木昌彦，2001），从而在旧机制的肌体上植入某些新机制的基因。中国地方政府之间的流域横向生态补偿机制就是这方面的典型。虽然横向生态补偿的资金来源与纵向补偿一样出自政府的财政转移，但两者的制度场域和制度逻辑却大有区别。纵向补偿属于单一中心体制下的垂直控制机制，其制度逻辑是政治上的中央集权主义；横向补偿则产生于平级地方政府间的谈判和协商，虽然谈判

---

① 青木昌彦认为制度化是指均衡博弈演化所产生的预期趋同过程，制度化关联可以有效解决合约中的结构性问题，降低交易成本，提高治理效率。

参与者承受了一定的政治压力，但谈判动机主要受地方利益驱动，补偿协议称得上是内生博弈均衡（张捷和莫杨，2018），其制度逻辑属于环境财政联邦主义（地方分权主义）。横向生态补偿的原理在于地方政府在不同场域（政治域与交易域）协调其策略，结果产生的制度是他们单独在不同的域分别做决策所不能导致的，这种关联可以创造一定的外在性，使所有或部分参与人从中获得租金（青木昌彦，2001）。为了获取制度租金，流域上下游的地方政府实际上在关联博弈中共同创造出了一种新的机制——通过半市场化的谈判手段来重新分配用于环境保护的公共财政资源。此时，制度场域在关联博弈中已经发生了位移，参与者在不知不觉中缩小了行政化的制度场域和扩展了市场化的场域，形成了一种基于供需关系的半市场化的生态补偿机制（见图 2 -3 右图）。需要指出的是，路径 I 虽然产生了一种半市场化的补偿机制，但受主体身份的局限，创新程度有限。青木昌彦（2001）指出，把制度化关联和制度互补理解为均衡现象并不意味着它们必然是有效率的。

路径Ⅱ. 市场化中介与制度拼凑：决策主体通过嵌入中介机制而非跨域协调来实现结构转变——以社区主导型生态补偿机制为例。

路径Ⅱ的情景是，主体因为产权限制和制度冲突，无法在不同场域协调其策略选择，但主体可以通过中介机制嵌入不同场域，尤其是通过中介组织把市场机制嵌入社会治理域中，该方法称为社会嵌入（Social Embeddedness），并通过“制度拼凑”（Institutional Bricolage）使之发生制度化关联，从而产生新的混合治理（Hybrid Governance）模式。这将是未来中国市场化多元化生态补偿机制的主要形成路径，其主要形式是社区主导型的生态补偿机制（Community - Based PES）。

在国外，社区是实施生态补偿的主要场域，但社区无论在规模上，还是在其所拥有的知识和资源上均十分有限，缺乏设计和组织实施 PES 项目的能力。因此，大量社区和区域层面的 PES 项目需要委托具有更大规模和多种融资来源（包括政府、企业和公益基金）的中介组织（NGO、NPO）来设计和实施。不过，具有专业知识和多种融资来源的 NGO 要进入社区实施 PES 项目，将面临一个重大挑战，即如何获取地方合法性（Local Legitimacy），得到社区居民的接纳、认同乃至积极参与项目（Molden，2017）。

PES 的制度逻辑是以私人产权为基础的市场机制，社区自然资源管理的制度逻辑则是建立在集体产权基础上的合作、信任、自我监督和社会制裁等共同规范（Shared Norms）。因此，要使社区的自然资源管理转化为社区主导的生态系统服务付费（Community - Based Payment for Ecosystem Services），需要经历一个制度化关联的过程。可以说，PES 与社区规范能否实现耦合协调，是 PES 项目取得成功的关键。这种通过市场化中介引导制度化关联的路径，主要依靠“制度拼凑”来实现。

“制度拼凑”理论强调利益相关者对现有制度结构的重新解构和整合，从而创造出新的制度和行为规范。PES 项目的实施和成长与企业的创业过程非常相似。项目刚启动时规模小，缺少必要的资源和社会资本，而且，现存的社区规范随时可能挑战项目的合法性。为了应对挑战，PES 项目必须获取必要的本地资源，但在传统社区，如果没有制度合法性，外来项目很难利用自身信誉和社会资本来获得本地资源。因此，PES 项目必须对社区现存制度和资源进行解构和重新整合，获得本地合法性，缓解资源约束并实现资源优化，才能使项目落地生根。

博弈双方通过互动实现的制度拼凑过程，笔者称之为适应性制度创新（Adaptive Institutional Innovation）。适应性制度创新不同于由单一主体发起的单向度创新，它是具有不同价值观的行为主体之间为了建立一种自适应的共同管理体制（Adaptive Co - Management），而对规则进行讨价还价和相互妥协的交互式创新。适应性制度创新的目的是构建一种可以调和各种价值冲突、更具包容性和灵活性的秩序规范和管理体制，以促使利益相关方由被动和解（Accommodation）转向相互支持（Mutual Support），最终实现生态保护利益的共享（Parseint 等，2014）。

笔者认为，通过市场化中介实现制度拼凑和资源拼凑，正是中国由单纯财政支付（庇古税范式）转向市场化多元化生态补偿的基本路径之一。

路径Ⅲ. 利用制度互补性对不同域主体决策的相互影响，实现多重制度安排的相互依赖并催生制度创新——以排污权交易为例。

根据青木昌彦的定义，制度互补性是指参与人无法在不同的场域协调其策略决定，但他们的决定（在参数上）会受到另外场域现行决策的影响。即：均衡决策组合以及相应参与人的报酬，可能受到其他域流行制度的影响，其他域的流行制度构成单个域参与人决策时的外生参数或者制度环境。在制度化关联的共时（静态）结构下，制度互补性可能使单一场域的制度解构变得困难，增加现存制度的耐久性和惰性。但另一方面，在制度化关联的历时（动态）结构下，互补性制度的初始存在，或制度相关参数的联合变化可能引发新制度在交易域的出现，甚至引发跨域的整体性制度安排的变化，但这种变化取决于不同场域制度互补性的强度。这个过程的微妙之处在于，一种制度的出现或者整体性制度安排的变化对相关互补参数的反应在开始阶段是隐蔽的，当相互强化的累积性结果发展到足够大时才会最终发生（青木昌彦，2001）。

根据以上原理，在目前的政府主导型治理体制下，环境规制的加强、排污总量的趋于严格、排污税的实施，尤其是横向生态补偿中财政奖惩制度的试验，这些关联场域的渐变式制度变迁在积累到一定程度后，都可能成为推动排污权交易发展的催化剂。虽然排污权交易试点在中国已经实行多年，但始终难以拓展和普及，市场规模有限，交易效率低下。究其原因，除了地方政府和企业缺乏参与交易的动机外，缺乏排污总量的限制，使得总量加交易（Cap and Trade）的排污权市场缺乏初始产权配置依据，也是排污权交易难以普及的重要因素。而上述各场域制度改进措施的实施，尤其是排污总量和排污许可的分配以及跨区域生态补偿奖惩制度的实施，将为排污权交易积累日益成熟的配套条件和激励机制，如果政府在适当时机出台必要的政策和建立健全相关法规，完善交易规则和配套基础设施，排污权交易在中国的大规模推广应该指日可待。

2.5 结论与启示

本章旨在构建一个理论框架，探讨中国的生态补偿制度如何由政府主导型单一体制向市场化多元化体制转型的路径和机制。在说明了构建市场化多元化生态补偿机制的必要性的基础上，本章对市场化多元化生态补偿的概念、分类、特征和形式做了梳理，并构建模型，分别从适用范畴、制度场域、演化路径及机制设计等方面分析了生态补偿结构转型的机理，指出生态补偿市场化多元化的关键是促进生态治理体制由单一中心结构向多中心结构转变，构建政府、市场和社区等多元共治的新体制。本章运用比较制度分析框架，考察了多元共治体制形成的主要路径，包括通过制度化关联实现主体跨域协调，形成横向生态补偿机制；通过市场化中介与制度拼凑，形成社区主导型生态补偿机制；利用制度互补性对不同场域的影响，实现多重制度安排的互动融合，促进排污权交易等环境市场的发展。

本书的研究表明，在存在路径依赖和“搭便车”的制度环境下，要解决生态补偿中财政资金不敷运用和效率低下的问题，必须从根源上着手，解构生态环境治理的单一政府中心结构，通过去中心化和着力培育NGO等中间组织，推动实现“制度拼凑”和“资源拼凑”进程，构建一个政府、企业、社区、居民等各类主体平等参与、共治共享的环境治理体制和生态利益共同体。

第3章 主体功能区政策对区域经济增长差距的影响

3.1 问题的提出

伴随着中国长期以投资和出口拉动的经济高速增长，污染物和碳排放对环境的破坏日积月累，生态系统严重退化。为了缓解生态压力，形成社会经济与资源环境协调发展的国土空间开发格局，中国于2010年公布了《全国主体功能区规划》，各省也相继出台省级主体功能区规划。主体功能区划分是根据各地区的资源环境承载能力、生态重要性、开发密度及其发展潜力，按照区域分工原则对国土空间进行功能性分区，对定位不同的区域实施不同发展战略的政策。划分主体功能区的主要目的是改善生态环境，优化可持续发展。但在中国，主体功能区划分的客观事实是生态功能区与经济发展落后地区（贫困地区）在空间上高度重合。

在该政策下，优化、重点开发区域被定位为以提供工业品和服务品为主体功能的城市化地区，这就意味着这些区域的经济发展在环境污染总量的约束条件下在未来较长一段时期内仍然可以保持较强的增长动力。重点生态功能区未来的发展重心是增强生态产品的供给能力，这类区域的工业化、城镇化发展将会受到限制，未来不能进行大规模、高强度的开发，经济增长的动力可能进一步衰减。这意味着，原本发展水平就不平衡的两类区域在实施主体功能区政策后发展差距可能进一步拉大。因此，主体功能区规划并未同时考虑缩小地区发展差距的减贫效应，但若地区发展差距扩大，生态功能区贫困加剧，必将减少该计划的成功概率，为此有必要实证研究生态区与开发区的发展差距究竟是扩大还是缩小，为生态补偿政策的制定与实施提供依据。

3.2　文献综述

国外并没有主体功能区这一概念，但是各国对国土空间进行规划和设计的做法十分普遍。德国从 20 世纪 90 年代中期开始就可持续的空间发展问题展开探讨，1965 年颁布的《空间规划法》中提出，空间规划须使社会和发展对空间的需要与国土空间的生态功能彼此协调，保证国土空间的可持续发展。2006 年，德国政府又颁布了《德国空间发展的理念与政策》，提出德国的城市和地区规划应该秉持三大理念：增长与创新、保障公共服务以及保护资源、塑造文化景观（Wegener，2004；Henger 和 Bizer，2010；Meub 等，2016）。

日本在二十世纪六七十年代也经历过工业化高速发展，其间也出现了农业用地被大量转为他用的情况。从 60 年代开始，日本政府根据经济社会发展战略先后制定过四个全国综合性开发计划。其中比较有影响力的是 1962 年实施的第一次全国性综合开发计划——“据点开发”，将国土划分为“过密地区”“整治地区”和“开发地区”三类，对其实施不同政策。1977 年，日本政府提出“地方定居圈”的地区开发规划，将都市圈的工业向地方疏散并推进城乡公共服务均等化，逐步实现国土资源的均衡利用。1988 年，日本政府又开始推行多级分散的国土开发政策，以缓解人口、经济功能、行政功能过度集中的问题（Abe 和 Alden，1988；André，2010；Hasegawa，2014）。

美国具有上百年的区域规划历史，规划涉及经济规划、物质规划、社会规划和公共政策规划四个方面。1933 年开始，美国先后对田纳西河流域、密西西比河的综合治理以及哥伦比亚河流域的水电开发制定了规划。20 世纪 60 年代颁布了《阿巴拉契亚区域开发法》，开始对该区域进行大规模开发。90 年代以后，美国的区域规划开始综合考虑环境、社会公平和生态问题，主要是为区域发展提供空间政策指引。于 2006 年开始了“美国

（2050）区域发展新战略”的规划研究，内容包括高速铁路远景规划、基础设施远景规划等专项议题，是美国首个针对整个国家区域发展的顶层规划（Daniels，2001；Bendor 等，2017）。

主体功能区规划是中国的首创，从 2010 年发布至今只有短短十年的时间，学界对主体功能区规划和不同功能区域的经济增长差距之间的关系研究很少。现有相关文献主要是探讨不同的区域政策对经济增长差异的影响。在改革开放几十年间，沿海地区比内陆地区的人均产出和消费都要高出许多（Kanbur 和 Zhang，1998；Yao 和 Zhang，2001）。沿海省份的全要素生产率是非沿海省份的两倍多（Fleisher，1997）。主体功能区规划的实施会深化各区域间利益的不平衡，对生态功能区产业发展方面的限制会导致其丧失很多发展机会，各功能区为了维系特定主体功能需要承担额外的成本（王昱，2009）。

过去，中国的经济发展指导方针被概括为“先发展经济，后治理环境”或者是“沿海区域先发展，内陆地区后发展”。结果，西部内陆地区吸纳的人均外商直接投资额（FDI）仅相当于东部沿海区域的 8%（Fujita 和 Hu，2001）。采用社区—学术协调研究方法（Community - Academic Research Collaborative）对美国南加州的区域发展不平等和环境公平问题进行探讨，发现区域经济发展不平衡的同时也存在着不同种族承受的环境压力不平衡的问题。有色人种享有的医疗、粮食储备、垃圾处理设备等都落后于非有色人种（Morello 等，2002）。公共基础设施的改善能够减少贫困地区的交易费用，进而降低产业分布的空间集聚和产业增长率，增加区域之间的收入差距（Martin，1998；Romer，1989；Helpman，1985）。

当不同区域实施不同的环境政策时，高污染行业在不同地区的实际生产成本会有显著差异，这些行业会通过跨区域转移来规避环境管制，进而影响不同区域的产业结构和生产总值（金祥荣、谭立力，2012）。主体功能区政策在理论上虽然是以可持续发展理论作为基础，但是缺乏对于个人发展、民生福利以及社会保障方面的考虑，主体功能区规划在方法论上采用空间规划法，其编制和推行过程都未能充分考虑民意（黄玖立等，2013）。中国的区域发展失衡状况呈现扩大趋势，而主体功能区规划实质上是对各区域过去发展状况的一种“事后承认或是被动承认”，该划分模式可能强化区域差距的扩大趋势（王圣云等，2012）。每个区域都拥有自身特殊的自然和社会环境，它们构成了该地区发展的客观基础和非正式约束，这种约束将深刻影响其区域内经济主体的价值观和行为倾向，基于此实施的主体功能区规划难免导致不同类型功能区之间的发展失衡（薄文广等，2011）。生态功能区与其他开发区在发展权上是平等的，该区域为其他主体功能区提供了生态产品和服务，为了全社会的环境福利而被限制了自身的开发权利，受益的区域应该对其进行补偿（姜莉，2013；张化楠等，2017）。

已有文献对主体功能区的研究存在以下不足：①尽管中国已经实施主体功能区规划多年，但针对这一主题的研究文献数量总体较少且不够深入；②现有的文献几乎没有对主体功能区的划分基础进行实证研究，也没有将重点生态功能区与国家级贫困地区之间的关联进行实证分析；③已有的相关文献很少探讨主体功能区规划对不同类型区域经济增长的影响，既缺乏实证研究也缺乏影响机制的探讨；④虽然少数文献提及了主体功能区政策可能带来地区经济增长不平衡问题，但其研究往往偏重于对重点生态功能区的生态补偿问题，缺少对主体功能区政策对地区经济增长影响较精确的量化分析，从而难以匡算对生态功能区的补偿额度并构建切实可行的补偿模式；⑤以往极少量涉及主体功能区政策对经济增长影响的文献所使用的数据均有些过时，而且没有采用能够度量政策效应的实证方法。

3.3 基础模型、数据和实证思路

3.3.1 基础模型

本文以经典的柯布—道格拉斯生产函数 $Y = A(t)K^{\alpha}L^{\beta}$ 为基础模型，研究主体功能区战略对生态功能区和开发区之间经济差距的影响。Y 表示当年地区生产总值，K 是当年投入生产的资本总量，L 为当年投入生产的劳动力数量，$A(t)$ 表示该地区的综合技术水平，α 表示资本要素的投入产出系数，β 表示劳动力要素的投入产出系数。为了将该模型应用于不同类型主体功能区的经济增长，对该模型取对数，得到 $\ln Y = \alpha\ln k + \beta\ln L$。

3.3.2 数据来源和处理

根据《全国主体功能区规划》（以下简称《规划》），全国被划分为优化开发、重点开发、限制开发和禁止开发四类主体功能区。为考察实施《规划》对不同功能区（禁止开发区除外）带来的经济影响，本文从国家优化开发区、重点开发区选取部分县市作为样本，与重点生态功能区的样本进行比较分析。这三类主体功能区的地理划分主要基于县域层面（只有极少数的划分细化到乡镇），具有数据分析的一致性基础。根据数据的可得性和连续性，同时考虑到中国实施主体功能区的时间始于 2010 年（以国务院颁布《规划》为标志），各省随后两年也相继出台了主体功能区规划，本书采集的数据时间为 2005—2015 年①，共 11 年。样本数据来自各省、市统计年鉴、《中国县域统计年鉴》《中国城市经济年鉴》，以及《中国国内生产总值核算历史资料（1952—1995）》《新中国五十年统计资料汇编》等文献。其中，地区生产总值 Y（GDP）都以 2005 年为基期使用商品零售价格指数进行平减处理②得到真实 GDP（RGDP）。资本总额 K 由上一年的全社会资本存量折旧后和本年度固定资产投资两部分加总得到。由于统计年鉴只有每年固定资产投资的流量数据，需要采用永续盘存法进行核算。根据张军等（2004）的计算结果，本章将当年的数据根据 2005 年对 1952 年的价格指数进行换算，得到以 2005 年为基期的资本存量（张军、章元，2003）。然后根据永续盘存法从 2006 年开始将每年的固定资产投资并入上年存量资本，同时对上年的存量资本进行折旧处理，折旧率沿用张军等（2004）根据 1952—2000 年对建筑安装工程、设备工器具购置和其他固定资产的加权平均估算值 9.60%，再根据每年的固定资产投资价格指数构建每年的平减指数将各年资本存量数值换算为以 2005 年价格为基期的资本存量指标。劳动

---

① 2010 年《规划》共设置 25 个国家重点生态功能区，涵盖 436 个县、市、区，2016 年 9 月国务院印发《关于同意新增部分县（市、区、旗）纳入国家重点生态功能区的批复》，国家重点生态功能区的县、市、区数量增至 676 个，占国土面积的比例由 41% 提高到 53%。本章的研究期限截至 2015 年，故以 2010 年为基准。

② 由于无法获得完整的县（区）层面的商品零售价格指数数据，这里借用了省级层面的商品零售价格指数替代县（区）级的来计算真实地区生产总值平减指数。固定资产投资价格指数也做了同样处理。

力 L 采用各地区的就业人数指标，但是很多县（区）一级的统计资料没有连续完整的数据，本文利用当地的总人口数据，通过计算该地区所属城市或省份的就业率换算为就业人口数据。

地理空间方面根据《规划》，分别选取了优化开发区 83 个、重点开发区 42 个和重点生态功能区 225 个县级地区（市、县或区）作为研究样本。由于全国 25 个重点生态功能区的面积一半以上位于西藏、新疆和内蒙古等少数民族地区，这些地区的经济基础和发展水平与东部中部地区差距甚大，与 21 个国家优化与重点开发区的地理和经济社会发展水平差异也十分明显，两者缺乏可比性。再加上西部省份以县域为基础的历史数据严重缺失，本书在样本选择上聚焦于在地理位置上相邻相近但主体功能不同的地区，以增强研究对象的可比性。

3.3.3　研究思路

《全国主体功能区规划》确立了截至 2020 年科学开发国土空间的行动纲领和蓝图，是一项纲领性文件。各省在此基础上再划分省级主体功能区。由于《规划》的制定是自上而下的，其制定和实施均带有一定的强制性。在《规划》实施前，同一省份的相邻地区实行的是几乎相同的发展模式，政绩考核也基本上以 GDP 为核心，较少顾及对生态环境的评估。《规划》实施后，不同主体功能定位的相邻地区在发展模式、考核标准方面均发生了重大变化。对此，当地的政府、企业和居民基本上没有发言权，只能被动地接受这种政策变化。如果将各地的政府、企业和居民看做是参与《规划》的实验主体，他们仿佛被随机分配到了不同的组别，当分到了“开发区”组别，他们过去的发展路径和考核方式基本上可以延续下去，如果被分到“生态区”组别，他们过去多年形成的发展模式和考核方式则将迎来重大调整。

基于上述理由，研究主体功能区规划对不同类型主体功能区经济增长的影响比较符合自然实验的研究思路，主体功能区规划实施的主要目的当然不是扩大不同类型主体功能区的经济增长差距，该规划的制定和实施都是自上而下的，纲领性的，地方政府要强制执行。由于许多国土资源具有多用途性质，同一块土地既可以用来提供生态产品、农业产品也可以通过开发利用提供工业产品或者服务产品（虽然提供不同产品的效率有所不同），因此，对于地方居民、企业和政府等相关主体而言，他们事前并不确定自己会被“分配”到哪类主体功能区，甚至经济文化和人口结构高度相似的同一省份相邻地区却可能被《规划》分到发展模式和考核模式完全不同的两类主体功能区，分组过程具有不确定性。

鉴于双重差分法（Difference - in - Difference）可以较好地适用于自然实验的实证研究，本书将运用该方法考察主体功能区政策是否对不同功能区的经济增长差异产生显著影响。

3.4 主体功能区划分的经济基础

从地理分布来看，国家优化开发区分布于环渤海、长江三角洲和珠江三角洲地区等我国经济最发达地区。国家重点开发区域则以城市群的形态分散在中国不同的省份或地区，相对西部和东北部地区，更多地集中于中部和东部地区，经济相对发达。根据2010年《规划》，全国一共有25个国家重点生态功能区，涵盖436个县、市、区，主要分布在中、西部地区以及东北部地区，东部、东南部地区分布较少，经济相对落后。1986年和1994年，中国先后分两批次基于人均年收入指标确立国家级贫困县331个和592个。中央将这些地区作为国家扶贫开发工作的重点县，长期给予其国家专项扶贫资金支持，在金融政策、产业招商引资政策方面都给予一定优惠。

由于本书的实证数据取自2005—2015年，使用的国家重点生态功能区分布是以2010年《规划》中公布的为准，国家级贫困县的名单也是参考2012年之前的版本。虽然近几年国家重点生态功能区和国家级贫困县都有一些调整，但对总体分布格局影响不大。为了观察二者分布的关联情况，本章使用Arcgis软件将国家重点生态功能区、国家级贫困县以及兼有这两类区域性质的地区作图标识出来，可以从图中观察到中西部地区的绝大多数国家重点生态功能区都与2010年国家级贫困县重合。

此外，除了国家级贫困县名单之外，国务院扶贫办还根据2007—2009年人均县域国内生产总值等指标在全国划出11个集中连片特殊困难地区，以及早已明确实施特殊扶贫政策的西藏、四省藏区、新疆南疆三地州，共

14个片区作为扶贫攻坚的重点[①]。分布于西北部区域的国家级重点生态功能区也恰好和中国西藏、四省藏区以及新疆南疆等集中连片特殊困难地区在地理位置上高度重合。这种重合是否意味着国家重点生态功能区的划分与其经济基础有着密切的联系？国家优化、重点开发区是否也是以经济基础作为重要划分依据的？需要进一步对中国主体功能区划分的基础客观条件做实证分析。

3.4.1 描述性统计

表3－1显示了全部样本的分组描述性统计情况。分组包括优化及重点开发区和重点生态功能区三类。全部样本区域包含了可获得的350个样本数据，3850个观察值，涉及中国大多数省份（新疆、西藏、内蒙古、青海等数据不全省份除外）。

表3－1 分组样本主要变量的描述性统计

区域	变量	符号	观察值	均值	标准差	最小值	最大值
全部样本区域	国内生产总值	RGDP	3850	447.91	25.41	1.09	19012.71
	资本	K	3850	792.55	40.27	3.43	33081.57
	劳动力	L	3850	61.24	2.27	1.2	1368.91
	第一产业占比	PIP	3850	21.62%	0.0024	0	75.47%
优化及重点开发区	国内生产总值	RGDP	1375	1188.08	66.64	6.1	19012.71
	资本	K	1375	2072.60	104.18	10.47	33081.57
	劳动力	L	1375	137.38	5.80	3.6	1368.91
	第一产业占比	PIP	1375	7.79%	0.0023	0	56.79%
重点生态功能区	国内生产总值	RGDP	2475	36.71	0.72	1.09	331.12
	资本	K	2475	81.40	1.57	3.43	568.95
	劳动力	L	2475	18.95	0.30	1.2	97.43
	第一产业占比	PIP	2475	27.75%	0.0027	0.75%	75.47%

资料来源：作者根据各省、市历年统计年鉴、《中国县域统计年鉴》《中国城市统计年鉴》等统计资料的数据计算而得。

从表3－1均值一项可以看出，优化与重点开发区的资本要素投入量、

① 名单详见2012年国务院扶贫办公室颁布的《中国农村扶贫开发纲要（2011—2020年）》。

劳动力要素投入量和真实地区生产总值都远远高于重点生态功能区。其中两者的真实地区生产总值相差超过30倍，资本要素相差超过25倍，劳动力要素差距达7倍多。同时，两类地区的产业结构存在明显差异。从标准差和极值的统计数据来看，国家优化、重点开发区的样本数据的波动幅度远远大于国家重点生态功能区，这主要是因为国家优化和重点开发区两类区域的经济差异还是比较显著的，两者的劳动力、资本以及真实地区生产总值水平差距很大。考虑到后面做双重差分需要将全部样本分为实验组和控制组，加之本章需要探讨国家重点生态功能区和优化、重点开发区之间的经济差距变化，拟将优化、重点开发区合并为一组作为控制组，将国家重点生态功能区作为实验组纳入实证分析框架中。

在进一步展开实证分析前，笔者根据对基础数据的观察和经济学常识提出两个假说。

假说一：作为改革开放以来中国经济发展的城乡和地区差距对主体功能区划的映射，国家重点生态功能区和国家优化、重点开发区之间的地区生产总值存在很大差距，而且这种差距主要是由劳动力和资本要素的地区差异、投入产出效率以及产业结构的差异所造成。

假说二：国家重点生态功能区和优化、重点开发区之间的真实地区生产总值差距自2010年左右呈现扩大趋势，这种趋势可能与主体功能区政策的实施效应有关。

3.4.2 面板单位根检验

本书的面板数据时期为11年，而观察值数量达3850个，是典型的短面板和平衡面板。先对全部变量取自然对数，然后使用适合短面板的HT检验进行面板单位根检验（Harris 和 Tzavalis，2004）。

表3－2中，Statistic表示相邻两期面板之间的相关系数。Z统计量反映该系数的显著程度，而通过P值可以观察该统计量落到拒绝域还是接受域。从四组样本的检验结果来看，每组的lnRGDP、lnL和lnPIP的P值都接近或者等于0，这说明这三个变量的检验结果拒绝存在单位根的原假设。而各组lnK的P值都为1，表明该解释变量的检验结果接受存在单位根的原假设。

表3-2　　面板单位根HT检验结果

HT面板单位根检验	Statistic	Z	P值
全部样本			
lnRGDP	0.2016	-12.3968	0.0000
lnK	0.7013	15.5756	1.0000
lnL	0.3627	-3.3824	0.0004
lnPIP	0.3005	-6.7220	0.0000
开发区组			
lnRGDP	0.2732	-5.0130	0.0000
lnK	0.5995	5.9019	1.0000
lnL	0.3854	-1.2598	0.0039
lnPIP			
生态区组			
lnRGDP	0.1417	-12.6298	0.0000
lnK	0.7300	13.7732	1.0000
lnL	0.2621	-7.2244	0.0000
lnPIP	0.2042	-9.8229	0.0000
非贫困县生态区组			
lnRGDP	0.3436	-2.2546	0.0121
lnK	0.6996	7.8481	1.0000
lnL	0.1800	-6.8992	0.0000
lnPIP	0.3074	-3.2824	0.0005

资料来源：笔者使用STATA14.0运算而得。

对于有单位根的变量，通常的处理办法是对其进行一阶差分得到平稳序列。但是一阶差分后原来模型变量的经济含义会产生变化，不利于进行经济解释。只要该变量和其他变量之间由于潜在的经济联系而存在长期协整关系，仍然可以使用原来的非差分模型进行回归。下面使用提出的基于误差修正的面板协整方法依次对全部样本、开发区、生态区以及非贫困县生态区这四类区域进行Westlund协整检验（Westerlund，2007）。

表 3-3　　分组样本的面板协整 Westlund 检验

	lnRGDP \ lnK \ lnL \ lnPIP			lnK \ lnL \ lnPIP		
估计量	估计值	Z 值	P 值	估计值	Z 值	P 值
全样本组						
Gt	-1.639	-3.734	0.000	-1.860	-8.372	0.000
Ga	-2.369	9.623	1.000	-2.965	9.585	1.000
Pt	-20.502	-4.689	0.000	-31.320	-10.645	0.000
Pa	-2.836	-1.047	0.048	-3.068	-2.130	0.017
国家重点开发区分组						
Gt	-1.932	-2.294	0.011	-1.131	1.714	1.000
Ga	-2.954	8.192	1.000	-1.615	5.525	1.000
Pt	-16.980	-2.370	0.000	-13.087	-6.187	0.000
Pa	-2.562	2.849	0.048	-2.590	-6.203	0.050
国家重点生态区分组						
Gt	-1.415	-0.476	0.317	-0.043	8.968	1.0000
Ga	-2.980	7.800	1.000	0.678	9.851	1.0000
Pt	-25.960	-8.959	0.000	-13.600	-7.278	0.0000
Pa	-3.709	-3.703	0.000	-2.722	-5.858	0.0000

资料来源：笔者使用 STATA14.0 运算而得。

观察表 3-3 中第一组的估计结果，左边部分四个变量的检验结果说明至少存在局部的协整关系，不能排除存在整体协整关系的可能性；右边部分三个解释变量的检验结果同样说明至少存在局部的协整关系，不能排除存在整体协整关系的可能性。根据 Westlund（2007）的观点，当时期数 T 比较少时，Ga 的结果不太可信，因为它比较容易受到 T 较小的干扰。所以当 Gt 和 Ga 的结果出现冲突时，Gt 相对具有可信度。第二组是国家优化、重点开发区样本的 Westlund 面板协整检验结果。左边结果显示四组变量中不排除存在整体协整关系的可能性，也不能排除存在局部协整关系的可能。右边部分的结果显示 lnK、lnL 和 lnRGDP 之间不存在整体协整关系，但存在局部协整关系。第三组是国家重点生态功能区样本的 Westlund 面板协整检验结果。从左边四组变量的协整检验结果来看，存在局部协整关系，从右边 lnK、lnL 和 lnRGDP 这三组变量的检验结果来看，也存在局部协整关系。虽然单独进行变量面板单位根检验时 lnK 无法通过检验，但通过变量之间的协整检验，发现 lnK 和其余变量之间还是存在协整关系，表明可以使用这些数据和该基础模型展开进一步的实证分析。

3.4.3 主体功能区划分的区域客观条件分析

对于假说一，将对 2010 年之前的数据进行实证分析来佐证主体功能区划分的区域经济条件。基于柯布—道格拉斯生产函数，本实证模型的因变量为 RGDP，解释变量为资本、劳动力、第一产业占比。本书数据符合平衡短面板特征，豪斯曼检验结果拒绝原假设“ $H_0: u_i$ 与 x_{it}, z_i 不相关”，固定效应模型优于随机效应模型，于是本书将使用固定效应模型研究主体功能区的划分基础。通过分组、分时段、增加控制变量和虚拟变量的方法，本书使用 STATA 编程做了多种回归尝试，实证结果比较稳健（见表 3－4）。

表 3－4　　中国主体功能区划分基础实证结果

模型	区域	LK	LL	LPIP	Post2010	Before2010
模型 1	全部样本区域	0.7477 ***	0.0917 ***			
	优化、重点开发区	0.8722 ***	0.0031 ***			
	重点生态功能区	0.6230 ***	0.5207 ***			
模型 2	全部样本区域	0.6731 ***	0.1070 ***	－0.2509 ***		
	优化、重点开发区	0.7602 ***	0.0178	－0.1493 ***		
	重点生态功能区	0.5474 ***	0.5905 ***	－0.4195 ***		
模型 3	全部样本区域	0.5018 ***	0.0094	－0.2293 ***	0.2539 ***	
	优化、重点开发区	0.6530 ***	－0.0408	－0.1346 ***	0.1750 ***	
	重点生态功能区	0.3936 ***	0.5167 ***	－0.3873 ***	0.2846 ***	
模型 4	全部样本区域	0.5255 ***	0.0256	－0.2396 ***		－0.2199 ***
	优化、重点开发区	0.6798 ***	－0.0249	－0.1405 ***		－0.1373 ***
	重点生态功能区	0.4101 ***	0.5188 ***	－0.4012 ***		－0.2597 ***

注：＊、＊＊、＊＊＊分别表示双尾检验中 10%、5%、1%、0.1% 的显著性水平。

资料来源：笔者使用 STATA14.0 运算而得。

模型1和模型2是基于《规划》颁布前2005—2010年的数据所作的回归，该时期的区域特征可以视为主体功能区划分的客观基础条件。这两个模型的实证结果显示出以下特点：①资本要素系数大于劳动力要素系数，即资本要素对产出的影响大于劳动力要素；②优化、重点开发区的资本要素系数显著大于重点生态功能区的资本要素系数，说明资本要素对优化、重点开发区的经济增长的作用更为显著；③三类区域中，模型1的国家重点生态功能区劳动力要素系数是0.52，该系数在模型2为0.59，都明显大于其余分组，说明重点生态功能区的劳动力要素对经济增长的影响明显大于其他类型区域；④模型2加入产业结构解释变量后，资本系数的值变小了一些，但依然十分显著，产业结构变量也非常显著，优化、重点开发区的劳动力要素系数变得不太显著，重点生态功能区的劳动力要素系数依然非常显著；⑤两个模型的各解释变量系数符号都符合预期，资本和劳动力要素的符号为正，表示要素投入和经济增长之间存在正相关关系；解释变量第一产业占比的符号稳定为负，揭示了第一产业比例和经济增长之间的负相关关系，且重点生态功能区的第一产业占比系数为-0.42，其绝对值显著大于其他类型区域，说明该区域的第一产业占比明显拉低了经济增长幅度。

模型3和模型4使用的是2005—2015年的完整数据，考虑到《规划》是2010年正式颁布的，这是一个重要的政策拐点，本书在模型2的基础上将2010年前和2010年后作为虚拟变量分别引入模型。回归结果基本与模型1和模型2的五个特点相一致，表明该模型比较稳健。以上典型特征表明，尽管主体功能区的划分是出于国土空间可持续发展的考虑，但客观事实是各类功能区尤其是生态功能区与两类开发区之间经济发展水平悬殊，突出表现为资本要素与产业结构客观上成为表征不同功能区的基本禀赋，劳动力要素则对生态功能区的经济增长起到更大的推动作用。这一事实基本符合假说一的观点。模型3的虚拟变量符号为正，表示数据时期后半段与两个组别经济增长差距之间正相关，模型4的虚拟变量符号为负，表示数据时期前半段与两个组别经济增长差距之间呈负相关关系；两个虚拟变量都很显著，这符合假说二关于两大组别区域在研究时段的经济增长差异变化规律。导致这种经济增长差异变化趋势的因素能否被解读为来自主体功能区政策的影响？对此还需要做进一步的实证分析。

3.5　主体功能区政策对区域经济增长影响的实证分析

3.5.1　实证模型

对于假说二，拟采用双重差分法检验两组样本的经济增长差异在主体功能区政策实施前后是否有变化。生态区 225 个样本为实验组（Treat Group），开发区 120 个样本为控制组（Control Group）。

C－D 生产函数为

$$Y = A(t)K^{\delta_1}L^{\delta_2} \tag{3-1}$$

其中，δ_1 和 δ_2 分别表示资本要素和劳动力要素的投入产出效率，对该式两边取对数得到线性表达式（3－2）

$$\ln Y = \delta_1 \ln K + \delta_2 \ln L \tag{3-2}$$

$$\Delta \ln Y_i = \gamma + \beta x_{i2} + \delta_1 \Delta \ln K_i + \delta_2 \Delta \ln L_i + \Delta \varepsilon_i \tag{3-3}$$

式（3－3）中，$\Delta \ln Y_i$ 表示第 i 组的一阶差分结果。γ 是实验期虚拟变量的系数，该系数在接下来的二次差分中也会被消掉。x_{i2} 代表主体功能区政策虚拟变量。β 是 x_{i2} 的系数，它反映主体功能区政策对第 i 组两期产出变化的影响力度。$\Delta \ln K_i$ 是第 i 组的第一期和第二期资本要素投入量对数值的一阶差分，其系数用 δ_1 表示。$\Delta \ln L_i$ 为第 i 组的两期劳动力要素投入量对数值的一阶差分，系数为 δ_2 。

对式（3－3）进行二次差分，即可得到实证分析所需要的双重差分估计量 $\hat{\beta}_{DD}$

$$\begin{aligned}\hat{\beta}_{DD} &= \Delta \ln \overline{Y}_{\text{treat}} - \Delta \ln \overline{Y}_{\text{control}} \\ &= (\ln \overline{Y}_{\text{treat},2} - \ln \overline{Y}_{\text{treat},1}) - (\ln \overline{Y}_{\text{control},2} - \ln \overline{Y}_{\text{control},1})\end{aligned} \tag{3-4}$$

式（3－4）的下标数字 1，2 分别表示实施主体功能区规划之前和之后的两个时期，treat 表示 i 取实验组——国家重点生态功能区，control 表示 i 取对照组——国家优化、重点开发区。式（3－4）表现为双重差分形式，其估计量作为实证分析的关键变量，反映主体功能区政策对两组别经济增长差异的影响。该变量排除了其他可能干扰不同组别增长差异的因素，使结论更为客观可信。下面，笔者利用 STATA14.0 软件对面板数据进行实证分析。

3.5.2 平行趋势检验

只有在满足政策冲击前实验组和对照组的被解释变量之间没有差距或者差距的趋势比较平稳（即平行趋势）的条件下，得到的双重差分估计量才是无偏的，需要先进行平行趋势检验。先尝试将 2010 年设为政策冲击年份，以该年份为界，将前后年份设置为两组虚拟变量，分别用 Before x 和 After x 表示，Current 表示界限年份。这里平行趋势检验结果（限于篇幅略去）显示，全部样本组的平行趋势检验效果很不理想，政策冲击时点前后的年份虚拟变量都不显著，不满足平行趋势。考虑到政策实施存在时滞，《规划》是 2010 年 12 月由国务院印发至各省的，各省在接下来的两年内先后出台了省级主体功能区规划，这里尝试将政策冲击年份调至 2011 年和 2012 年，再分别进行平行趋势检验。

相比较而言，将 2011 年视为政策拐点的平行趋势检验结果优于 2012 年（限于篇幅 2012 年检验结果略去）。观察表 3－5，中等水平人均 RGDP 样本组的平行趋势检验结果非常显著，代表政策冲击时点的 Current 系数显著为正，After1 至 After4 的系数也都显著为正，Before6 至 Before1 的系数都不显著。lnK 和 lnL 的系数显著为负，lnPIP 的系数显著为负，满足平行趋势假设。

表 3－5　　将 2011 年视为政策拐点的平行趋势检验分组比较

分组 平行检验解释变量	（1） 全部样本	（2） 中等水平人均 RGDP 样本
Treat	0（omitted）	0（omitted）
Post2011	0.4880***	0.4793***
Before6	−0.0261	0.0284
Before5	−0.0580	0（omitted）
Before4	0.0065	0.0849
Before3	−0.0416	0.0204
Before2	−0.0261	0.0306

续表

平行检验解释变量＼分组	(1) 全部样本	(2) 中等水平人均 RGDP 样本
Before1	−0.0566 **	0.0607
Current	−0.0187	0.1177 ***
After1	0.0229	0.1755 ***
After2	−0.0087	0.1324 ***
After3	0（omitted）	0.1400 ***
After4	−0.0072	0.1120 **
lnK	0.3379 ***	0.2290 ***
lnL	−0.0741	0.2992 ***
lnPIP	−0.2188 ***	−0.2448 ***

注：＊＊、＊＊＊分别表示双尾检验中 5%、1% 的显著性水平。

资料来源：笔者使用 STATA14.0 运算而得。

3.5.3　双重差分实证结果

下面使用中等水平人均 RGDP 样本组并以 2011 年为政策冲击时点尝试用双重差分法进行实证分析，使用基础模型和扩展模型两种形式。基础模型是对式（3－3）$\Delta \ln Y_i = \gamma + \beta x_{i2} + \delta_1 \Delta \ln K_i + \delta_2 \Delta \ln L_i + \Delta \varepsilon_i$ 的简化处理，即式（3－5）。扩展模型就是指的式（3－3），这里对应写为式（3－6）。本部分实证分析验证假说二。

$$\Delta \ln RGDP_i = \gamma + \beta x_{i2} + \Delta \varepsilon_i \qquad (3-5)$$

$$\Delta \ln RGDP_i = \gamma + \beta x_{i2} + \delta_1 \Delta \ln K_i + \delta_2 \Delta \ln L_i + \Delta \varepsilon_i \qquad (3-6)$$

表 3－6　　基础模型的双重差分结果（1）

被解释变量	lnRGDP	系数
解释变量	Treat _ Post2011	0.0157
	Treat	−2.5464 ***
	Post2011	0.6741 ***
	_ cons	5.5884 ***

注：＊、＊＊和＊＊＊分别表示 10%、5% 和 1% 的显著性水平。

表3－6和表3－7描述了基础模型式（3－5）的双重差分结果。表3－6中被解释变量是RGDP的对数值，解释变量为表示主体功能区政策影响的交互项Treat _ Post2011、实验组虚拟变量Treat、实验期虚拟变量Post2011以及表示两组共同趋势项的常数项_ cons。从结果来看，实验组虚拟变量Treat的系数为－2.55，非常显著，说明被甄选为国家重点生态功能区对该地区产出的影响是负面的。实验期虚拟变量Post2011表示主体功能区政策实施前后时间段对产出的影响，回归系数显著为正，由于主体功能区政策实施时间不长，单纯从时间影响上看，实验组仍然保持着经济增长趋势。交互项Treat _ Post2011代表主体功能区政策，其回归系数在此为正，但不显著。

表3－7　基础模型的双重差分结果（2）

实验		lnRGDP
实验前期（2011年前）	Control	0.019
	Treat	－0.356
	Diff（T－C）	－0.374***
实验后期（2011年后）	Control	0.255
	Treated	－0.110
	Diff（T－C）	－0.366***
	Diff－in－Diff	0.009

注：*、**和***分别表示10%、5%和1%的显著性水平。

表3－7汇报了双重差分估计量$\hat{\beta}_{DD}$的内容和构成。根据式（3－4），双重差分估计量实际上是由实验组在实验前后期之差和控制组在实验前后期之差再求差而得来。式（3－4）也可以改写为

$$\hat{\beta}_{DD} = \Delta \ln\overline{Y}_{treat} - \Delta \ln\overline{Y}_{control}$$
$$= (\ln\overline{Y}_{treat,2} - \ln\overline{Y}_{control,2}) - (\ln\overline{Y}_{treat,1} - \ln\overline{Y}_{control,1}) \qquad (3-7)$$

表3－7是根据式（3－7）所做分析的回归结果，其中实验前期（实施主体功能区政策之前）对照组的产出均值$\ln\overline{Y}_{control,1}$为0.02，实验前期实验组的产出均值$\ln\overline{Y}_{treat,1}$为－0.36，二者之差为－0.37，结果显著。类似地，也可以求出实验后期阶段（实施主体功能区政策之后）两组样本均值之差

为-0.37，结果显著。表3-7的最后一行则是实验前期两组产出均值之差和实验后期两组产出均值之差再求差的结果，也就是双重差分估计量$\hat{\beta}_{DD}$的结果，为0.01，并不显著。这主要是因为基础模型存在遗漏变量lnPIP，从而出现偏误。

表3-8和表3-9列出了基于扩展模型式（3-6）的实证结果。类似于表3-6和表3-7，被解释变量是RGDP的对数值，解释变量为资本要素和劳动力要素的对数值、表示主体功能区政策的交互项Treat_Post2011、实验组的虚拟变量的Treat、实验期的虚拟变量Post2011以及表示两组共同趋势项的常数项_cons。从实证结果来看，资本要素的回归系数显著，为0.44，劳动力要素的回归系数显著，为0.64，二者分别表示对数形式的要素投入和对数形式的产出之间的转换效率，也可以理解为每增加1%的要素投入，产出会提高的比率。

表3-8　　扩展模型的双重差分结果（1）

被解释变量	lnRGDP	系数
	lnK	0.4409***
	lnL	0.6440***
	lnPIP	-0.1854***
解释变量	Treat_Post2011	0.0888***
	Treat	-0.1274**
	Post2011	0.1911***
	_cons	-0.5043***

注：*、**和***分别表示10%、5%和1%的显著性水平。

lnPIP为第一产业占比的对数形式，它反映生产结构和生产技术，系数显著为负表明该比例越高越不利于经济增长。实验组虚拟变量Treat的系数为-0.13，非常显著，说明一地区被甄选为国家重点生态功能区对该地区产出的影响是负面的。实验期虚拟变量Post2011显著，为0.19，表示主体功能区政策实施的时间因素对实验组产出增长的影响仍然为正。交互项Treat_Post2011代表主体功能区政策的影响，其回归系数为0.09，非常显著，表明主体功能区政策对两组样本地区生产总值差距的影响是正向的，即该政策实施扩大了两者之间的差距，符合假说二的观点。

表 3－9　　扩展模型的双重差分结果（2）

分组＼变量	LRGDP
实验前期（2011 年前）	
Control	－0. 229
Treated	－0. 464
Diff（T－C）	－0. 234 ***
实验后期（2011 年后）	
Control	－0. 025
Treated	－0. 200
Diff（T－C）	－0. 175 ***
Diff－in－Diff	0. 059 **

注：＊、＊＊和＊＊＊分别表示 10%、5%和 1%的显著性水平。

表 3－9 和表 3－7 一样也是根据式（3－7）报告的实证结果。其中实验前期（实施国家主体功能区战略之前）对照组的产出均值 $\ln\overline{Y}_{control,1}$ 为－0. 23，实验前期实验组的产出均值 $\ln\overline{Y}_{treat,1}$ 为－0. 46，二者之差为－0. 23，非常显著。实验后期阶段两组样本均值之差为－0. 18，非常显著。最下面一行则是实验前期两组产出均值之差和实验后期两组产出均值之差再求差，也就是双重差分估计量 $\hat{\beta}_{DD}$ 的结果，在 95% 的显著水平上为 0. 06，其含义为主体功能区政策的实施扩大了两组样本的地区生产总值差距，同样证实了假说二的观点。

3. 6　结论和展望

第一，国家重点生态功能区和国家优化、重点开发区之间的真实地区生产总值差距悬殊，这种差距主要是由劳动力和资本要素投入的地区差异、投入要素产出效率以及生产结构的差异造成的。第二，以 2011 年作为时期分界构建的反映主体功能区政策效应的交互项系数显著为正，表明《规划》的实施的确扩大了两组样本的经济增长差距。第三，资本、劳动要素和产业结构变量的系数以及时期和组别的虚拟变量系数的符号也符合研究假设且显著，佐证了实证研究的稳健性。

主体功能区规划的实施可能扩大中国区域经济发展不平衡的趋势，主体功能区战略将面临动力衰竭和各类主体不合作的窘境[①]。目前主体功能区规划主要依靠行政力量来强制实施，对于禁止和限制开发对生态功能区所造成的损失则主要通过财政转移支付来补偿，但补偿力度远远不够，造血功能明显不足。从长期来看，必须赋予生态功能区以激励相容的内生动力，内生激励机制将使生态功能区的各类主体为了追求自身的长远利益去主动保护生态环境（Hahn 等，1992）。

在中国生态功能区，劳动力、资本等生产要素投入不足，地理区位偏远导致其经济基础比较薄弱；长期依赖生态资源的不可持续经济增长模式逐渐损害了生态系统。主体功能区规划政策的实施、基于资源禀赋的分工模式以及对生态环境改善的迫切需求扭曲并“锁定”生态功能区的发展路径，该区域的发展权只能让位于非生态功能区的生态环境权。然而，生态功能区发展方式的转型之所以会促使生态贫困现象，还要注意两个诱因。其一，缺乏生态产品交易市场，生态功能区的产出无法作价出售实现其价值；其二，缺乏针对生态功能区的多元化、市场化生态补偿机制，无法抵补生态功能区为了保持和改善生态环境所支付的直接成本和间接成本。在主体功能区战略下，生态功能区的投资不足和贫困将成为必然趋势。因此，需要基于生态贫困之成因，把多元化、市场化和准市场化、双边与多边、短期和长期扶贫模式结合起来构建针对生态功能区的生态补偿精准扶贫体系和长效机制。

要建立激励兼容的长效机制，关键在于制度创新（张捷、谌莹，2018）。这里应该以新的视角来思考主体功能区战略，把该战略视为一种以促进全局生态安全和环境福利为宗旨，基于自然与社会禀赋比较优势而进行的区域分工形态。如果说开发区的比较优势是人力资本和物质资本，那么生态区的比较优势则是生态资本。如果把《规划》视为一种经济社会和

① 意大利经济学家尼古拉·阿克塞拉 2001 年指出，收入分配越是不公平，居民之间以及居民与政府之间不合作的情况就越有可能发生。

生态环境协调发展的区域分工战略，在其实施过程中引入市场机制就变得必不可少。与开发区提供的工业品和服务品一样，生态区提供的各种生态产品也应该是有偿的，必须通过等价交换才能获得；而且，生态区提供的农产品价格中还应当反映其所包含的生态服务价值。国外学者很早就提出，除了作为纯公共品的生态资源外，包括排污权在内的许多生态服务均可以通过确权和制度设计引入产权交易的机制。因此，如何把市场机制引入主体功能区规划的实施机制中，建立更加有效和多元化的生态补偿机制，将成为事关主体功能区战略成败的重大课题。

第4章
生态功能区市场化生态补偿：愿景、争议与理论模型

4.1 为什么需要市场化生态补偿

生态补偿是旨在保护生态环境、实现人与人及人与自然和谐共生，采取公共政策或市场化手段，促进生态系统保护利益内部化的一系列制度安排。从20世纪90年代起，随着工业化和城镇化快速推进过程中生态环境的退化，我国开始启动退耕还林等大规模的生态修复工程，在生态修复过程中对利益受损群体的补偿问题首次被提上政策议程。21世纪以来，伴随着生态文明建设和对国土空间实施主体功能区规划，生态补偿在中国环境政策体系中的重要性日益凸显，逐渐上升为推进生态文明建设和主体功能区战略的基础性制度。过去我国的生态补偿单纯采用上级财政转移支付的纵向补偿方式，由于筹资渠道单一、补偿力度不足和缺乏激励机制，纵向补偿的生态效益和社会经济效益均受到限制。党的十八大以来，党和政府的生态补偿思路开始发生转变。十八届三中全会提出“推动地区间建立横向生态补偿制度”。2015年9月国务院在《生态文明体制改革总体方案》中提出要构建反映市场供求和资源稀缺程度、体现自然价值和代际补偿的资源有偿使用和生态补偿制度。2015年开始实施的新《环境保护法》第三十一条提出“国家指导受益地区和生态保护地区人民政府通过协商或者按照市场规则进行生态保护补偿”。2016年5月，国务院在《关于健全生态保护补偿机制的意见》中，提出研究建立生态环境损害赔偿、生态产品市场交易

与生态保护补偿协同推进生态环境保护的新机制。党的十九大报告再次明确要求“建立市场化、多元化的生态补偿机制”。2018 年 12 月，自然资源部、国家发改委等 9 部门联合印发《建立市场化、多元化生态保护补偿机制行动计划》，提出了建设我国市场化、多元化生态保护补偿机制的九种主要形式，并明确了推进时间表和路线图。近期，多地带有市场化色彩的流域和森林等生态保护补偿方案纷纷出台，市场化多元化生态补偿的基层试点正在迅速推开。

为什么对属于公共物品性质的生态保护要实施市场化的生态补偿？从现状来看，由于财力所限，各级政府对于生态功能区的财政转移支付无法满足当地生态修复、环境保护与民生保障的需求。我国大多数生态功能区同时也是贫困地区和生态脆弱地区，脱贫和环保双重压力叠加，对当地的生态环境构成一种潜在威胁。从供需角度看，由于生态产品的外部性特征，作为受益地区的非生态功能区把生态产品当做“免费午餐”消费的“搭便车”现象依然普遍，在难以获得正常回报的情况下，生态功能区保护生态环境的动力不足，导致生态产品入不敷出，亟须建立保护生态环境的长效机制。以上现象表明我国的生态文明建设仍然滞后于经济社会发展，命令控制型治理手段的边际效率在递减，生态功能区与其他地区之间围绕经济发展与环境保护的矛盾依然突出，不同地区和人群之间如何公平、有效地使绿水青山转化为各自的金山银山，仍是一个亟须进行理论创新和实践探索的重大课题。

图 4－1 以象限图形式描述了重点生态功能区在不同的制度安排和政策导向下可能做出的理性选择路径。首先，我们以象限 3 作为生态功能区做出政策选择的原点（即政策起点）。在象限 3 的情景下，生态功能区生态脆弱且严重退化，经济发展水平落后，既没有绿水青山，也没有金山银山（$\Delta E_j \approx 0$，$\Delta W_j = 0$）。在此情景下，如果中央政府继续以经济发展作为地方政府的首要考核目标（GDP 锦标赛），生态功能区会选择以牺牲环境为代价大力发展经济的政策路径（象限 2），其结果是虽然本地经济有所发展，但环境质量退化，而且由于生态功能区的生态环境具有很强的区域外部性，其生态退化必然殃及非生态区的生态环境，且非生态区因承受污染所造成的福利损失大于生态功能区的经济收益，因此该选择将产生以牺

牲他人环境利益来换取自身经济利益的所谓“以邻为壑”效应（$\Delta E_i<0$；$|\Delta W_j|<|\Delta W_i|$）。

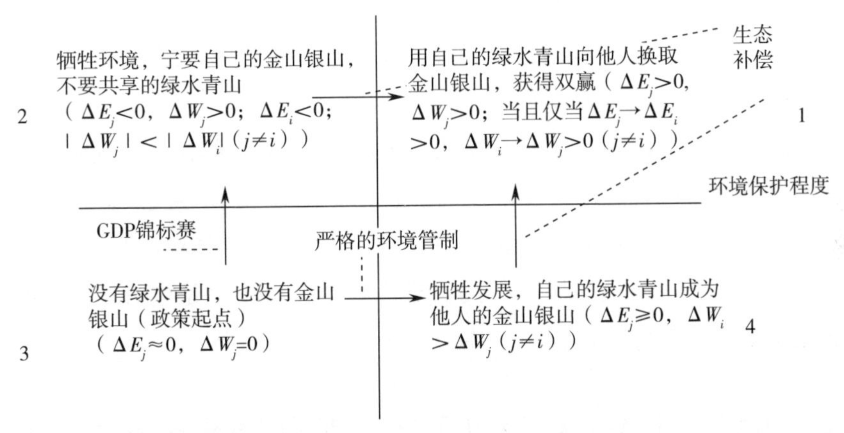

注：①图中横轴和纵轴的文字方向表示该事项的程度（水平）的提高；②图中括号公式中，E代表生态环境质量（绿水青山），$\Delta E>0$表示生态环境质量得到改善，小于零则表示其质量退化；W代表经济财富（金山银山），其符号变化含义与生态环境质量相同；下标j表示生态功能区，i表示非生态功能区（各类开发区）；符号→表示一变量对其他变量的映射影响，如生态服务外溢和财富转移效应。

图4-1　生态功能区在不同制度安排下的策略选择象限

（资料来源：笔者整理所得）

其次，如果中央政府对生态功能区实施主体功能区规划下严格的环境管制（如实行各种产业限入清单，按生态环境质量下拨财政资金等），生态功能区只好选择以牺牲发展来保全生态环境的政策路径，即从象限3移往象限4。在当地的绿水青山成为造福区域乃至全国的生态屏障的情况下（$\Delta E_j\geqslant 0$，$\Delta W_i>\Delta W_j$（$j\neq i$）），生态功能区的经济发展受限，生态环境虽有改善，但由于其生态保护的成本（含机会成本）未得到合理补偿，导致环境公正缺失，生态区保护环境的动力和能力不足，环保投入主要依赖上级财政，以不突破环境“底线”为限，非生态区则采取“搭便车”策略，双方的不合作使生态系统游离于弱平衡的边缘。

最后，除了上级政府对生态功能区的转移支付外，如果环境保护的受益地区也与生态区签订协议，承诺对生态区提供的生态系统服务（Ecosystem Services）给予货币或其他形式的补偿（生态服务购买），则生态功能区的政策选择将从象限 4 和象限 2 移往象限 1：利用自己的禀赋优势，专注于向全社会提供高质量的生态系统服务，通过各种市场化和半市场化机制，用生态服务交换自己所需的商品和要素，实现生态服务的价值转换。象限 1 建立在区域比较优势的基础上，通过分工加交换的市场机制促进区域间绿水青山向金山银山的有效转换（$\Delta E_j>0$，$\Delta W_j>0$；当且仅当 $\Delta E_j\rightarrow\Delta E_i>0$，$\Delta W_i\rightarrow\Delta W_j>0$（$j\neq i$）），不仅使双方实现双赢，而且有利于实现环境公平和区域协调发展。由此可推断，通过市场机制提供生态补偿的路径（Approach），可以使生态功能区摆脱“保护→施与→被动保护”的窘境，实现“保护→交换→主动保护”的良性循环，在理论上是生态区（同时也是非生态区）的最优选择。

4.2 市场化生态补偿何以可能：围绕 PES 及环境市场工具的争议

4.2.1 PES 的概念与种类

为了实现双赢选择，除政府外，还要促使各类受益群体和民间部门参与生态补偿，以使生态保护者不吃亏、能获益，有足够的动机和能力去保护生态环境。可见，市场化的生态补偿机制不仅是一种融资机制，更是弥补主体功能区战略的“短板”，对生态服务（ES）赋予供给激励和需求约束的关键制度安排。然而，由于生态服务具有公共物品的属性，保护生态环境的社会收益（成本）与私人收益（成本）之间存在较大差距，生态服务的受益者难以界定（或排除），或界定的成本极高，生态服务缺乏合理的定价机制等问题，均会影响生态服务的交易。因此，市场机制并不必然激励人们保护生态环境（杰弗里・希尔，2006）。可以说，在生态环境领域，市场失灵无所不在。长期以来，国内外对于市场机制能否有效运用于生态环境领域，以及市场主导的环境工具（Market - Based Instruments，MBI）对于保护生态环境究竟有利还是有弊等问题，一直存在种种争论。

争论的原点是如何解决生态服务的外部性问题（张捷、莫扬，2018）。

主流经济学对此提出了两种不同的解决方法——“庇古税”（Pigovian Tax）与科斯产权交易。“庇古税”认为环境外部性是单向的，可以通过向负外部性制造者征税，给正外部性制造者补贴，使外部性内部化。即庇古方式倾向于通过政府干预而不是市场交易来内化生态服务的外部性。理由是私人部门并不愿意对具有公共品属性的生态服务进行支付，许多生态补偿必须通过强制性的税收来融资（Vatn，2010；Muradian 等，2010）。Coase（1960）则认为环境外部性具有相互性，需要从社会整体角度加以解决。外部性的内部化途径需要对不同的政策手段如政府干预和市场调节的成本收益加以比较分析后才能确定。Coase 的核心观点是外部性源于生态服务的产权不清，通过界定产权并开展市场交易，可将其外部性内部化。20 世纪 90 年代，Ostrom（1996）又提出了有别于庇古和科斯的第三种外部性治理机制。她在研究了大量由用户自行管理的公共资源（公共池塘资源，Common Pool Resources，CPR）后提出，现实生活中许多集体行动困境的解决方案既不是依靠更强的政府管制，也不是采取私有化方案，而是通过社区自治来解决的。保证社区自治有效运作的关键是培育互惠、声誉和信任等社会资本。以上三种观点都有各自的拥护者和批评者，囿于篇幅，在此不再赘述。本书主要聚焦于一种新兴的生态补偿模式上。

最近 20 年来，发达国家和发展中国家为了解决环境外部性问题，逐渐发展出一套被称为生态系统服务付费（PES）的制度安排。早期的 PES 带有浓厚的市场化色彩，其理论基础主要源于科斯定理（Coase Theorem）。Wunder（2005）最早对 PES 给出了具有四个维度的定义：①基于谈判的自愿交易（自愿性）；②交易的生态服务是明确规定且可度量的；③有确定的、至少一个的买者和卖者；④作为补偿的支付是有条件的，当且仅当提供者按合约要求提供服务时，购买者才对其进行支付（条件性）。Engel 等学者（2008）后来对以上定义进行了拓展，将服务购买方从实际受益者扩大到第三方；同时考虑到集体产权的作用，将社区和地方政府等利益相关方也纳入了服务提供者的范畴。Porras 等学者（2008）、Vatn（2010）、Tacconi（2012）则进一步将生态服务购买者的范围拓展至居民、企业、非政府组织和政府。Porras 等学者（2008）给出了三个付费原则：通过生态补偿弥补环境外部性、生态服务供给方的自愿性、以预先约定的土地利用方式为支付条件。Tacconi（2012）则认为 PES 是针对环境增益服务对自愿提供者进行有条件支付的一种系统，其定义只强调提供者的自愿性而不强调付费是否自愿，但增加了额外性（Additionality）和透明协商的原则。Wunder（2015）后来在综合各种研究进展的基础上，修订了自己最初的定义，提出 PES 是指生态服务使用者和提供者之间基于为区外提供服务的自然资源管理协议而开展的自愿交易。这一概念仍然强调了自愿性，但自愿性并不特指提供者的自愿性，使用者群体的集体决策也被包含在内；交易的“条件性”成为最重要的特征，即必须基于确保能够为区外提供服务的自然资源管理协议，而不是可测量的生态服务，这一变化有助于降低交易双方的风险，也意味着补偿标准的测算将主要基于活动成本，而非生态服务的价值。

随着实践和研究的深入，学者们（Matzdorf 等，2013）逐渐认识到，由于生态系统及其服务类型、地区发展水平、政治和社会文化背景、参与主体、筹资来源等方面的差异，PES 可以基于不同的主体、多样化的途径和规则去设计和实施，在治理结构上形成市场主导（Market - Based）、科层（政府）主导（Hierarchy - Based）和社区主导（Community - Based）的不同类型。而且，大多数 PES 实际上是介于市场、科层和社区之间的混合治理结构（Hybrid Governance Structures）（见图 4 - 2）。

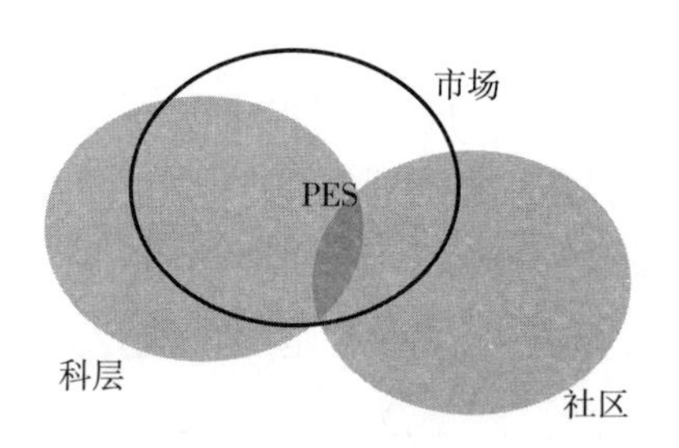

图 4 - 2　PES 与主要治理结构的关系

（资料来源：Vatn（2010））

学者们（Matzdorf 等，2013）还根据政府（科层）是否作为规则制定者或者作为生态服务购买者直接参与 PES 项目，把 PES 分为科斯范式、庇古范式、合规付费和基于法律规定的补偿四种类型（见图 4 - 3）。下面分别加以简述。

政府作为生态服务购买者参与补偿 \ 政府作为规则制定者参与生态补偿	否	是
否	用户付费和非政府组织付费（科斯范式）	合规付费（如美国湿地缓解银行）
是	政府融资的付费和补贴（庇古范式）	基于法律规定的补偿（如中国的退耕还林）

图4－3　政府在PES治理和付费模式中的作用和影响

（资料来源：根据Matzdorf等（2013）修改制作）

（1）用户和非政府组织付费（科斯范式）

这类PES的原则是“受益者付费”。由于这类交易由民间自发组织，政府既未制定规则，也未出资参与，可以称为科斯范式的PES（Wunder，2005；Engel等，2008）。其核心理念是在某些条件下，无论初始产权的分配状况如何，生态环境的外部性问题均可以通过影响方与受影响方之间的直接谈判解决，国家仅需提供法律框架和促进此类交易的制度环境即可（Vatn等，2011）。典型的用户付费案例通常出现在一些流域的上游土地所有者与下游取水户之间的环境保护协议中（Corbera等，2007）。

科斯范式谈判主要运用于具有明确影响对象（即私人外部性）的生态补偿中。在这类补偿中，生态服务购买者主要受私人效用或利益的驱动，设计合同时为确保自身利益，用户往往会加上较严格的支付条件条款，以避免自身的财务风险。这将使交易合同具有较强的自愿性和条件性，有利于实现需求侧的福利最大化。当然，不同的非政府主体在支付动机上也存在差异。例如，由环保组织和社会企业来充当付款人时，其动机主要是生态和社会福利而非私人利益，加之它们并不直接使用生态服务，其支付的条件性动机就不会那么强烈。自愿性碳交易市场就是其中一个例子。

这里的问题是，盈利性企业能否像NGO一样行事，愿意以参与PES的方式实现间接利润最大化，或者把企业的社会责任战略嵌入这类活动中？在后一种情况下，企业参与PES的内在动机至少部分地超越了买方的自身利益。Koellner 等（2011）关于公司投资 PES 项目动机的研究得出了有趣的结论：企业的非财务动机（人类福利和生态责任）和间接财务动机（企业社会形象）对投资行为影响最大。但是，这些动机在大多数情况下并不足以驱使企业（特别是中小企业）投资 PES，作为一种营销策略，仍然需要强调 PES 潜在的财务回报。

虽然实现 PES 条件性的重要因素是需求侧的动机，但更重要的是，中介通常在这种情况下发挥关键作用。引入中介能够降低交易成本（例如，由中介来充当需求方或供应方的利益代表），减少信息不对称，有些中介机构（如环保组织）还可以使用自有资金来实施项目（Muradian 等，2008）。中介机构包括政府、公共机构、非政府组织以及私人经纪人。这些机构之间虽然差异很大，但只要它们对提供生态服务有浓厚的兴趣，均可促进市场化生态补偿机制中条件性的实现（Hrabanksi 等，2013）。

（2）政府融资的付费和补贴（庇古范式）

在这种模式下，政府（含地方政府）是市场买方，政府可被视为“全体生态服务购买者的代表”（Engel 等，2008）。这类付款通常被用于具有公共外部性的生态服务上，可以称为“类 PES”（PES - Like）（Wunder，2005）。庇古范式通过向污染者征税来筹集资金，然后向减少污染的行为主体提供补贴。庇古意义上的 PES 典型例子是欧洲农业环境计划。该计划向自愿承诺改善环境的土地所有者和使用者提供资金，以实现超出法律强制要求的环境目标，如减少作物种植对邻近水体造成的营养负荷，或者促使农户向有机农业转型等（Baylis 等，2008；Uthes 和 Matzdorf，2013）。拉丁美洲的第一个 PES 项目也由政府付费，如哥斯达黎加的国家 PES 计划“PSA”（Sánchez - Azofeifa 等，2007）。虽然政府付费的 PES 可以被理解为由政府充当生态服务用户方的强大代表，但公共选择的研究结果表明，政府付费也可能受到其他动机的影响，例如在欧洲农业环境计划中各国政府对本国农业的保护主义动机（Baylis 等，2008）。因此，政府付费的 PES 往往缺乏因地制宜的条件性（如与水有关的 PES，Brouwer 等，2011）和成本有效性（Mislimshoeva 等，2013）。

（3）合规付费

在这种模式下，国家用法律对生态服务的使用实施总量限制（Cap），通过总量限制与抵消相结合来影响需求，并将“支付义务”制度化为 PES 的财务来源。如美国的湿地缓解银行，根据“无净损失”（No Net Loss）原则，美国法律允许私人开发湿地，只要他们支付费用，购买可在其他地方重建相同面积湿地的费用即可（Robertson，2004）。

有学者（Vatn 等，2011）指出，合规付费制度的环境保护目标在于环境上限（类似于生态红线），交易目的是降低上限规制需要耗费的成本。这一模式的特殊性在于付费者可以既是生态服务的需求方又是其供给方。交易主体可以是各类非政府组织、社会企业、商业企业，还可能部分是生态服务的卖家，部分是中介机构。一般而言，支付者并非真正对购买的生态服务感兴趣，他们纯粹是受监管驱动，旨在遵守法律规定。因此，这类 PES 能否确保条件性在很大程度上取决于法律要求（Robertson，2004；Hallwood，2007）。

（4）基于法律规定的补偿

在供给侧，政府也可以采用法律限制环境负外部性的产生。这类 PES 模式使用政府付款来补偿各类主体遵从法律规制产生的损失，以提高法律的可执行性和顾及社会公平。例如，欧洲为实施水框架指令（Water - Framework Directive）和栖息地指令（Habitat Directive）对土地使用者的补偿，以及中国政府的“退耕还林”计划（Xiong 和 Wang，2010）。由于法律要求，这类补偿的条件性可能得到较严格的执行，但这种类型的补偿往往缺乏经济激励，一般不会带来受偿主体行为方式的内在变化，对额外性也有不利影响。

笔者认为，在以上四种模式中，用户付费模式（科斯范式）的市场化程度最高，理论上其自愿性和条件性也最强。其他三种模式都与政府干预或者政府参与有关，只是政府干预（参与）的程度有所不同。其中，模式（4）的命令—控制色彩最强；政府购买模式的卖方（生态服务供给者）在理论上有一定程度的自愿性，但这种模式的条件性可能欠佳；合规付费和基于法律规定的补偿都建立在法律规制上，前者的付费者为私人，后者的付费者为政府，两种模式均缺乏自愿性，但前者的条件性一般而言会强于后者；政府购买和基于法律规定的补偿都是由政府充当支付者，两者的主要区别是，理论上前者的交易双方均有谈判余地，即有一定程度的自愿性，而后者没有谈判余地，更缺乏自愿性。换言之，只有用户付费模式称得上是市场主导型的生态补偿，其他类型的 PES 均为政府主导型，只是在某些环节嵌入了一些市场因素而已。

4.2.2 围绕市场主导型环境工具的争论

其实，国外在环境治理领域围绕政府和市场作用的争论由来已久。市场主导型环境工具（MBI）滥觞于 20 世纪 80 年代里根主义和撒切尔主义盛行的新自由主义时期，许多经济学家和政策制定者认为，MBI 相对于命令—控制型的环境工具具有更大优势（Ackerman 和 Stewart，1987；Stewart，1992）。MBI 的核心是交易机制（如排污权交易），它让市场而不是监管机构指导个体行为者的选择，诱导行为主体以减少污染物排放、出售剩余配额来获取利润，最终促使全社会达到环境标准（Baumol 和 Oates，1988），因而 MBI 比环境规制更加有效和更具成本效益（Goulder 等，1999），具有更多的灵活性和适应性（Stewart，1992），更尊重市场主体的选择，因而更有可能促进技术创新（Ackerman 和 Stewart，1987；Lockie，2012），也更有可能创造双赢解决方案（Wilgen 等，1998；Pagiola 等，2002）。具体来说，MBI 通过发现环境保护的“正确价格”（Right Price）来克服市场失灵，解决环境外部性的内部化问题。只要正确的激励措施旨在使市场力量与环境目标保持一致，MBI 将有助于实现经济与环境的双赢（Brink，2014）。

然而，市场究竟如何发现环境保护的“正确价格”呢？在很大程度上需要感谢生态系统服务（Ecosystem Services，ES）概念的出现。20 世纪末，生态系统服务概念作为一种社会生态学的方法被引入环境经济学领域。该概念原本旨在说明社会对生态系统的依赖，其理论核心是由生态学思维塑造的，并在很大程度上脱离了市场导向的方法（Gómez - Baggethun，2010）。然而，市场环境主义（Market Environmentalism）从生态系统服务概念的出现和普及中却受益匪浅。这是因为 ES 的方法为生态环境的商品化提供了可观察和可测量的外部性度量工具。20 世纪 90 年代以来，关于生态服务的生态学文献越来越多地与关于环境评估的经济学文献交叉融合（Costanza 等，1997；Balmford 等，2002），政策制定者更是在此基础上将部分可交易的 ES 成功转化为 PES，通过货币支付使生态环境保护所提供的服务得到承认和补偿。近十年来，PES被广泛运用于私人和公共的环境政策中，用生态系统和生物多样性经济学的术语来说，PES使生态服务得到了承认、展示和捕获（TEEB，2010）。

但是，围绕PES是否兼容于市场主导型环境工具，它的目标究竟是什么，以及PES是否真的改善了生态环境和社会福利等一系列重要问题，争论之声始终不绝于耳。有批评者（Lockie，2012）指出，市场主导型环境工具的成本有效性和适用性，及其对社会和环境影响的可持续性，往往取决于许多被亲市场派所忽略的关于权利和权利所产生的利益分配的假设，以及与自然资源使用相关的社会责任。具体来说，作为市场主导型环境工具的科斯范式PES主要受到了以下几方面的质疑。

第一，实施科斯范式PES在生态系统服务商品化和产权界定上需要一个能够精准甄别有效实施的技术和制度体系，目前这点很难做到。

首先，生态系统服务是一个复杂系统，该系统的各种功能服务是相互交织、相互作用的整体（如一片森林提供了水源涵养、水土保持、固碳释氧、气候调节、防风固沙、生物多样性和文化景观等多种功能服务），PES试图将生态复杂性分解为单一的区域化的可交易单位（Vatn和Bromley，1994；Salzman和Ruhl，2000），是用原子论和机械论为生态领域建立商品化的ES单位，这种做法必将受到与生态系统复杂过程和功能外部性相关的结构性限制（Gómez－Baggethun等，2010），并将对PES的评估、定价、监测和合同执行带来极大困难，产生极高的交易成本。正如科斯定理指出，只有当交易成本很低时，行为主体才可能将市场交易纳入决策（Salzman和Ruhl，2000；Kroeger和Casey，2007）。这也间接说明了为何学者们开发出各种生态服务的估值定价方法，但大多数PES计划在定价时却对这些“科学”方法弃而不用，通常是采用粗略的固定费率（Vatn，2015）。其次，关于ES的产权界定不可能完全清晰，一些国家和地区出于各种原因也不可能将其私有化。其原因一方面与上述ES的生物物理边界不清晰有关，另一方面也是由于ES的外部性和公共品属性，除了少数ES较容易确定谁是提供者/污染者、谁是受益者/受害者以外，多数ES很难找到明确的提供者和受益者/购买者，从而无法清晰界定交易所需的初始产权。

第二，由于种种原因，科斯范式的谈判很难达成实现帕累托效率的所谓“正确价格”。

即使存在少数可以明确界定产权边界的 ES，谈判双方都清楚初始产权状况，拥有完整的信息（不仅知道自己的边际收益或成本曲线也知道对方的曲线），即不存在交易成本，双方的谈判仍然可能无法达成帕累托有效（边际收益等于边际成本）的结果（Hahnel 和 Sheeran，2009）。首先，谈判双方的市场势力（Market Power）不对等。一般来说，PES 的谈判是面对特定对象的、非竞争性的，其达成的价格主要取决于谈判双方的讨价还价能力和公平认知，而并非充分竞争的产物。大多数 ES 的卖方是农户，买方是政府、大企业和环保组织，卖方通常处于弱势地位，被迫接受由买方设计好的合同。这可以解释为什么农户通常接受较低的生态服务价格和受到各种限制的补偿条款。正如 Martínez - Alier（2002）指出，“穷人卖得便宜”（The Poor Sell Cheap）。其次，在现实情况下，信息总是非对称的，PES 难免会产生道德风险和“搭便车”问题。当产权被分配给污染者时，每个受害者都有动力否认受到影响，希望其他受害者支付减少污染的费用（“搭便车”问题）；当受害者拥有产权时，每个受害者都有动力夸大损害程度并威胁否决交易以争取获得最大份额的赔偿（Hahnel 和 Sheeran，2009）。Engel 等（2008）指出，随着 ES 购买者数量的增加，交易成本和“搭便车”的激励也会随之增加，除非有大型购买者（如政府）和第三方干预，否则谈判往往失败。鉴于此，国外近期的 PES 计划主要考虑卖方的自愿性，不再强调买方自愿性。

第三，无论从产权界定、监管机制还是筹资渠道看，市场化的 PES 都离不开政府的作用。

科斯范式的 PES 需要明晰产权，必须界定清楚谁是 ES 的供给者（受偿者）、谁是受益者（付费者），以及谁创造了正外部性、谁制造了负外部性。无疑，界定自然资源产权、通过制定环境标准和实施监管来明确环境责任属于政府的天职。如果政府不履行确权和监管的职责，市场化 PES 将由于交易成本高昂而寸步难行。在一些过去无法界定产权的环境领域（如空气），也正是依靠政府人为设置上限和分配使用配额，才创造出新的 ES 交易市场（Cap 和 Trade）。正如 Vatn（2015）所指出，在包括 PES 在内的任何市场环境工具中，促进环境保护的首要因素不是交易，而是定义责任的指令或者政治环境目标。在环境交易计划诸如碳市场、可交易的排污权配额或者水权交易中，是政府设定的上限即政治上的排放（使用）限制创造了稀缺性和产权。市场所能做的只是以更低的成本去实现这些限制目标，而市场能否提高成本效益和保持低的交易成本，同样取决于政府的制度安排和公共机构的积极监管（Lapeyre 等，2015；Vaissière 和 Levrel，2015）。

在 PES 的筹资渠道上，公共资金更是占据了压倒性的优势。Milder 等学者（2010）关于 PES 全球发展趋势的研究发现，PES 计划绝大多数的资金筹措来自公共机构。Vatn 等学者（2015，2011）注意到公共资金参与 PES 计划的占比高达约 90%。从筹资角度来看，在 Wunder 等学者（2008）所报告的 14 个 PES 案例中，只有 3 个可以被视为真正的科斯范式。

第四，从动机和道德上质疑市场化 PES 的正确性。

科斯范式的 PES 是基于新古典经济学的经济人假设，通过利益导向去激励行为主体保护环境。但环境心理学的文献（Lindenberg 和 Steg，2007）表明，人们的亲环境行为具有多重动机和受到各种复杂因素的影响，利益因素只是其中之一。在特定的制度背景下（如自治程度高的社区），人们的环境保护动机主要是内生的，更多受到社会规范的约束，单一的经济激励有时反而会在环境保护动机上产生“挤出”（Crowd Out）效应，减少人们的利他主义环保动机。Fisher 和 Brown（2015）、Neuteleers 和 Engelen（2015）研究了功利框架和基于市场化估值的动机效应，结果显示，仅仅使用经济激励可能挤出人们对环境保护的积极态度，鉴于 PES 对于生态系统长期保护可能产生的潜在负面影响，有必要谨慎使用市场化工具。他们的见解挑战了生态服务的货币化和商品化潮流。

此外，一些左派思想家、生态主义者、土著社区和人类学家基于环境正义的道德观，反对把公共品私有化和封闭公共土地，也反对将生态系统服务商品化（Marx，1842/1975；Polanyi，1944；Federici，2004；Harvey，2005）。他们认为，一些具有支持功能的生态系统服务是人类生存的必需品，当地社区居民尤其是原住民有权无偿获取，这类服务不应该用于出售（Sandel，2013；Satz，2010）。环保主义者一直担心将市场价值延伸到传统上受其内在价值保护的生态环境领域将带来难以预测的后果（McCauley，

2006)，他们常常强调价值的不可通约性（Martínez－Alier，2002）[①]。当某种东西的重要性被认为主要存在于其象征性、文化性或精神价值中时，就如同大多数“生态文化服务”（Chan 等，2012）或“栖息地服务”一样（McCauley，2006)，对其采用等价交换的、寻找替代品的市场估值方法，无异于贬低乃至取消它们的价值（Jax 等，2013)，这对于生态主义者来说是难以接受的。Gómez－Baggethun 和 Muradian（2015）把市场化的 PES 讥讽为“市场神话”（Market Mythology)，认为站在象征价值和不可替代性的角度，生态服务对于满足人类基本需求的重要性程度，可以作为对不同生态服务商品化设置界限的重要标准之一（Farley 等，2015)。

4.2.3 评价

首先，国外围绕市场化政策工具的两种观点的争论，在国内同样存在。由于体制和文化传统，“经济靠市场、环境靠政府”的二元观在我国长期占据主导地位，直到近年来生态环境日益增大的压力使单一的政府治理已经不足以解决所有问题，人们才开始在环境治理领域更多地引入市场机制（张捷、谌莹，2018)。笔者同意 Driesen（1998）所指出的，在关于 MBI 和 PES 的争论中，一个最常见的错误就是把政府与市场简单对立起来的“两分法”。其实，只要制度设计得当，根据生态系统和社会背景选对了对象和工具，这两种治理机制完全可以实现互补乃至有机融合（张捷、莫扬，2018)。单一的命令与控制和纯粹的科斯范式交易，原本只是环境治理结构中的两个极端。在环境治理结构的连续系谱上，包括 PES 在内的绝大多数治理机制均是介于这两个极端之间的某种混合机制，只是有的政府色彩更重一些，有的市场激励更多一些而已。如果再把前面提到的社区治理（自愿机制）嵌入进去，工具会变得更加多元复杂，从而可以适应更多不同生态系统、社会背景和空间尺度的生态环境治理需要。笔者认为，社区治理最适合于充当政府规制与市场机制之间的衔接，也更容易与市场机制相结合。对此问题作者将另辟章节加以分析。

---

① 例如，我们与野生动物相关的情感纽带或者我们与湖泊相关的文化价值，可能与我们同汽车股票相关的文化价值不具有任何可比性。

其次，在评价市场化或者规制型环境治理工具时，应当尽量摆脱意识形态的“有色眼镜”，更多采用实证方法，用一事一议、一地一策的方法去进行分析。我们既要看到，科斯范式的生态补偿由于存在严格的限制条件（如界定生态服务的供给者与受影响者的权利，选择参与谈判的地理区域，设计附有条件性、额外性和透明性的合同，诱使供需双方至少ES的提供者自愿参与谈判，以尽量低的成本监督合同的执行，等等），在现实中适用范围十分有限。而且，即使能够采用，也不要指望市场化PES成为万应灵药。且不论它是否具有成本效率，即使成本有效，也不要指望它能解决收入分配和代际公平的难题（Norgaard，2010）。然而，虽然市场主导的环境工具具有种种局限性，但其基于市场机制背后的主要逻辑不容置疑——把影响人类行为的经济激励与基于市场的资源配置机制结合起来，与其他治理机制一起，可以以更低的成本和更广泛的社会共识，形成改善生态环境的最优方案。

最后，与人们已经习以为常的商品市场和要素市场相比，人类正在探索创建的生态服务市场是一个非常特殊的市场。一是生态服务属于具有外部性的公共物品，其中大多数属于具有有限的非竞争性或有限的非排他性的准公共品，如河流、湖泊、草原、森林等都具有准公共品的属性，有些属于消费具有竞争性但收益缺乏排他性的“公共池塘资源”。消费的非竞争性主要受到环境容量上限（生态承载力）的限制，一旦消费超过容量上限，非竞争性就会消失，拥挤效应导致的“公地悲剧”就会出现。这时就需要建立有效的制度来合理配置资源、限制消费，防止生态服务的耗竭。对于准公共品的供给，应当采取由政府、市场和社区共同分担联合提供的原则。理论上，政府应当提供受益面广、公共外部性强、产权界定难和估值定价难的公共品，其他的准公共品则交由市场和社区去提供。当然，由于公共品的属性，当通过市场提供生态服务时，仍然离不开政府对产权的界定和限制，制定交易规则乃至实行价格指导。为了弥补市场失灵，对于建立市场化的生态补偿机制来说，政府依然扮演着不可或缺的角色。二是除了遵从市场机制以外，生态服务市场还必须遵从自然规律。《荀子·天论》中指出：“天行有常，不为尧存，不为桀亡。”讲的是自然界的运行规律不是为了服务于人类而存在的道理。生态系统的各种服务功能是客观存在的，是生态系统自我循环的产物，人类从中获取的服务可以视为自然对人类的“恩惠”，其本身是无价的。但为了反映生态服务的稀缺性和人类保护环境的劳动投入，人类必须对其赋予价值，通过市场机制更好地保护生态系统，节约生态服务，以最小的生态消耗获取最大的社会福利。由于自然循环不以市场价格和交易者的购买意愿为转移，当价格上升时，严格来说生态服务的总供给并不会增加（生态保护只能使总供给不减少）。即生态服务的总供给曲线几乎是垂直的，但总需求曲线是向下倾斜的，价格变化只能调节生态服务的总需求，而难以调节总供给。因此，创建市场机制为生态服务定价的主要目的是减少浪费和遏制污染，维护或修复生态平衡，防止供给大幅减少，而非通过生产要素的大量投入来不断增加生态服务的产出。

4.3 两种外部性的内部化理论模型

目前，我国的生态补偿正在由过去完全依靠行政手段开始转向更多地引入市场机制。应当说，这种市场化、多元化的制度变迁，无论其演进路径是自上而下还是自下而上，演进方向是合意的。关键问题是，在中国，何种生态补偿适合于引入市场机制？如何引入市场机制？引进市场机制是有效的吗？这些理论和实践问题均亟须深入研究。只有搞清楚了这些基本问题，才能设计出有效的制度和实施机制，从而创造性地推动生态补偿向市场化、多元化的方向演进。本节以主体功能区之间的生态补偿为例，构建了两个基本理论模型。

4.3.1 正外部性条件下两类地区单向生态补偿模型

本节假设由于实行了主体功能区之间的分工，全部生态系统服务均由生态功能区提供，非生态功能区（两类开发区）则提供人工产品和服务。图4－4中，横轴是生态功能区提供具有正外部性生态服务的质和量，纵轴表示生态区和非生态区因提供/获得生态服务产生的边际收益（收益为负时为成本）。为了方便进行比较，两者的边际收益是以相反方向来衡量的：生态区j的边际收益自下而上，非生态区i的边际收益自上而下。一方面由于边际价值递减的一般规律，另一方面由于提供生态服务需要增加环保投入和限制经济开发，生态区的（净）边际收益（曲线 MVj）是递减的，超过 P 点以后转为负值。由于能够从生态区的生态服务中免费获得外部利益，非生态区的边际收益（曲线 MVi）始终为正但缓慢递减。P 是生态区提供生态服务的私人最优点；S 是考虑了生态服务的外部效益后的社会最优点（等价于两地区边际收益的均衡点）。若生态服务供给从 P 点增至 S 点，生态区将付出面积 PES 的成本，非生态区则获得面积 $PCES$ 的收益，两者之差即为生态区增加生态服务的社会增益。问题是，如果成本得不到补偿，生态区显然没有动力去增加生态服务供给。但如果非生态区补偿生态区大于 PES 小于 $PCES$ 面积的收益，生态区将乐于把生态服务增至 S，从而使双方获利，实现福利经济学中比帕累托效率条件更宽容的卡尔多—希克斯改进[①]。

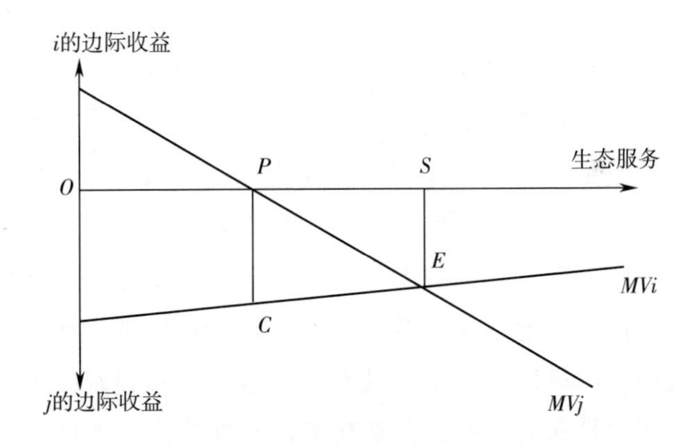

图4－4　正外部性条件下两类地区单向生态补偿机制

（资料来源：笔者整理所得）

以上地区间通过单向补偿增加生态服务供给的理论模型最接近于典型的科斯式生态服务付费。但在实践中，这一生态补偿机制的实施必须以单位生态服务的价值评估为前提，而生态服务定价的难易又取决于：（1）生态服务的单一性和可计量性；（2）是否存在公开的生态服务交易市场

① 按照前者的条件，只要有任何一个人受损，整个社会变革就无法进行；但是按照后者的条件，如果能使整个社会的收益增大，变革也可以进行，无非是确定如何对受损者提供补偿方案的问题。所以，卡尔多—希克斯标准实际上是社会总财富最大化的标准。

（MES）。复合型生态服务的价值计量难度很大，而且复合型生态服务的受益对象过于宽泛，除国家以外，其他主体很少愿意为之付费。但是，如果存在公开交易市场，则一些受益对象广泛的生态服务也能在区域间乃至国家间开展补偿交易（如碳市场）。这是因为，公开竞争市场使得ES定价变得容易和透明，ES的计量方法也趋于统一，从而大大降低了交易成本。不过，由于公开交易市场对于法律、规则等软性基础设施要求很高，除了少数发达国家以外，MES在发展中国家尚处于起步阶段，市场机制仍不成熟。而一对一交易的PES对于法律、合同设计、交易规则乃至监测计量的要求相对较低，更适合于需要因地制宜因事制宜的地方性生态服务。

4.3.2 负外部性条件下与庇古税结合的双向生态补偿模型①

上一节讨论的是两类地区间如何使生态功能区提供生态服务的正外部性内部化，而环境经济学更加重视解决环境负外部性问题。在主体功能区规划中，为保护生态环境，重点生态功能区被限制（其中自然保护区被禁止）进行大规模高强度的经济开发，而非生态区则在优化条件下允许继续进行经济开发。这一政策依据的是区域间生态重要性差异。生态区往往居于流域上游水源区或者生态屏障地区，其生态环境变化对其他地区影响极大；非生态区则往往处于流域下游或生态环境受屏障的地区，其环境变化的外部效应较小。可见，生态重要性在很大程度上就是环境外部性，而区域间的环境外部性是非对称的，生态功能区对非生态区的影响远远大于后者对前者的影响。主体功能区规划限制生态区的经济开发，实际上是要控制其经济开发产生的环境负外部性对非生态区乃至国土空间生态安全造成的不利影响。但是，这种限制对生态区的经济利益无疑会带来损失。本节将从环境负外部性的角度，讨论如何限制生态功能区的经济开发以及限制到何种程度才是合意的。出于分析方便，模型中假定生态功能区的经济开发与环境负外部性具有线性相关。

与正外部性相比，环境负外部性更加明显地表现出对不同主体影响程度的非对称性特征。黄有光（Ng，2007）指出，科斯虽然正确地阐述了环

① 本节理论模型的思路参考了黄有光教授的双边征税模型。

境外部性的相互性特性，但却忽视了重要的外部性成本非对称性问题。亦即：科斯仅仅从产出最大化角度来权衡政府干预和市场调节的外部性成本，而没有考虑到环境问题的独特性质。由于生态退化和环境污染对自然界与人类健康所造成损害的累积性、滞后性和不可逆性，长期来看，污染承受者的边际外部成本不仅递增而且巨大，某些污染（如温室效应带来的气候变化）的长期后果甚至大到难以估量。与之相较，污染排放者为改善环境而降低产出所蒙受的边际损失虽然递增，但增量极小（可以趋于无穷小），与污染承受者巨大的边际外部成本相比可谓天壤之别。

借鉴黄有光的思想，本章构建了一个负外部性条件下两类地区环境成本内部化的模型。图 4－5 中，横轴代表生态功能区 j 的经济开发水平，纵轴表示生态区经济开发对两类地区带来的收益。与图 4－4 一样，两类地区的收益变化是以相反方向来衡量的，生态区 j 的坐标自上而下，其边际收益曲线为 $U-Wj$，非生态区 i 的坐标自下而上，其边际收益曲线为 $F-Wi$。在没有开发限制和生态补偿的情况下，生态区为了使其边际收益最大化，会将开发活动一直进行到 P 点即它的私人最优点为止。但对于非生态区来说，生态区任何水平的开发活动都将对它产生环境负外部性（横轴原点 O 以上区域对于地区 i 皆为负值区域），其私人最优点是在原点 O 上，即生态区完全不开发。随着生态区开发活动的增加，非生态区的边际外部成本从 OF 递增（在 P 点上非开发区的边际外部成本为 PC）。相反，如果生态区从 P 点

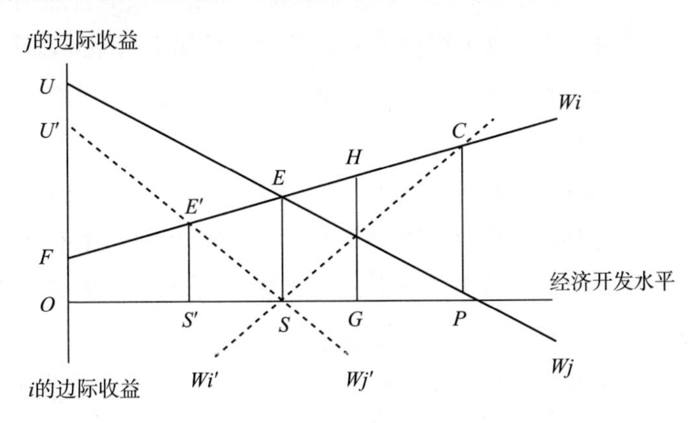

图 4－5　负外部性条件下与庇古税嵌套的双向生态补偿机制

（资料来源：笔者整理所得）

降低开发强度，将出现一个递增但很小的边际成本。这意味着，经济开发的环境外部性对于不同地区产生的影响是非对称的，增加开发强度对非生态区产生的边际外部成本可能很大，而降低开发强度对生态区产生的边际成本却很小，因此应当限制生态区的经济开发。那么该限制到何种程度呢？在采取“全有或全无”（All or Nothing）的产权分配时，生态区的私人最优点是 P，非生态区的私人最优点是原点 O，社会最优点需要在两个极端之间做权衡。如果不采取“全有或全无”的产权配置，而是依据兼顾社会效率与公平的原则来配置产权，情况会如何呢？先看 P 点（意味着生态区有经济开发权），生态区在此点的总收益为 OUP 的面积，为此给非生态区带来的外部性总成本为 $OFCP$ 的面积。不考虑分配效应，两者合计究竟是社会净收益大于社会净成本还是相反，将取决于 $U-Wj$ 和 $F-Wi$ 两条曲线在纵轴上的平均高度。由于存在两种可能性，社会效率仍是不确定的。但如果我们考虑环境外部性对两类地区影响的非对称性原理，降低生态区的经济开发水平，情况又会怎样呢？如图 4-5 所示，如果我们设法使生态区经济开发的边际收益曲线下移，从 $U-Wj$ 移至 $U'-Wj'$，与此相应，生态区的经济开发私人最优点也从 P 后移到 S。在横轴上，S 与 $U-Wj$ 和 $F-Wi$ 两条曲线的交点 E 相等，而 E 是生态区和非生态区的成本/收益均衡点，在 $S-E$ 线上，经济开发的边际收益与环境外部性边际成本正好抵消，而经济开发水平一旦超过 $S-E$，两地区的社会净收益将递减，社会净成本将递增。由此可以判断，生态区的经济开发强度由 P 点向 S 点移动属于帕累托改进，S 点是非对称负外部性条件下生态区经济开发的社会最优点，同时也是两类地区实现环境公平的均衡点。

接下来的问题是，如何才能使生态区的经济开发水平由 P 移到 S？对此有以下办法：一种办法是改变初始产权，限制甚至剥夺生态区的经济开发权，通过行政命令减少乃至禁止其经济开发。另一种办法是在不改变初始产权的条件下设法降低生态区的经济开发强度。其途径又有几条：（1）国家对经济开发带来的污染排放征收环境税（庇古税），从而降低生态区经济开发的边际净收益；（2）通过某种协议，使生态区自愿降低开发强度，其蒙受的收益损失由受益方给予补偿（生态补偿）；（3）以上两种途径的结合。

除了少数生态敏感及脆弱性极高的生态区以外，通过行政手段剥夺生态区的经济发展权既不公平又缺乏效率。在公平方面，生态区大多数属于贫困地区，剥夺其经济发展权会进一步扩大地区之间的收入差距。在效率方面，虽然剥夺生态区的开发权可以消除非生态区的外部性成本（*OFCP*），但生态区也将丧失全部收益（*OUP*），其保护生态的动机亦将随之丧失。图4－5显示，当开发水平处于原点时，生态区的边际净收益大于非生态区的边际净成本（$OU > OF$），因此至少在 $O \sim S$ 的范围内，增加生态区的经济开发水平有助于提高社会整体效率。

我们更倾向于在不改变产权的条件下通过经济手段来降低生态区的开发强度。在理论上，庇古税对于生产引起的环境负外部性的内部化是有效的，因为征税提高了污染成本，降低了生产者的私人净收益预期，从而令污染产出减少。同时，税收收入还可以专项用于环保补贴。但是，理想的庇古税必须以最优税负等于环境外部性边际成本为必要条件（Cremer等，1998），这意味着其实施必须准确了解边际污染损失的货币价值。由于污染的影响具有间接性、滞后性和不确定性，很难准确估值。一个变通办法是，通过设定一个环境标准来替代理论上的最佳税负，并以此为目标来设计税率。事实上，只要对污染行为征税，就能在一定程度上减少污染，实际税负与理想税负越接近，则作用越明显。那么问题是如何设置一个使实际税负与理想税负相接近的环境标准？在图4－5的生态补偿模型中，该环境标准将通过生态区与非生态区之间的谈判来实现。理由是，非生态区作为污染承受者，最了解环境外部性的边际成本，而且也具有最强的动机提高环境标准，由非生态区与作为环境外部性制造者的生态区进行博弈，容易低成本地形成接近理想庇古税的环境标准，但同时也会产生新的问题。

在图4－5中，如果非生态区通过提高环境标准对生态区的减排要求达到一定程度，生态区的开发强度将从 *P* 降低到 *S*，非生态区的外部成本减少 *ECPS*。但另一方面，非生态区原本也可以采取一些更加主动的防护和协同治理措施，以更低的成本来降低污染损害，从而减少减排成本。如在图4－5中，非生态区可以争取参照小于 *OFEP*、大于 *OFES* 的成本去设置相应的环境标准，从而使生态区的开发强度由 *P* 转移到 *S* 时可以减少一些净收益损失。然而，非生态区没有这种优化成本的动机，因为对于非生态区来说，最优选择是使生态区的经济开发归于原点，完全避免外部性成本，因此它所希望的环境税规模是能够全部覆盖自己外部性成本的 $OFEP$ 的面积，而不会考虑如何减少非生态区的减排成本。这一分析告诉我们，按照污染边际损害成本制定税负的单一庇古税容易导致高估环境外部性成本的结果，其所实现的社会效率并非帕累托最优。针对庇古税不考虑污染制造者减排成本的弊端，Buchanan 等（1962）最早提出针对环境外部性的相互性，应该采取双向征税的办法。即政府一方面根据被污染者报告的外部成本向污染者征税，另一方面根据污染制造者减少排放对其带来的损失向被污染者征税，以补偿污染制造者的减排成本。黄有光（Ng，2007）指出，双向征税是一种让污染者和被污染者都说真话的机制，能够有效揭示双方的真实信息。它使污染者有动力把污染水平从私人最优降至社会最优，由此带来的损失可以从被污染者的税收中得到补偿。如果污染者采取低报污染水平的欺瞒策略，虽然在环境税缴纳中会获益，但所获得的减排成本补贴也将相应减少，这将削弱污染制造者的欺骗动机。对于被污染者以上机制同样成立，双边征税使被污染者也没有激励高估其损害程度。作为一种理论上有效的制度设计，双边征税虽然在现实中较难实施，但却给我们提供了珍贵的思想资源。

在治理机制上，基于“污染者治理”原则的庇古税需要依靠中央政府的强制力，无法通过区域间的协商来实行，而基于“受益者付费”原则的生态补偿更多地依赖谈判与协商，适宜于不同区域之间的环境治理。笔者认为，地区间横向生态补偿可以采用与环境容量挂钩的跨界环境标准（如流域跨界断面水质标准）作为目标开展谈判，谈判时无须对环境容量使用权做“全有或全无”式的配置，仅考虑社会效益和区域公平即可。在理论上，通过双方谈判达成的环境标准，应该正好是与模型中使生态区经济开发强度由 P 点降至 S 点相契合的环境标准，因为在 S 点上，两类地区的边际收益相等，意味着与 S 点相对应的环境标准，正好是一个社会成本最优的博弈稳定均衡（张捷、莫扬，2018）。在该均衡点上，通过生态补偿使生态区的边际收益曲线由 $U-Wj$ 下降至 $U'-Wj'$，非生态区的边际收益曲线也相应由 $F-Wi$ 下移至 $Wi'-C$，生态区开发强度在 P 点时所产生的外部性成本（$OFCP$）将通过生态补偿被内部化。但须指出，要使生态补偿协议中的环境标准达成稳定均衡，需要借鉴双边征税原理设置协议要件：一旦生态区的开发强度降至 S，实现了环境达标，其收益损失部分将由非生态区的成本节约予以补偿；相反，若生态区的污染排放未能达到标准，则应赔偿非生态区的相应损失，协议的补偿/赔偿金额由双方商定。例如，当开发强度收敛至 S 时，生态区将要求获得大于 ESP 面积的补偿，而非生态区最多能够提供 $ESPC$ 的补偿，商定一个介于两者之间的数额，协议即可达成；反之，若生态区的开发强度仅收敛至 G（未能达标），则必须把 $GHCP$ 的外部成本赔偿给非生态区，相当于超额使用环境容量的付费。

4.3.3　小结

从以上的机制设计中，可以提炼出如下特征。

（1）与正外部性内部化的补偿机制不同，由于存在环境损害，涉及负外部性的生态补偿必须同时约束双方的“道德风险”，因此需要采用双向补偿合约，消除双方夸大或低估环境损害成本的动机。

（2）双向契约虽然仍属于市场治理机制，但它与科斯范式的交易存在重大区别（张捷，2017）。科斯范式交易的前提是私有产权的界定，在交易前必须明确界定使用环境容量的权利究竟属于何方。本节的补偿机制无须在交易前进行产权界定，只需要双方通过谈判确定一个适宜的、可行的环境标准[①]，达到及优于该标准，非生态区补偿生态区，未能达到该标准，生态区赔偿非生态区。这种双向补偿协议实质上是通过标准来分配产权，属于带有期权合约特征的“状态依存型”合约（State - Dependent Contracts），双方事前商定的环境标准成为行权依据。期权作为一种对冲不确定性的工具，具有很强的双向激励功能，可以在较高不确定性的环境下通过产权转移对当事人进行事前专用性投资激励（Grossman 和 Hart，1986）。

（3）由于环境外部性的非对称性，生态补偿不一定能完全覆盖生态区降低开发强度所产生的收益损失。图 4 - 5 中，非生态区在开发强度降至 S 点时补偿生态区的额度即使小于 ESP 面积，也不会妨碍生态区降低开发强

---

① 环境标准并非一成不变，在下一期协议中环境标准可以重新谈判并提高，补偿金额亦可水涨船高。

度。因为根据协议，若跨界污染排放未能达标，生态区将赔偿非生态区的环境损害，这一条款与达标获得补偿条款一起，赋予了生态区减少污染的动机。在谈判中，如果达标后从非生态区获得的补偿不够抵补生态区的机会成本，生态区不会同意协议中的环境标准，只有当不足部分可以通过庇古税补贴——上级政府的纵向转移支付——来弥补时，生态区才会同意签署协议。因此，上级政府作为强有力的第三方中介，在双向补偿合约中起着不可或缺的重要作用（张捷、莫扬，2018）。

综上所述，由于环境负外部性的相互性和对不同区域影响的非对称性，为了促使生态区的经济开发强度由私人最优向社会最优转移，可以采取横向生态补偿和庇古税相结合的制度安排，为此需要双方通过谈判形成跨界环境标准以作为实施双向补偿的依据。这种制度安排无须精确计算补偿/赔偿金额，亦可避免交易双方高估或低估环境外部性成本的问题，具有交易成本低和激励机制强的优点。

4.4 政策启示

迄今为止，人类已经经历了原始文明、农业文明和工业文明，这些文明都是通过人类对自然的征服和利用作为自身发展的物质基础。除了最近几十年，人类在漫长的发展进程中几乎没有考虑过对自然界的补偿和对生态系统的修复，只有当工业化和城市化给自然界带来难以承受之重时，环境保护和生态补偿才被提上议事日程。目前，人类正处于从工业文明向生态文明转型的过渡期，在广义上，生态补偿可视为人类向自然界过度索取后的一种偿还和修复；在狭义上，生态补偿实质上是如何在不同地区和人群之间分摊自然保护成本的一种利益调节机制。本节探讨了市场机制在不同主体功能区之间分摊保护成本时所发挥的作用。

众所周知，市场经济是帮助人类征服自然以实现自身福利最大化的一种制度安排。市场经济是一种功利主义的体制，它仅仅关注当代人的福利最大化，而不会考虑生产和消费对自然生态的透支以及这种透支对人类未来的影响。市场经济优胜劣汰的竞争机制和消费至上的物质主义甚至加剧了人类对自然界的过度索取。在自然资源似乎是取之不尽用之不竭的时代，人类没有必要把市场机制引入对自然的关系中（土地除外）。但是，当生态环境容量因人类的过度使用而变得日益稀缺时，当人类更多地参与和影响了生态系统服务的生产过程时，市场机制进入生态环境领域就成为题中应有之义。市场经济体制是在资源稀缺条件下实现资源优化配置的基本制度，生态文明时代自然资源与环境容量将成为最短缺和最宝贵的经济资源，其优化配置仍然需要运用市场机制去实现。

需要指出的是，虽然人类在工业化时代过度消费了生态环境，但目前仍有许多国家和国内不少地区尚未完成工业化，未曾充分享受到工业文明的成果。要求这些发展中国家及欠发达地区与发达国家和富裕地区同步实现发展模式的转型，乃至将一些低开发地区划为生态功能区，限制其对生态环境的消费，这对于尚未实现工业化的国家和地区来说是不公平的。这意味着穷国和穷人承担了富国和富裕人群对自然过度消费所带来的后果，其发展权在很大程度上遭到了剥夺。况且，由于物质基础匮乏，穷国和贫困地区很难在低发展水平上实现发展模式的有效转换。另一方面，允许发展中国家和地区通过传统模式实现工业化以后再转型，也是一个冒险的策略。目前，高收入国家人口占全球人口的约1/5，其生态足迹的下降根本就不足以遏制占全球人口4/5的中低收入国家生态足迹上升所带来的全球生态恶化的趋势①。要解决这一发展与环境的悖论，在全球推进发展模式转型的同时，在不同地区和国家之间实行生态补偿就成为唯一的出路（Farley和Costanza，2010）。由于不存在世界政府，国家之间的生态补偿只能通过国际协议下的自愿交易来实现（如《京都议定书》框架下的清洁发展机制CDM），在CDM机制里，已经包含了市场交易的元素。在一国内部，虽然可以通过政府规划和规制来保护贫困地区的生态环境，但要实现公平发展和环境正义，赋予贫困地区发展权，让发达地区购买贫困地区提供的生态服务，才是可持续发展的双赢之道。

由此可见，虽然市场机制有种种缺陷，但将其引入生态补偿框架之中，不仅可以反映自然资源和生态服务的稀缺性，减少人类活动对资源环境的

---

① 《地球生命力报告2012》指出，1970—2008年，地球生命力指数下降了28%，其中，高收入国家的地球生命力指数上升了7%，但低收入国家的地球生命力指数下降了60%。

消耗，通过价格杠杆倒逼发展模式转型，而且还可以避免对生态功能区发展权利的褫夺，通过交易机制赋予弱势群体尊严与选择自由，而后者不仅是经济发展的手段，同时也是人类社会发展的目标之一。

第5章 “科斯范式”与“庇古范式”是否可以融合

——中国跨省流域横向生态补偿试点的制度分析

流域横向生态补偿是中国推进生态文明建设和主体功能区战略的重要举措。党的十八届三中全会提出“推动地区间建立横向生态补偿制度”。2015年9月，国务院在《生态文明体制改革总体方案》中提出试行包括水资源横向生态补偿和水权交易在内的新机制。2016年5月，国务院在《关于健全生态保护补偿机制的意见》中，明确提出在典型流域开展横向生态补偿试点。党的十九大再次提出“建立市场化、多元化的生态补偿机制”。2016年3月广东省与福建省、广西壮族自治区分别签署了汀江—韩江流域、九洲江流域水环境补偿协议，同年10月广东省与江西省签署东江流域上下游生态补偿协议，使得跨省横向生态补偿试点工作重新提速。2016年试点工作取得飞速进展，标志着中国在流域治理领域正逐步引入市场机制，开始尝试建立政府主导的纵向补偿和以自愿谈判为基础的横向补偿相结合的多元化机制。在水资源实行公有制的中国，流域横向生态补偿的产权制度特征是什么？体现产权制度的契约究竟应当如何设计？这是建立健全中国式流域横向生态补偿机制的关键。本章拟在评析“庇古税”与“科斯定理”的基础上，以中国在流域横向生态补偿试点中的制度创新为切入点，从理论上探讨上述问题的答案。

5.1 生态服务外部性的治理范式

5.1.1 主流经济学对生态服务外部性的治理范式——从庇古到科斯

众所周知，大多数生态服务属于公共产品，使用生态服务的非排他性引起产权界定的困难，进而产生边际私人收益和边际社会收益、边际私人成本和边际社会成本不一致所带来的外部性。前者是指生态服务的提供者无法从使用者处获得相应利益所带来的外部经济（正外部性），后者是指生态服务使用者排放废弃物所产生的外部不经济（负外部性）。正外部性导致生态服务供给不足，负外部性则带来对生态服务的过度使用，造成“公地悲剧”（Daly 和 Farley，2007）。生态补偿就是要补偿生态系统服务的外部性。国外与生态补偿近似的概念是生态服务付费（PES），这个概念本身就带有浓厚的市场化色彩，是专为解决生态服务的外部性而提出的（Engel 和 Wunder，2008）。

为解决生态服务的外部性问题，主流经济学家主要提出了两种不同范式：“庇古税”（Pigovian Tax）和科斯的产权交易。“庇古税”认为外部性是单向的，可以通过对负外部性制造者征税，对正外部性制造者给予补贴，使外部性内部化，即庇古倾向于通过政府干预而不是市场交易来内化生态服务的外部性。理由在于，私人部门并不愿意对具有公共品属性的生态服务进行支付，许多生态补偿必须依靠政府来运作，需要通过强制性的税收来融资（Vatn，2010；Muradian 等，2010）。

与此对应，科斯（Coase，1960）则认为外部性具有相互性，需要从社会整体角度，而非个体角度加以解决。外部性的内部化途径需要对不同的政策手段如政府干预和市场调节的成本—收益加以分析后才能确定。“庇古税”可能是有效的，也可能无效，关键在于产权是否明晰。科斯的核心观点是外部性源于生态服务的产权不清，通过界定产权并开展市场交易，可将其外部性内部化。科斯的观点又被后人整理为若干定理（费尔德，2002），科斯第一定理可以概括为：在交易成本为零的世界里，不管生态服务的初始产权如何分配，市场都会通过主体之间的谈判和交易使资源配置达到最优。科斯第二定理认为，在交易成本为正的世界里，由于产权在初始分配后无法通过连续无成本的交易来实现资源配置最优化，因此产权的初始配置状况将影响资源配置的效率。科斯第三定理的结论是，通过政府来较为准确地界定初始权利，将优于私人之间通过交易来纠正权利的初始配置。

5.1.2 对“庇古税”和科斯定理的批评

由于“庇古税”和科斯定理涉及如何解决外部性这一环境经济学的基本问题，自然引起了众多学者的极大关注，围绕这两种理论，批评和完善的文献可谓车载斗量。撇开科斯的批评不论，对“庇古税”的主要批评意见是，“庇古税”高估了政府的能力和意愿。在“庇古税”里，隐含着政府不仅是全知全能的，而且是追求社会福利最大化的前提。政府不仅知道边际私人净产品与边际社会净产品之间的差额，而且有充分的激励和能力去采取正确的政策使两者相等（孙鳌，2006）。塔洛克（Tullock，1998）指出，“庇古税”在指出外部性问题上的市场失灵时忽略了政府失灵，没有考虑政府在提供公共物品时难免产生的低效率和寻租等政府外部性成本。

与此相反，科斯更倾向于把政府作用限定在初始产权的界定上，即由政府决定谁应该对外部性负责，剩下的事可以交给私人谈判（市场）去解决。对于科斯定理，批评之声更是不绝于耳：（1）认为科斯定理的两个假设条件过于苛刻，与现实不符，现实中的经济个体行为通常都存在较高的交易成本，环境产权的界定也相当困难；（2）没有考虑到收入分配效应，认为只要交易成本为零，不同产权安排不会影响资源配置效率；（3）科斯定理虽然正确阐述了外部性的相互性特性，但却忽视了重要的成本非对称性问题（黄有光，Ng，2007）。科斯定理仅仅从产出最大化角度来权衡政府干预和市场调节的成本与收益，而没有考虑到环境污染问题的独特性。即由于环境污染对自然界和人类健康所造成损害的累积性、滞后性和不可逆性。长期来看，污染承受者的边际外部成本是递增的，长期后果甚至大到难以估量，而污染制造者为减少污染而降低产出所导致的边际损失却是递减的，因为与前者相比，后者的范围和程度都是可控的。从伦理学的角度看，科斯定理只注重效率，但不重视公平和人的生存权利，其政治正确性似乎受到质疑。

最后，由于生态服务难以测量、环境消费难以监管，各类主体之间信息不对称的程度高，无论是生态服务交易还是环境税的征收，都需要具备良好的监测技术和严密的监管体系，而这通常导致很高的交易成本（Hecken 和 Bastiaensen，2010；Vatn，2010）。于是交易成本就成为科斯定理和"庇古税"共同拥有的一块"短板"，同时也是人类企图运用现代经济手段解决环境问题时普遍面临的一个重大挑战。

5.1.3 其他解决机制

诺贝尔经济学奖获得者埃莉诺·奥斯特罗姆（Elinor Ostrom，2010）在研究了大量由用户自行管理的公共资源（公共池塘资源，Common – Pool Resources）后提出，现实生活中许多集体行动困境的解决方案既不是依靠更强的政府管制，也不是采取私有化方案，而是通过自我治理来解决的。保证民间自治有效运作的关键是互惠、声誉和信任关系等社会资本。由此，奥斯特罗姆提出了有别于庇古和科斯的第三种外部性治理机制。但奥斯特罗姆所倚重的社会资本一般仅存在于传统社区内部，这就决定了社会自治机制仅适合于解决空间尺度和使用成员均有限的社区性生态服务的外部性问题。

著名经济学家黄有光（Ng，2007）一方面赞同"庇古税""污染者付费"的产权界定，反对科斯定理在"有权污染"和"无权污染"之间的摇摆，认为这种"全有或者全无"（All or Nothing）的选择策略忽视了污染对其制造者和承受者边际外部成本的非对称性。另一方面，他也不赞成庇古的单向征税、不考虑污染制造者减排成本的做法。他提出，既然外部性具有相互性，就应该采取双向收税的办法，即政府一方面根据污染者报告的污染程度向污染者征税以赔偿被污染者，另一方面，又根据污染者减少污染使被污染者的损害下降的程度向被污染者征税，以补偿污染者的减排成本。双向征税是一种让污染者和被污染者都说真话的机制，能够有效揭示污染者和被污染者的真实信息。首先，它使污染者有动力把污染水平从私人最优点降低，向社会最优点靠拢，由此带来的部分损失可以从被污染者的税收中得到补偿。其次，如果污染者采取欺瞒行为低报污染程度，虽然在自身的环境税缴纳中获益，但在对被污染者征税获得减排补偿时却会遭受损失，这将使污染者失去欺骗动机。最后，对于被污染者以上推理同样成立，被污染者在任何情况下都没有激励高估或者低估其损害程度。双边征税机制虽然在理论上是一种有效的制度设计，但在现实中，由于向被污染者征税在政治上面临困难，在多数情况下谁是被污染者也难以界定，因此双边环境税制缺乏可行性。不过，这种对“庇古税”和科斯定理的折中思路给中国的生态补偿提供了启发。

5.2 科斯定理与中国的流域横向生态补偿

在中国的流域治理中，纵向生态补偿基本上是属于“庇古税”范式，由中央政府或者省级地方政府代表消费者将主要来自经济发达地区的排污税费以财政转移支付的形式划拨给流域上游的生态功能区（如水源保护区），以补偿其保护生态环境的直接成本和放弃经济发展的机会成本。而正在试点中的流域横向生态补偿机制通过谈判协商解决环境保护（污染）的补偿（赔偿）问题，无疑是建立于科斯定理的产权交易基础之上的。当然，由于中国的特殊国情，不可能把预设条件严苛的科斯范式原封不动地照搬到中国。为了解决复杂的水环境和水资源问题，中国的流域横向生态补偿必须因地制宜，博采众长，创造性地进行制度设计。而近年来在中国的跨省流域横向生态补偿试点中，一些制度创新的种子正在悄然萌芽，只是其意义尚未引起人们的重视。以下将对照科斯定理，讨论中国在流域横向生态补偿试点中开展制度创新的条件。

5.2.1 在中国流域生态补偿中引入产权交易的有利条件

首先，流域生态补偿的客体是水资源，由于水具有物理属性和流域的空间特征，生态环境的保护者（污染者）和受益者（受损者）是明确的。即从区域尺度来看，流域生态补偿的补偿者和受偿者相对容易识别，这就为产权界定奠定了基础。

其次，中国地方政府必须对其辖区内的经济发展和环境保护负责，对辖区内的自然资源和环境容量拥有事实上的属地使用权（王昱，2009）。由流域范围内的地方政府（如河段的河长）代表当地居民参与生态补偿谈判，不仅可以赋予谈判主体以参与动机，而且可以省去科斯式交易需要与大量个体利益相关者谈判的麻烦，无疑更加节约交易成本。

最后，中国对自然资源的强政府控制与干预，为其初始产权的界定提供了条件。美国学者科尔（2009）指出，所有适用于环境保护的方法最终都建立在财产权的基础之上，即使是环境管制也是一种基于财产权的环境保护方法。科斯定理主要依靠法律来界定私人产权。但由于环境服务的外部性，其排除成本很高，依靠法律来界定和保护私人产权，交易成本自然不菲。而在中国，政府主要依靠行政规制来界定和保护全民所有的环境产权（如生态功能区的划定、最严格的水资源管理等），行政规制虽然难免有低效率甚至政府失灵的情况，但在产权界定上却可以节约大量成本。科斯（1960）在《社会成本问题》一文中曾经探讨过类似问题：为什么有些产权比其他产权得到更加明确的界定和限制？他的回答很简单：因为让政府来限制权力通常比较便宜。

综上所述，中国可以用区域公共产权来代替私人产权，用对生态服务使用权和收益权的行政配置来代替对私人产权的法律界定，避开科斯定理过于严苛的要求，在降低交易成本的基础上开展流域内的生态服务产权交易。即使如此，科斯定理在中国的生态补偿实践中仍然面临不少问题需要加以破解。

5.2.2 科斯范式在中国流域横向生态补偿中的障碍

即便中国可以对科斯定理加以变通，但开展流域横向生态补偿仍然会遇到一些绕不开的障碍，其中最大的障碍依然是产权问题。在中国，流域水资源属于全民所有，沿岸区域只有使用权、受益权和被委授的管理权。因此，事实上的属地产权只是一种权利束不完整的残缺产权。而在科斯定理中，当A和B发生外部性纷争时，要么把权利全部授予A，要么全部授予B，不存在产权分割的安排。正如德姆塞茨（1994）所指出，“产权残缺没有包含到科斯的问题中，他的观点中所包含的是在所有者之间的完整的权利束的安排”。

产权残缺容易导致产权边界模糊，引发产权纠纷。例如，当一个流域的上游区域A和下游区域B发生水环境纠纷时，由于双方都拥有水资源的使用权而没有所有权，A会强调自己拥有利用水资源发展经济的权利（发展权），而发展经济所带来的污染属于行使这种权利的附加结果，如果要避免这种结果（治污和放弃污染产业），B必须给予其补偿；B则会主张自己在使用水资源上拥有与A同等的权利，但其使用的水资源应当是清洁的（环境权），如果A造成了污染，必须就水质变坏对B造成的损害给予赔偿。在法律未界定产权时，A与B的纷争无解。这种纷争只能由水资源所有者的代表中央政府出面解决，中央应当把水环境的产权判给谁呢？判给A（承认其发展权优先），则可能使流域的水环境恶化，不符合政府的环保和民生职责；判给B（承认其环境权优先），由于中国大部分流域的上游属于贫困地区，下游属于富裕地区，这种判决可能让A与B的收入差距扩大，有让“穷人”无偿为“富人”保护环境的意味，有违公平原则。对此，中央政府将陷入左右为难的窘境。现实中的这种悖论在科斯定理中并不存在，因为科斯定理只考虑效率问题，不考虑收入分配效应，只要产权交易满足卡尔多—希克斯条件，即使交易者之间的收入差距扩大，它也是有效率的。

综上所述，在自然资源公有制并致力于共同富裕的中国，不能不考虑收入分配效应，在生态补偿应当缩小（至少不能扩大）贫富悬殊的约束条件下，即使交易成本为零，科斯定理也将遇到初始产权配置的难题。而且，由于A和B都是地方政府而非私人所有者，其决策目标函数绝不会仅仅限于经济因素。正如德姆塞茨（1994）指出，私人所有者一般遵循利润最大化法则，而政府则受政治的考虑所驱使，这一差异可能会削弱试图应用科斯分析的基础。不过，上述障碍并非完全不可克服，只要在制度设计上下功夫，总可以找到替代的解决办法。

5.3 中国流域横向生态补偿试点中的产权制度创新

5.3.1 背景分析

自2011年安徽、浙江两省就新安江流域水环境治理达成中国首个省际横向生态补偿协议以来，省际横向生态补偿试点进展缓慢。2016年3月，在福建省龙岩市召开的流域上下游横向生态补偿机制建设工作推进会上，广东省与福建省、广西壮族自治区分别签署了汀江—韩江流域、九洲江流域水环境补偿协议。同年10月，粤赣两省又签署了东江流域横向生态补偿协议。这几份协议的签署标志着基于自愿协商的省际横向生态补偿试点重新提速。上述协议的基本内容为：（1）规定了河流省际交界断面的水质标准（含主要污染物种类及浓度）、水量标准、达标时限与平均达标比率等考核目标，但这些目标因流域而不同，取决于现状与谈判结果；（2）由上下游省份平等出资设立水环境治理基金，上游来水达标时下游补偿上游，水质不达标时则由上游赔偿下游；中央政府出资设立绩效配套资金，在协议实施期间用于奖励上游的治水努力；（3）建立联合监测、联防共治的协作治理体制（张捷、傅京燕，2016）。

以东江流域为例，该流域是典型的高功能水质区和高经济密度区，不足0.4%的国土却拥有全国1.2%的水量，保障了占全国人口近4%，约4000万居民的饮水安全（李远等，2012）。过去粤赣两省围绕赣南东江源地区的水环境保护问题已经断断续续研究了十多年，但始终难以破题。其主要障碍，一是流域水环境的产权之争——谁有权污染和谁有权不受污染。地处东江下游的香港、深圳、东莞和广州是中国最富裕的地区，地均产值早已超过1亿元/平方千米，但上游的赣南地区和河源市均属于经济欠发达的山区，拥有多个国家级贫困县，上下游之间的经济落差巨大。上游为了满足下游的高功能水质要求，在经济发展上必须做出重大牺牲。如果这种牺牲得不到足够补偿，上游的脱贫需求和发展冲动势必对流域的水环境安全构成巨大压力。但在所有权主体虚置的情况下，中国在流域上下游发生水环境纠纷时，无不遇到上游强调自身发展权、下游强调自身环境权的“产权”争议，粤赣两省也不例外。广东省不仅强调水资源属于全民所有，江西省无权污染水源，同时还强调广东省是全国向中央上缴财政资金最多的省份，这些资金已经纳入了中央对贫困地区的转移支付中（即纵向补偿），没有理由再让广东省重复补偿。二是信息不对称带来的交易成本问题。横向生态补偿可以被视为一种委托代理关系，即下游地区为了得到洁净的水，出资让上游地区治理生态环境。下游（某种程度也包括中央）是委托人，上游是代理人。委托代理合约必须同时满足参与约束和激励相容约束两个基本条件（温思美等，2016），即代理人参加合约的收益必须大于其独立行动的收益，以及代理人的行为在为自身带来更大收益的同时，也符合委托人收益最大化的预期。这两个约束条件意味着合约设计的补偿标准应当大于上游提供生态服务的直接成本和机会成本，小于下游从其生态服务中获得的收益。但由于信息不对称，下游不清楚上游保护生态环境的成本（如江西省为了达到广东省要求的水质标准，除了治污以外，还需要采取封山、育林、退果、关矿、移民等措施），如果将补偿标准定低，将无法满足上游的参与约束；补偿标准定高了，下游又担心被“敲竹杠”（Hold Up），无法实现自身收益最大化。信息不对称造成交易成本过高，谈判难以找到均衡点，上下游之间的博弈可能陷入僵局。

以上案例表明，在中国国情下，基于科斯定理的市场化生态补偿可能陷入无解的困境。要破解这种困境，必须在机制设计上进行创新，找到新的制度安排。

5.3.2 基于环境标准的生态服务初始产权配置分析

分析迄今为止的横向补偿协议，可以发现两个共同点：(1) 除了九洲江以外，其他流域均采取了“双向补偿”（俗称“对赌”）的规则，即上游水质稳定达标时由下游拨付资金补偿上游，若上游水质未达标甚至恶化时则由上游赔偿下游。(2) 除了上下游省份各自对等出资建立补偿基金以外，中央政府还以等于或高于双方出资之和的配套资金作为绩效奖励，用于上游省份的水环境治理。笔者认为，双向补偿机制和来自中央的配套资金，对于破解科斯范式面临的困境“功不可没”。下面来分析一下前者的性质与作用。

(1) 双向补偿机制属于一种基于环境标准的“状态依存型”产权配置

迄今为止，中国的流域横向生态补偿主要是为了解决水环境污染问题，协议中双方“对赌”的主要是水质而非水量，因此这些生态补偿协议所涉及的产权分配实际上是对水环境容量使用权即排污权的分配。这些协议对排污权没有采用科斯式的“全有或者全无”、即把权利始终如一地配置给某一方的单向配置方式，而是采用了一个中介技术变量——跨省交界断面的水质控制标准，来作为权利归属的依据。

表 5－1 基于水质标准的流域动态初始产权配置

水质情况	上游	下游
水质达标	受偿权利 发展权优先	补偿义务
水质不达标	赔偿责任	受偿权利 环境权优先

资料来源：笔者整理自制。

如表 5－1 所示，当上游来水达到双方约定的水质标准时，下游 B 负有向上游 A 提供补偿的义务，A 享有受偿权利，此时的产权分配是 A 的发展权优先；而当跨界断面的水质不达标时，A 负有赔偿 B 的责任，B 享有受偿权利，此时的产权配置是 B 的环境权优先。这种按照双方约定的水质标准开展双向补偿的契约，其实质是根据双方协商达成的环境标准来动态地配置产权，在此基础上确定补偿对象和分配补偿资金（张捷，2017）。这种契约属于典型的不完全契约，又称为状态依存型契约（State－Dependent Contracts），它带有某些期权合约的性质，水质标准成为行权依据。众所周知，不完全契约具有在较高不确定性环境下通过产权转移对当事人进行事前专用性投资的激励机制（Sanford 和 Hart，1986），将其运用在流域的横向生态补偿中可谓中国独创。

在横向生态补偿中引入“对赌”机制，不仅使代理人“偷懒”的道德风险大大降低，而且使双方的权利和义务变得更加平等。用法律术语来说，它实现了上下游的权利衡平。这是由于双向补偿契约考虑了各方行使权利时其外部性对对方权利的影响，即外部性的相互性质。在存在外部性的条件下，双方的排污权是平等的，但前提是在行使自身权利时不得侵犯他方权利。假定一个流域的环境容量（即环境的自净能力）为 4 单位污染物，如果 A 为了发展经济而排放了大于 2 单位（不含 2 单位）的污染物，B 的环境权就受到了侵犯，当 A 的排放超过 4 单位时，甚至 B 的饮水权将受到威胁。同样，B 也无权为了自己的环境权，在过去通过排污实现了自身的工业化以后，就不再允许 A 排污，明显侵犯 A 的发展权。衡平的做法是双方都允许对方排污 2 单位，上游排污少于 2 单位时下游需要补偿其经济成本，上游超标排污时则需要赔偿下游的环境损失。在这一合约中，由环境容量决定的水质标准就成为产权（受偿权）配置的基准。水质标准也可理解为水环境的“可接受状态”，即在此状态下，污染物的排放量可以被环境容量所消纳，不会导致环境退化。

（2）基于环境标准的产权配置是一种降低交易成本的制度安排

许多环境问题之所以难以治理，并非因为产权不明晰，而是因为产权的实施成本过高。例如，中国的水环境产权属于水资源产权的派生产权，它属于国家或集体所有，但阻止企业和个人侵犯环境产权却需要耗费很高的成本，污染源越分散（如面源污染），产权执行成本就越高。正如科尔（2009）所指出，自科斯1960年发表那篇著名的论文以后，经济学家可以合理地宣称，确立产权的成本，而非缺乏产权安排，才是环境问题的终极原因。

在流域横向生态补偿中，断面水质标准是一个可测量、可核实、争议较少的技术指标，以其作为产权配置基准可以极大地降低契约的交易成本（尤其是执行成本）。在现实中，水质标准既受到环境容量（如生态红线）的约束，又要受到经济发展水平的制约，即使在国家的技术标准范围内，交界双方仍然存在很大的谈判空间。谈判既是为了因地制宜、尊重现状，使改善水质成为双方认可的共同目标，增加契约的可行性；同时，以水质标准作为地区间生态补偿的权利分配基准，无形中又避开了上下游围绕发展权与环境权（实质上都是排污权）的争议，低成本地实现了水环境初始产权的分配。当然，这种产权分配仅停留在流域的地区层面，尚未走完“最后一里路”，落实到相关的经济个体。关于“最后一里路”的问题，我们在后文的分析中将进一步讨论。

（3）基于环境标准的产权交易是对科斯定理的扬弃与创新

虽然流域横向生态补偿本质上属于基于环境标准的产权交易，是地方政府间的排污权交易，但它不是科斯定理的简单翻版，与经典科斯定理相比，二者存在若干重要差异。

①基于环境标准的产权交易反映了生态服务作为一种可交易“财产”的特殊属性：生态服务具有很强的系统连锁性和社会外部性，不可能像其他私人商品那样完全由产权主体自由处置，其权利必须受到基于自然规律和公共利益的某种约束和管理，使其可能产生的生态系统退化和社会负外

部性被控制在自然和社会可以接受的限度以内，这一约束的具体体现就是环境标准。索拉佐等人（Solazzo 等，2015）把这种附加在生态服务产权上的约束称为“财产责任规则”（Property - Liability Rules）。而科斯定理并未考虑生态服务产权的这种特殊性。

②科斯定理是把权利始终如一地配置给某一主体，其初始产权分配分为静态、固定和事前（Ex Ante）。如果权利配置给了上游，下游要减少上游过度使用排污权所带来的负外部性，唯一的办法是赎买上游的权利。而在基于环境标准的产权交易中，权利配置是动态、事后和状态依存的，如果上游水质达标则享有受偿权，若水质未达标权利就会发生反转。这种不完全契约具有根据绩效来配置权利的强激励机制，可以减少当事人的机会主义行为，有利于同时增强上下游的生态环境保护动机。

③由于以私人产权为基础，科斯定理是把某种权利全部分配给一方，这意味着另一方的权利被剥夺，双方不存在权利分割的可能性。而在基于环境标准的产权交易中，双方可以对排污权进行协商分配，在环境容量的阈值以内，双方平等享有发展所需的有限排污权，下游对上游的补偿实质上是对上游减少排污量使水质达标及改善的补偿，而并非对上游全部排污权的赎买。这种产权制度兼顾了公平与效率，弥补了科斯定理忽略收入分配效应的缺憾。

④科斯定理提出当交易成本为正时，产权的初始配置状况将影响资源配置效率，但并未回答此时的产权配置应遵循什么原则（隐含原则应该是效率最大化）。基于环境标准的产权配置原则是：当一项生态服务附加的正外部性大于负外部性时，产权（受偿权）应该赋予正外部性的提供者，提供者有权要求受益者为生态服务付费（受益者付费）；而当生态服务附加的负外部性大于正外部性时，产权则应当赋予负外部性的受害者，受害者有权要求负外部性提供者赔偿（污染者付费）。而判断正负外部性孰大孰小的标准就是环境标准。根据环境容量标准，排放达标时生态产品的收益大于损害，未达标时则相反。对初始产权分配的这种安排可以通过激励机制使外部性内部化的社会效率达到最优。

需要强调的是，基于环境标准的产权交易被布罗姆利（Bromley，2006）称为“制度交易”（Institutional Transactions），即主体间的产权交易实质上是对不同制度规则进行选择的经济行为。在横向生态补偿协议中，环境标准而非补偿标准成为制度规则的核心。环境标准的建立来自双方利益的重复博弈所形成的内生均衡，在经过交易双方的协商认同后，进一步外化为流域的环境规制目标，从而使该制度的可行性得到增强。

基于环境标准的产权交易是中国根据本国国情对科斯范式的创新，其创新点在于在公有产权条件下，根据权利外部性的衡平原则，设置一个双方认可的技术标准作为权利和利益分配的基准，在此基础上开展产权交易。如此一来，科斯定理中产权分配非此即彼的“排除法”，就被转换为对两种正当权利（发展权和环境权）依据合理标准进行优位选择的“权衡法”。与前者相比，后者更能体现统筹兼顾的双赢理念。因此，基于环境标准的产权交易与科斯定理的一个重要区别是，其所依据的目标原则不是私权意义上的“利益最大化”，而是环境公权意义上的“损失最小化”，即通过产权交易的激励机制把经济发展带来的社会成本降到最低。那么，这种考虑了公平性的制度安排能否同时保证效率呢?

5.4　基于环境标准的横向生态补偿契约的效率分析

科斯定理的目标是在低交易成本的条件下，通过公共品的产权交易实现资源的最优配置。经济学上的资源最优配置意味着实现社会福利的最大化或者社会成本的最小化，环境经济学出于对环境承载力的考虑，更加侧重于后者的实现。

根据前文分析，本章将构建一个基于水质标准来实现综合社会成本最小化的模型，以证明在完全信息条件下，通过横向生态补偿谈判，综合社会成本最小化的水质标准契约可以被内生决定和自发实施。

5.4.1　基本假设

A和B分别代表流域上下游地区的河长，双方作为区域环境产权代表开展双向补偿协议的谈判，谈判的核心是交界断面水质标准的确定。补偿方向通过预先设计的规则设定为状态依存型的，即当上游来水稳定达标时，下游拨付资金补偿上游治水的成本，当上游来水水质未达标甚至恶化时，上游拨付资金赔偿下游的相关损失。那么，当交界断面的实际水质（含水质等级、污染物种类及其浓度）已经劣于国家规定的理论上的标准时，双方应当如何商定一个社会成本最小化的水质改善目标呢?

5.4.2 上游河长 A 的治污成本

假设 c 是单位水资源的污染治理成本（直接成本）和环保机会成本（间接成本）之和（以下简称治污成本），鉴于流域上游的生态重要性（即环境外部性）远远大于下游，我们假定该成本由 A 承担。无疑，该成本随着水质标准 S 的提高而递增。河长 A 的成本函数为

$$C = C(s) \tag{5-1}$$

假设该成本函数为凸函数且随着水质变差而单调递减，因此有：$c' < 0$，$c'' > 0$。

5.4.3 下游河长 B 的环境损害成本

设 d 为由于水质变化所带来的环境损害成本（居民健康成本与环境修复成本，以下简称环境成本）。由于不可变更的地理位置的关系，上游排放的污染物会直接或间接地对下游造成环境损害，可以假定环境成本基本上由 B 来承担。环境成本将随着协议水质标准趋于严格而递减。设定 B 的环境成本函数为

$$D = D(s) \tag{5-2}$$

其中，假设函数单调递增且凸向原点，因此有：$d' > 0$，$d'' > 0$。

5.4.4 综合社会成本

c 和 d 的叠加即为流域的综合社会成本 cc。c 和 d 之间是一种替代关系，协议水质 S 越好，污染治理成本越高，环境损害成本越低；反之则反是。cc 的公式为

$$CC = C(s) + D(s) = CC(s) \tag{5-3}$$

根据上述条件可知：

首先，$cc'' = c'' + d'' > 0$，根据凸函数的和函数仍是凸函数，故综合成本曲线是凸函数。其次，对于综合成本函数，容易得到如下结论：$cc' > 0$，当

且仅当 $c'+d'>0$；$cc'<0$，当且仅当 $c'+d'<0$；$cc'=0$，当且仅当 $c'+d'=0$。因此，在上述假设下，综合成本曲线是一条凸向原点的U形曲线（见图5-1）。

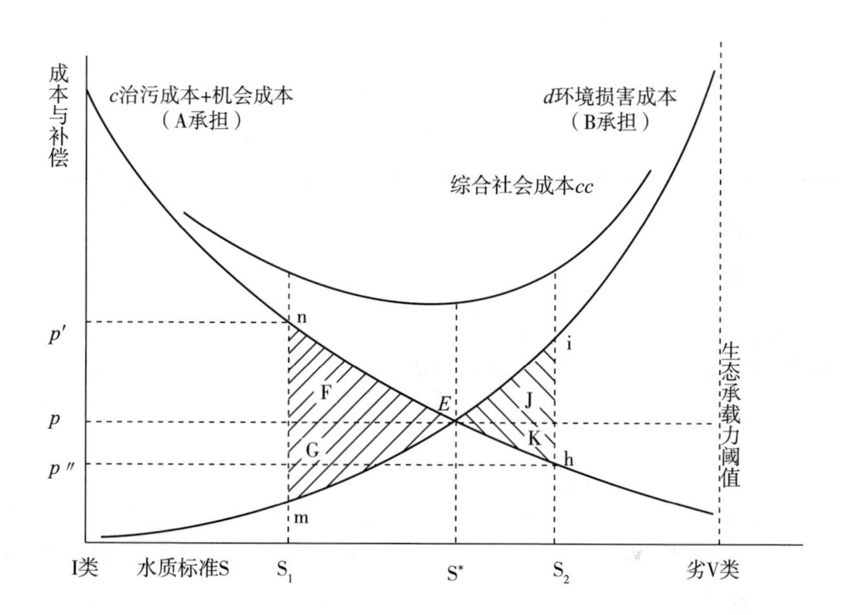

图5-1　完全信息条件下基于水质标准的横向生态补偿模型

（资料来源：笔者整理所得）

5.4.5　协议水质标准的确定

根据上述分析，流域综合社会成本是协议水质标准的U形函数，因此，使得博弈双方净成本最小的水质标准也就是使得综合社会成本最小的水质标准最优值（证明省略），亦即，在A的边际成本与B的边际成本绝对值相等且符号相反的地方，存在最优的协议水质标准，可以最小化全流域的综合社会成本。这就证明了在约定双向补偿条件的制度安排下，A和B有可能在流域社会成本最小的水质标准上达成协议。

在此简要说明双方谈判达成最优水质标准的过程。参见图5-1，S^* 表示流域综合社会成本最小的断面水质标准（可能是也可能不是国家规定的水质标准），S^* 相对应的治污成本和环境成本均为 P。出于自身利益，A 在谈判中可能要求把水质标准降低到 S_2，这使 A 的治污成本降低到 h 点上，

而 B 的环境损害成本则上升至 i 点，综合社会成本也相应较高。当以 S_2 为水质标准时，由于边际外部性成本的非对称性，B 的边际环境成本大于 A 的边际治污成本，这使得 B 愿意把环境成本的一部分作为补偿支付给 A，以换取 A 增加治污投入，提高水质标准。只要 B 愿意支付的补偿大于 A 的收益（图中的面积 J 大于面积 K），对于 A 来说也有动力增加治污投入。由于满足了卡尔多—希克斯补偿条件，双方会选择“补偿加治污”的策略，直至水质标准提高到 S^*。在 S^* 所对应的 E 点上，双方的成本/收益达到均衡，于是 S^* 成为协议的水质标准。按照协议，当水质从 S_2 提高到 S^*，A 将获得 B 的补偿，如果未达到 S^*，A 将反过来赔偿 B。另一方面，如果 B 出于自身利益而要求把水质标准提高到 S_1 时，A 的治污成本将随之上升至 n 点，而 B 的环境成本则降至 m 点，但 B 必须将其收益（成本节约 G）的部分补偿给 A，以弥补 A 增加的治污成本（F）。这种情况虽然是上级政府所乐见的，不过随着水质标准的不断提高，A 的边际治污成本递增，B 的边际成本节约却在递减，社会综合成本也随之缓慢上升。当 B 付出的补偿大于收益、净收益变为负值时，卡尔多—希克斯条件不复存在，B 将丧失补偿意愿，得不到增量补偿的 A 则将减少治污投入，使水质标准重新降至 S^*。由此可知，在模型中，水质标准 S_1 和 S_2 都不是稳定均衡，只有 S^* 才是博弈稳定均衡。在水质标准 S^* 所对应的成本/收益均衡点 E 上，A 的治污成本正好等于 B 的环境成本（$c = d$），任何一方都不可能在不增加对方成本的基础上再减少自己的成本，此时的社会综合成本已降至最低。至此，科斯定理所追求的帕累托最优通过自愿的产权交易得以实现。

需要说明的是，位于稳定均衡点的水质标准 S^* 也可能正好是国家规定的水质标准，也可能不是，但这并非问题的关键。问题的关键是通过谈判达成的协议，使得双方有了执行协议的内在激励，知道什么情况对自己有利，什么情况对自己不利，协议的执行成本就会大大降低。正如青木昌彦（2001）的博弈均衡制度理论所主张，作为博弈规则的制度，是由参与人的策略互动内生的，是由重复博弈演化出来的稳定结果。同时，制度作为一种均衡现象，任何人都不得不正视它的存在，从而对人们的策略选择构成影响。换言之，在跨界断面水质标准这一关键因素中引入谈判机制，使得流域总体水质改善的协议目标被内生化，可以增强流域治理的可行性和实施动力，提高制度的整体效率。

5.5　中央政府在流域横向生态补偿谈判中的作用

图5－1的模型属于完全信息模型，其隐含假设是上下游河长不仅了解自己的成本与收益，也知道对方的情况，因此才可能通过连续博弈在均衡点所对应的水质标准上达成妥协。但是，完全信息假设在现实中是不存在的。此外，协议中与生态服务的价值相联系的补偿金额，至今仍是生态补偿谈判中难以达成共识的“盲区”。总之，在信息不完全和不对称的情况下，谈判中双方的“信息鸿沟”（Information Gap）往往导致“价格鸿沟”（指双方对补偿金额的要价与出价之间的差距），如果缺乏某种弥合机制，信息鸿沟和价格鸿沟将削弱双方的信任与交易意愿，最终导致谈判陷入不合作的“囚徒困境”。

前面提到，在流域横向生态补偿谈判中，双向补偿规则可以抵消信息不对称带来的漫天要价等道德风险，因为对双方来说，要价高，对对方的补偿（赔偿）也高。然而，这种抵消效应只是部分的而非完全抵消。（1）无论是超标排放还是减少排放，由于水流方向是单向的，总是上游影响下游，而下游却无法通过排放增减影响上游。上游处于主动地位，下游处于被动地位。上游是流域治污的实施者，下游只是一个委托者，在生态补偿的价格——治污成本上，上游拥有明显的信息优势。（2）双方受污染外部性影响的边际成本不对称，双向补偿对双方的激励效应也不对等。如前所述，上游 A 超标排放给下游 B 造成的负外部性成本大于 A 自身的减排成本（图5－1中 $J>K$），在补偿金额是按照治污成本而非环境损害成本决定的情况下，A 显然有夸大治污成本的动机，虽然这样做会使水质不达标时的赔偿金额也同样增加，但 A 会尽量在谈判中使水质标准降低以便使赔偿概率下降。（3）虽然 A 和 B 均为本地区水资源使用者的代表，他们与实际使用者之间均存在信息不对称问题，但水质标准谈判与 A 的 GDP 和税收关系更为密切，与 B 的关联则主要体现在民生上。以上因素意味着：即使有双向补偿规则，A 要高价的道德风险仍强于 B，说真话的激励则弱于 B。

图5－2显示，在信息不对称的条件下，上下游双方仍以等额方式出资

用于治污（污染）的补偿（赔偿）。假设 B 没有说谎动机，报告了自己的真实成本，但 A 为了多得补偿，有动机高报自己的治污成本，使其成本曲线由 C 上移至 C'。于是双方的成本—收益均衡点由信息对称条件下的 E 移至了 F，相对应的水质标准也由 S^* 倒退至 S'。S' 的标准显然是非效率的，不仅水质会变差，而且流域的综合社会成本也会变得更高。更重要的是，当 A 提高了成本要价后，原来的补偿金 P 现在已经不够用。要使水质标准回到效率均衡点 S^*，必须追加 $P-P'$ 的资金。如果 B 不信任 A，不愿意再多出钱，谈判将就此陷入僵局。

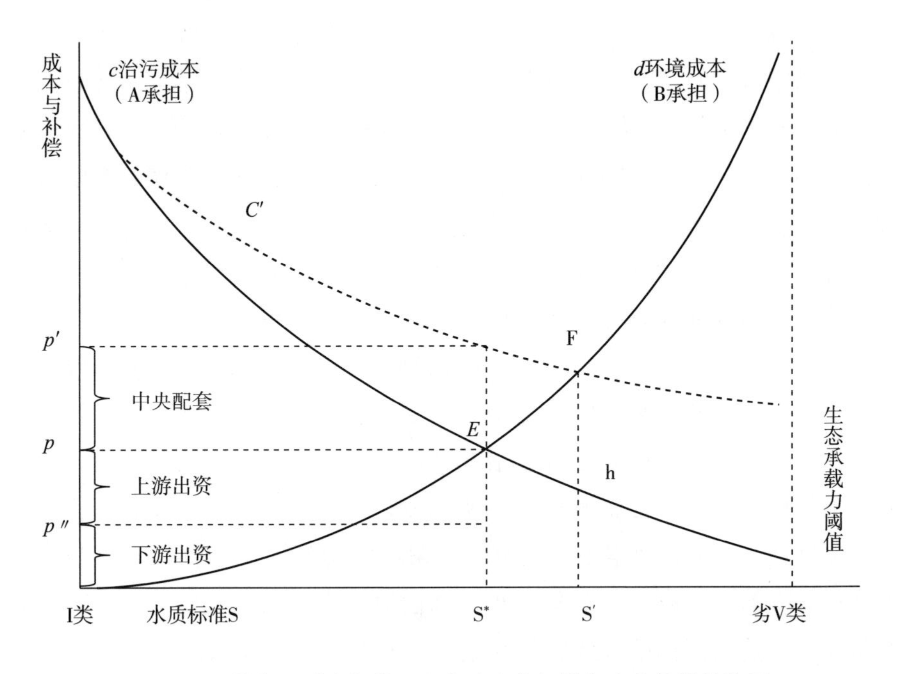

图 5-2　信息不对称条件下中央政府参与横向生态补偿的作用

（资料来源：笔者整理所得）

为了打破僵局，需要有强有力的第三方——中央政府的干预。在我国多个省际横向生态补偿试点案例中，从合约设计、谈判、签约到执行，中央政府始终参与其中。中央政府不仅充当了协调者、仲裁者和监督者的角色，还扮演了“价格填补者”的角色。协议除了规定由上下游省份共同出资建立补偿基金外，中央政府还以远高于双方出资之和的配套资金作为绩效奖励。当双方达成并执行协议、使流域水环境获得明显改善时，中央对上游的配套奖励将逐步到位。在此混合型的嵌套式契约中，来自中央的纵向补偿成为横向补偿的诱导和补强机制。一方面，中央的配套资金填补了谈判双方在补偿额度上的价格鸿沟（$P-P'$），使水质标准可以重返均衡点；另一方面，中央的介入和配套强化了上游治理污染的动力，同时也缓解了下游被"敲竹杠"的疑虑，从而有效降低了信息不对称所造成的交易成本。可以说，中央政府的介入是迄今为止省际横向生态补偿谈判取得成功的关键。

来自中央的纵向补贴原本属于庇古范式，因为如果没有横向补偿，这笔资金同样需要由中央财政支付给上游地区用于生态环境保护。现在把它作为配套奖励嵌入横向补偿协议中，事情的性质和效果都发生了变化。其一，在此嵌套式契约中，中央政府虽然仍拿出了一大笔钱，但这笔钱的性质是"配套"资金，即整个契约是以横向补偿为主纵向补偿为辅，换句话说是以科斯范式为主，庇古范式为辅。其二，激励机制发生了变化，横向补偿是"我要做"，纵向补偿是"要我做"，前者的动力明显强于后者。其三，对于中央政府来说，横向补偿比纵向补偿更加节约成本和更有效率。从成本上看，横向补偿中上下游省份各出了一笔钱，减轻了中央财政的负担；在效率上，横向补偿不仅使流域上下游获得更强的治水合力，而且上下游之间的信息获取比中央与地方之间更容易、更对称，由下游省份代替中央去监督上游的水环境变化也将更有效率。应该说，以上区别正是中央政府力推流域横向生态补偿的重要原因之一。

5.6 启示、问题与建议

中国的流域横向生态补偿试点依据国情对科斯定理做了许多改进，双向补偿、允许对水质标准进行一定程度的协商，以及来自中央的配套资金，是其中最重要的三项制度创新。这些创新表明：首先，所谓"经济靠市场，环境靠政府"、把政府规制和市场机制看做是对立关系而忽略其互补性的观念是片面的。现实中政府与市场在环境治理上的关系要复杂得多，有些行政手段可能是排斥市场的，有些行政手段却有利于"创造"市场。如政府对各种排放物的总量控制，就成为总量与交易（Cap and Trade）市场形成的前提。据国外学者（Muradian 等，2012）的研究，大多数生态服务付费（PES）实际上是介于市场和科层之间的混合治理结构（Hybrid Governance Structures）。其次，国外的 PES 是政府对私人部门（企业、农户和居民）的生态服务购买或者私人部门之间的环境产权交易。在中国的流域生态补偿中，可以不用把自然资源私有化，而是通过生态服务使用权的属地化，以其代理人（如河长）之间的谈判来解决产权问题。这种试点如果推广开去，在中国可能逐步形成一个地方政府之间进行环境产权（用水权、用能权、碳排放权和排污权）交易的“环境政治市场”（EPM）。EPM 可以把一对多和多对多的谈判变成一对一（如河长对河长）的谈判，创造出一个双边垄断市场来。根据罗宾等人（Robin 等，2010）的研究，在生态服务交易中，这样的市场结构可以极大节约交易成本。最后，以水质标准而非补偿标准作为谈判的核心，是一种更加节约交易成本的做法。过去人们习惯于采用技术标准外生决定、价值标准谈判产生的补偿模式。但由于生态服务的估值方法五花八门，各种估值方法差距悬殊，在信息不对称的情况下，补偿标准就成为谈判的瓶颈。如果横向生态补偿把交界断面的水质标准作为主要谈判对象，补偿标准依据污染物治理成本或者排污权交易价格随水质标准而外生形成。在补偿 + 赔偿的规则下，这种制度安排所需要的信息量将大幅度降低。因为在补偿 + 赔偿规则下各方用于奖罚的出资是对等的，每一方只要知道自己在某一水质标准上的损益即可，向他方索要高价等于自己需出高价，反之亦然。

虽然中国的流域横向生态补偿试点在中国国情基础上进行了若干制度创新，取得了一些积极成果，但这些做法是否具有长期效果，尚待时间检验。迄今为止，这些试点中明显存在以下需要进一步解决和完善的问题。

（1）由于流域横向生态补偿主要针对作为主要生态服务提供者的上游地区，对于下游地区仍然存在激励不足的问题。下游在流域水质较好、满足国家标准时缺乏参与生态补偿的动机，往往是在水质恶化、用水安全受到威胁时才被迫参与谈判。迄今为止的省际补偿协议大多是在交界断面水质已经劣于国家标准的流域签订的，属于事后补救的改善型合约，而不是预防性的维持型合约。这种情况显然不符合以预防为主的环保原则，而且可能诱使上游地区采取先污染、得到补偿后再治理的机会主义策略。

（2）即使跨界流域的河长之间达成横向补偿协议，要使协议真正得到落实，还需要走完“最后一里路”，使具体污染源和用水户减少污染、达标排放，这一任务极其繁重。

（3）中央政府越俎代庖，出资配套，只能解决谈判中的“价格鸿沟”问题，未能从根本上解决谈判方的道德风险问题，而且这种做法不具备可复制和可推广性。据统计，中国流域面积50平方千米以上的河流共45203条，其中多数是跨省、市、县的河流，中央财政和省级财政不可能满足所有跨界流域地方政府的资金配套要求。

针对以上问题，本书提出如下政策建议：

第一，通过各种政策增强上下游之间在治水上的利益关联。例如，如果重要断面水质不达标，则停批停建该流域所有地区的用水项目（治污项目除外），减少流域各地区的用水指标，直至水质达标为止。这种措施可以促进上下游之间形成治水命运共同体，增加下游参与生态补偿的积极性，减少上游的机会主义行为。

第二，为走完“最后一里路”，（1）进一步落实和完善河长制，使河长制与横向生态补偿相联系，无论哪一级河长，断面水质达标和改善者获得补偿，未达标和倒退者缴纳罚金。（2）尽快推广流域排污户之间的排污权交易，对水质未达标的流域采取从紧的排污权配额发放政策，使排污许可的价格上升。（3）提高水质不达标流域的污染税税率。

第三，对于流经多省的大流域，一对一的双边谈判交易成本过高，建议由中央和各省市共同组建来源多元化的生态补偿基金，委托第三方管理。基金参照功能区水质标准，根据各跨省断面的水质水量信息设计出一套综合奖惩规则，如果某一区段的排污量超标，水质水量综合系数劣于基准或者同比下降，则向基金支付相应的补偿金；相反，如果该区段的水质水量综合系数优于基准或者同比上升，则从基金获得相应补偿。如果说科斯范式是将公共物品转化为私人产品、通过市场交易来解决外部性问题，那么这种流域基金模式则相当于通过把公共物品转换为俱乐部产品来解决外部性所导致的市场失灵问题（史蒂文斯，1999）。

第6章 中国跨省流域横向生态补偿试点绩效的实证研究

6.1 引言

本章重点探讨中国跨省界河流污染的成因及跨省流域横向生态补偿对环境改善和企业全要素生产率的影响。生态环境治理方式主要可分为庇古范式和科斯范式。庇古范式主要通过政府征收污染税（费）或补贴等方式内部化生态环境服务的外部性，而科斯范式则是在明晰公共产品产权的基础上通过引入谈判和交易机制来消除生态环境的外部性。Wunder（2005，2006）从理论上开启了市场化解决环境外部性问题的新方向：环境服务付费（PES）。我们认为交易双方在自愿基础上通过协商谈判以确定经济激励标准的环境治理政策就具备了环境服务付费的基本核心要素。中国横向生态补偿主要发生在同级地方政府之间（省、市和县），双方协商谈判跨界污染物的治理标准，通过跨界污染物标准的确定进一步协商双方经济激励或经济赔偿的金额，以实现激励和约束并存的环境政策工具。可见中国横向生态补偿满足了环境服务付费的核心要素，是半市场化的环境治理工具。在中国实行主体功能区规划背景下，河流上游一般被划为禁止和限制开发区，河流下游大多为重点和优化开发区，河流上游地区通过禁止和限制经济开发保护了生态环境，但是其保护生态环境的机会成本是否得到了相应的补偿，如何确保河流水质长久改善，以及如何在提高地区居民生活水平基础上增强其生态环境保护动机和能力，这些问题尤其值得关注。流域横向生态补偿通过自愿协商方式，运用经济补偿来激励上下游地方政府，可以较为有效地实现地区间经济协调发展和环境保护的双赢。

河流污染会危害人民身体健康（Greenstone 和 Hanna，2014），进而将影响地区经济发展和社会稳定。1995—2015 年，中国发生了 1.1 万余起突发水环境事件[①]，给人民生活和生产带来极大的负面影响，其中跨界水污染引起多起较大的群体性事件。由于河流大多流经不同的行政区域，加之中国在河流治理中采取“属地管理”和“垂直管理”相结合的方式，造成了跨界水污染治理的“条块分割”现象。除此之外，地方官员晋升压力也加剧了上下游区域之间的利益冲突，使得跨界流域治理十分困难（Sigman，2005）。目前中国所实行的流域生态补偿形式，大部分仍以国家财政转移支付的纵向补偿为主，属于命令控制型（Commond - Control）的环境治理方式，其治理效果一般。传统的命令控制型政策是通过法律法规或者其他政策，禁止居民或者企业采取损坏生态环境和自然资源的行为，或者通过设立自然保护区、生态功能区等方式禁止或者限制经济开发。这种治理手段不是通过谈判协商的方式进行，缺乏或者较少有直接的经济激励（Wunder，2006），其效果不尽如人意。

消除或者减缓生态环境服务的负外部性，必须使水环境的负外部性在空间上得以内部化，流域横向生态补偿则是实现跨界合作治理，将跨界水污染负外部性内部化的重要方式之一。在过去 20 年，环境服务付费的理论拓展和实践总结得到了极大的丰富。从发展中国家到发达国家，从拉丁美洲到亚洲，环境服务付费项目都取得了长足的发展。区别于大部分发达国家的生态补偿政策，中国目前实行的跨省流域横向生态补偿，生态环境服务的买卖双方都是地方政府（上下游的省级政府），这可能区别于 Wunder（2005，2006）和 Engel 等（2008）基于科斯定理以明确的私人产权为基础的环境服务付费的概念。并且，实践中的环境服务付费（横向生态补偿）项目并不局限于 Wunder（2005，2006）的一种形式，它们之所以都被称为横向生态补偿或环境服务付费，是由于其核心要素都是生态环境服务的提供者获得生态环境服务接受者的支付（现金或者非现金形式）（Duong 和

---

① 资料来源于人民网：http：//politics. people. com. cn/n/2015/0417/c70731 -26858345. html。

Groot，2018）。中国在实践中进一步完善了环境服务付费的机制，加入了上游地区如果未能提供合格的生态环境服务，则需要对下游地区进行赔偿的机制，这是对 PES 概念和实践的重要拓展。

实施生态补偿尤其是市场化的横向生态补偿是实现“绿水青山就是金山银山”的重要制度保障。不仅如此，横向生态补偿机制对于构建多元化的生态补偿体系、促进区域协调发展具有重要意义（国家发展改革委国土开发与地区经济研究所课题组，2015）。因此，考察跨省流域横向生态补偿模式对流域治理的影响，可以为流域水环境水生态治理方式多元化提供有益的参考。

6.2 跨界流域水污染成因分析

跨界水污染均引发严重的地区纠纷，成为中国环境治理的顽疾（Zhao等，2012），对中国经济转型升级、地区协调发展和生态环境保护构成重大威胁（施祖麟和比亮亮，2007；梁平汉和高楠，2014）。只有从更深层次探究河流污染尤其是跨界水污染的成因，才能够从根本上解决跨界水污染问题。中国的环境污染尤其是跨界水污染不仅仅是粗放的经济发展方式所致，也是一个体制性问题。虽然中国重点河流均设有流域管理机构，但在以行政考核作为晋升和问责依据的科层制度下，流域管理机构往往形同虚设，污染治理主要依靠以行政区划为单位的属地管理体制[①]。当地方官员同时面临经济发展和环境保护的两难抉择时，天平往往倒向经济发展一端。这不仅是由于经济发展带来财政收入和晋升希望等看得见的利益，还由于在跨行政区的流域，水污染的责任可以被相互推诿（上游指责下游未对治污付费，下游则把污染原因归咎于上游），上下游政府采取“搭便车”行为，从而逃避问责风险，进而导致流域跨界水污染日益严重（Sigman，2005）。

---

① 《中华人民共和国水污染防治法》2017 年修订版第四条规定：“地方各级人民政府对本行政区域的水环境质量负责，应当及时采取措施防治水污染”。《中华人民共和国地表水环境质量标准》规定县级以上人民政府环境保护主管部门及相关部门根据职责分工，按照本标准对地表水各类水域进行监督管理。

6.2.1　机制分析

当河流跨越不同行政区域，河流水质出现不连续的甚至急剧的恶化时，便出现了跨界水污染问题（Jørgensen 等，2013；Li，2014）。国内外主流理论认为跨界水污染是河流具有准公共物品的性质造成的。河流治理的正外部性，导致上游地区无法完全享受到污染治理所带来的好处，下游地区则可以免费搭乘上游治理污染的便车。而河流污染的负外部性导致上游地区不用承担污染带来的全部成本，部分污染成本可以推卸给下游地区，因此上游地区超标排放污水是一种理性的选择。在此情境下，越往下游，越难享受治理污染的好处，治理意愿越低。越是上游，越容易享受排污的好处，排污的意愿也越强。He 等人（2015）曾以中国华南西江流域 21 个城市的调研数据为例，证明了上游地区对下游地区的污染越重，下游居民对于为治理河流污染而向上游支付补偿的意愿就越低。

下游地区需要获得生活、工业、农业灌溉以及市政用水，但是下游地区接收的上游来水未达标时，下游地区需要增加水处理成本以使水质达标。而上游地区却不必为此操心，因此上游地区的污染治理动机小于下游，排污动机则大于下游。另一方面，如果上游来水水质变得过差，下游地区的治污成本超过治污带来的收益时，下游地区政府除了向中央政府投诉外，也可能采取"破罐子破摔"的行为，放弃治污努力，进一步污染其下游地区。总之，行政分割导致各区域之间较少考虑邻近区域的环境需求，经常引起上下游之间的利益纠纷（Wolf，2007），导致河流污染水平上升，其中跨界污染比界内污染更为严重（Silva 和 Caplan，1997）。

中国通过在经济上分权和政治上集权的行政体制，实现了经济快速发展，形成了特有的"官员晋升锦标赛"规则。中国在环境领域也采取了地方分权的治理模式，地方政府主要负责其辖区内的环境保护。随着环境污染的加剧和民众对环境问题的关心，官员晋升机制和环境属地治理所引起的环境公共物品供给不足，以及跨界污染难以根治等弊端逐步显现。

地方官员晋升与 GDP 考核挂钩，经济考核以地区财政收入、招商引资以及经济增长等可量化指标来衡量，属于一种短期激励机制。而环境治理却需要地方官员有“功成不必在我”的长远眼光，需要“常抓不懈、久久为功”的定力。中国省级和市级官员的平均任期为3～5年，省级官员比市级官员的任期稍长。因此，环境治理尤其是流域污染治理往往在官员的一届任期内难以见效，出现环境治理与地方官员的晋升“时间表”错配的现象。长期以来，政绩考核时只要不出现大的环境事件，环境治理绩效对官员晋升的影响并不大，而地方官员的晋升与地方经济绩效则直接相关（周黎安，2007；罗党论等，2015）。因此，地方官员为了在自己的任期和年龄期限内实现晋升，往往偏好对经济增长具有短期拉动效应的重污染项目（张军和高远，2007），并对企业偷排行为“睁一只眼，闭一只眼”。地方政府的监督缺失和不作为是环境污染尤其是跨界污染难以根治的重要原因，而地方官员在环境治理上的失职又是晋升激励机制的产物。

考虑到污染转移可以降低治污成本，让下游地区承担污染的外部成本，因而上游地区的企业、居民和地方政府都可能产生“搭便车”心理。随着民众对环境质量的关心和环境考核指标趋严，官员晋升与环境治理之间的联系变得越来越紧密。于是，“把灰尘扫到别家地毯下”的污染转移行为也变得越来越普遍。地方政府会通过差异化的环境规制来平衡地区经济发展和环境保护之间的关系。它们往往在大城市和中心城区采取较为严格的环境规制政策和执法监督检查，但是在农村和行政边界地区则采取宽松的环境规制。这种人为差异化的环境规制将诱使污染企业前往规制宽松的行政边界地区设厂以降低生产成本，这是中国许多污染企业集中于行政边界地区的重要原因（Kahn，2004；Yang 和 He，2015）。一些地方政府甚至有意将污染企业聚集的工业园区设置在靠近行政边界的下游地段，将大部分污染物转移至下游地区，使污染对自身的影响最小化（Silva 和 Caplan，1997）。

从更大的空间尺度来看，中国东部地区经济发达，居民的环境保护意识较强，中央政府给东部省份的环保压力逐渐加大。因此，东部地区的环境规制门槛较高，导致污染企业纷纷向环境规制水平低的西部地区转移（Wu 等，2017）。而西部地区大多是中国大江大河的源头，受制于地理条件和气候条件，其生态环境更为脆弱。转移的污染企业一方面由于较低的环境规制增加了污染物排放量，加剧了河流源头及上游的污染。另一方面，由于中西部地区水资源短缺，大量工业用水和农业灌溉用水降低了河流的自净能力，导致这些地区的河流水质进一步恶化，跨界水污染越发严重。在行政分割基础上，官员晋升机制进一步强化了“搭便车”和“以邻为壑”效应，引起更加严重的跨界水污染。

6.2.2 数据来源与变量设置

6.2.2.1 样本选择

本部分河流水污染数据来自2004—2016年中国环境保护部数据中心的全国主要流域重点断面水质监测周报数据，覆盖了全国7大流域、浙闽片河流域、西南诸河、西北诸河以及全国重要湖泊、水库。以2004年为基础进行数据整理，将河北沧州东宋门监测点以及之后增加的湖泊、西南诸河、内陆河流以及海南岛内河流等监测站点予以删除，共包括62个国控断面监测点水质数据①。

6.2.2.2 变量定义

（1）跨界水污染。全国主要流域重点断面水质监测周报提供了4种主要的水污染指标包括：pH指数（无量纲），溶解氧（DO）（mg/l），化学需氧量（CODMn）（mg/l）和氨氮（NH_3-N）（mg/l）。具体来讲，化学需氧量和氨氮数值越高表明河流水污染越严重，而溶解氧数值越小表明河流水污染越严重，国家地表水环境质量标准中规定在Ⅰ~Ⅴ类地表水环境标准中②，pH指数范围为6~9。通过数据的统计性描述，pH值的均值在7.67，并且pH值的水质划分并没有固定的界限值，因此本部分分析中将pH值去掉，被解释变量只选取溶解氧、化学需氧量和氨氮。在全国主要流域重点断面水质监测周报提供的站点名称中会显示该站点是否为位于行政区划交界处。本部分设置行政分割（Boundary）为虚拟变量：如果国控断面水质监测点位于行政边界则取值为1，反之为0。

（2）官员晋升。为了考察官员晋升对跨界水污染的影响，由于省长或

---

① 水样采集后需要经过自然沉降30分钟，去上层非沉降部分按照规定方法进行分析，国控断面水质监测数据具有较强的可靠性。来源于《中华人民共和国国家标准——地表水环境质量标准（GB 3838—2002）》中水质监测部分。

② Ⅰ~Ⅴ类地表水环境质量标准限值分别为：溶解氧（7.5、6、5、3、2），化学需氧量（15、15、20、30、40），氨氮（0.15、0.5、1.0、1.5、2.0）。

市长（地级及以上城市市长）主要负责地区的经济工作，可能对环境治理影响更大。因此，本部分收集了省长和市长的晋升数据。这些数据来源于人民网、新华网、百度百科、择城网以及名单网等相关网站。参考王贤彬和徐现祥（2008）的方法，如果官员变更发生在上半年（1～6月）则任职期限从当年开始计算。如果变更发生在下半年（7～12月）则该官员在该地区的任期从次年开始计算。省长晋升包括以下情况：①省长晋升为本省或他省省委书记，②省长调入中央成为中央政治局委员或者常委。将官员晋升（Leader）设置为虚拟变量，如果省长以及市长晋升则取值为1，平调或者未发生变动取值为0。

（3）控制变量。为了使回归结果更加可靠，在模型中加入了相应的控制变量。一种为反映官员特征的控制变量，包括官员任职期限（Term）、性别（Sex）、年龄（Age）、党龄（Partyage）、学历（Education）、专业（Major）和工作年限（Jobage）。性别变量，若官员性别为男性取值为1，反之为0。学历变量，若官员学历为大专及以下取值为1，本科取值为2，硕士研究生取值为3，博士研究生取值为4。专业变量，如果官员最终学历为人文社会科学类专业取值为1，自然科学类专业取值为2。一种为反映省（自治区、直辖市）层面社会经济发展状况的控制变量，省级层面控制变量包括：国内生产总值（GDP）、产业结构（Str）、外商直接投资（FDI），年末人口数（People）、公路里程（Road）、废水排放总量（Wastewater）文中对省级层面社会经济发展控制变量统一进行对数转换。

表6－1为河流污染指标的描述性统计结果，可以看出位于行政区划边界位置的水污染均值都要高于非边界位置的水污染均值。表6－2为省级官员晋升的描述性统计结果。表6－3为省经济社会发展水平控制变量的描述性统计结果。

表6－1　河流水污染指标变量的描述性统计

变量	均值	标准差	中位数	最小值	最大值
pH值	7.6740	0.5060	7.6700	5.2300	9.6500
溶解氧	7.7780	2.6360	7.7300	0.0100	93.2000
化学需氧量	4.3670	8.4700	3.0000	0.1000	252.0000
氨氮	0.7650	2.2040	0.2700	0.0100	60.7000

续表

	非省界				省界			
	pH 值	溶解氧	化学需氧量	氨氮	pH 值	溶解氧	化学需氧量	氨氮
均值	7.5840	7.7270	3.5290	0.5630	7.8070	7.8550	5.6130	1.0670
标准差	0.5150	2.6070	3.3300	1.2610	0.4630	2.6780	12.6200	3.0960
中位数	7.5800	7.6500	2.7000	0.2500	7.7900	7.8600	3.6000	0.2900
最小值	6.0200	0.0100	0.1000	0.0100	5.2300	0.0100	0.1000	0.0100
最大值	9.5900	93.2000	67.2000	24.2000	9.6500	86.6000	252.0000	60.7000

资料来源：通过 STATA14 软件计算整理而得。

表 6 –2　　省长官员晋升描述性统计

	变量名	均值	标准差	中位数	最小值	最大值
省长官员	上任晋升	0.2020	0.4010	0	0	1
	任职期限	2.5940	1.8660	2	0	9
	性别	0.9800	0.1400	1	0	1
	年龄	58.2300	3.6150	59	45	66
	党龄	33.8800	5.5460	34	19	46
	学历	2.7210	0.6410	3	1	4
	专业	1.2790	0.4480	1	1	2
	工作年限	37.5300	5.3660	38	10	50

资料来源：通过 STATA14 软件计算整理而得。

表 6 –3　　省级控制变量描述性统计

	变量名	单位	均值	标准差	中位数	最小值	最大值
省级控制变量	国内生产总值	亿元	19000	15000	15000	460.4000	81000
	产业结构	%	39.8100	8.0350	38.4000	28.6000	80.2300
	外商直接投资	万元	1000	1500	428.6000	21.8300	8800
	年末人口数	万人	5600	2500	5600	588	11000
	公路里程	千米	140000	70000	140000	11000	320000
	废水排放总量	万吨	260000	160000	240000	24000	940000

资料来源：通过 STATA14 软件计算整理而得。

6.2.3 行政分割基础上官员晋升对跨界水污染的影响

本部分构建了模型（6-1）来检验行政分割和官员晋升交叉项对河流水污染的影响，模型如下：

$$Pollution_{i,t} = c + \beta Leader_{i,t} + \gamma Boundary_{i,t} + \alpha Leader_{i,t} \times Boundary_i + \eta X_{i,t} + \varepsilon_{i,t} \quad (6-1)$$

其中，*Pollution* 代表河流水污染的 3 项指标。*Leader* × *Boundary* 为官员晋升和行政分割的交乘项，用于考察在行政分割基础上的官员晋升是否会显著影响河流跨界水污染。*X* 为控制变量，包括对时间和地区效应的控制，*c* 为常数项，ε 为残差项。

模型 1 并未对方程控制时间效应和地区效应，未加控制变量，模型 2 仅增加了控制变量，模型 3 采取了双向固定效应，模型 4 在双向固定效应的基础上增加了控制变量。四种模型分别对式（6-1）进行实证检验，检验结果见表 6-4。模型 1 到模型 4 的回归结果中核心解释变量的系数都在 1% 显著性水平上通过检验。其中对溶解氧、化学需氧量和氨氮的系数符号始终与预期一致。模型 4 中交乘项 *Leader* · *Boundary* 的系数分别为 -0.12、0.13 和 0.20，说明行政分割基础上的官员晋升降低了溶解氧含量，增加了化学需氧量和氨氮数值（化学需氧量和氨氮数值越高表明河流水污染越严重，而溶解氧数值越小表明河流水污染越严重），表明在保持其他因素不变的情况下，在行政分割基础上的省级官员晋升加剧了河流在省界地区的污染程度。

表 6-4　　省级行政分割、省长晋升和河流跨省界水污染

Leader · *Boundary*	溶解氧	化学需氧量	氨氮
模型 1	-0.0757*** (0.0117)	0.0375*** (0.0106)	0.0929*** (0.0209)
常数项	1.9797*** (0.0499)	1.0445*** (0.0847)	-1.3320*** (0.1388)
Within R^2	0.0061	0.0022	0.0023
Obs	39857	39857	39857

续表

Leader · Boundary	溶解氧	化学需氧量	氨氮
模型2	-0.0821*** (0.0117)	0.0375*** (0.0107)	0.1196*** (0.0206)
常数项	2.5075*** (0.4259)	2.9615*** (0.4658)	-3.1116*** (0.9026)
控制变量	控制	控制	控制
Within R^2	0.0500	0.0335	0.0043
Obs	39058	39058	39058
模型3	-0.1295*** (0.0125)	0.1428*** (0.0142)	0.1959*** (0.0263)
常数项	2.1750*** (0.0635)	0.8267*** (0.0723)	-1.1854*** (0.1338)
时间效应	控制	控制	控制
地区效应	控制	控制	控制
Within R^2	0.1189	0.0534	0.1574
Obs	39857	39857	39857
模型4	-0.1186*** (0.0126)	0.1337*** (0.0146)	0.2028*** (0.0267)
常数项	12.9464*** (0.7701)	-0.9785 (0.8953)	-2.3495 (1.6324)
时间效应	控制	控制	控制
地区效应	控制	控制	控制
控制变量	控制	控制	控制
Within R^2	0.1426	0.0607	0.1602
Obs	39058	39058	39058

注：***、**、*分别表示在1%、5%、10%的水平上显著，括号内数值为变量估计系数的标准误。

资料来源：笔者通过STATA14软件计算整理。

6.2.4　小结

改革开放以来，中国的工业化取得了长足进步，目前中国正处于由传统工业文明向生态文明转变的关键历史时期。在此时期，中国共产党提出“绿水青山就是金山银山”的崭新理念，指引中国在迈向生态文明过程中树立人与自然和谐相处的长远观念和整体意识。流域治理是生态文明建设的重要领域，而跨界水污染问题不仅是中国水污染治理的一大顽疾，也是全世界共同面临的一项严峻挑战（Huang 等，2016）。要根治跨界水污染，不仅需要技术进步，更需要“号脉”跨界水污染的体制成因，实行对症下药、综合施策，才能够“药到病除”。本节以国家环保部提供的流域水质监测点周数据为基础，运用2004—2016 年站点面板数据的固定效应模型，检验了中国是否存在河流的跨界水污染问题，并在此基础上运用官员晋升数据探讨了在行政分割基础上的官员晋升是否显著地加剧了跨界水污染程度。研究结果表明：（1）我国的主要河流确实存在严重的跨界水污染现象。（2）省长晋升显著地增加了河流中的化学需氧量和氨氮水平，显著降低了溶解氧含量，从而加剧了河流的跨省界水污染。这表明以 GDP 考核为核心的地方官员晋升机制易导致“以邻为壑”现象，成为河流水污染的复合因素之一。

6.3 跨省流域横向生态补偿对水环境的影响

中国的首例省际横向生态补偿协议在新安江流域实施以来，流入浙江省的水质始终保持在地表Ⅱ类水。据安徽日报报道，2018 年 4 月 12 日，由环保部环境规划院编制的《新安江流域上下游横向生态补偿试点绩效评估报告（2012—2017）》通过专家评审。该报告显示，根据皖浙两省联合监测数据，2012 年至 2017 年，新安江流域总体水质为优，千岛湖湖体水质总体稳定保持为Ⅰ类，营养状况指数由中营养变为贫营养，与新安江上游水质变化趋势保持一致。那么，这一水质改善的事实是新安江流域跨省横向生态补偿试点带来的结果，还是与横向生态补偿政策无关的自然趋势呢？本节拟对此加以考察，将皖浙两省实施的新安江流域横向生态补偿试点视为一个自然实验，以地级以上城市面板数据为基础，运用双重差分法考察跨省流域横向生态补偿试点对流域城市水污染强度的影响。

6.3.1 变量选取、数据来源及说明

6.3.1.1 变量选取

（1）被解释变量。水污染强度（Pollution）：生态补偿目标在评价生态补偿实施效果时至关重要（Wunscher 和 Engel，2012），因此，本部分的主要目的就是考察跨省流域横向生态补偿对流域水污染的影响。对中国这样一个转型经济体来说，在保持经济中高速增长的同时，要实现生态环境显著改善的双重目标，继续维持原有的环境水平较为困难，因此，评价环境改善状况用污染物排放强度更加公平、客观（张宇和蒋殿春，2014）。此外，李永友和沈坤荣（2008）也同样使用污染物排放和工业总产值比重（污染物排放强度）来衡量中国产业发展的污染程度。本部分使用水污染强度即污水排放量和实际地区 GDP 的比重来衡量地区水环境质量相对改善情况。

（2）解释变量。2011 年安徽省和浙江省达成协议在新安江流域实施跨省横向生态补偿。引入时间虚拟变量和地区虚拟变量的交互项（Time ×Treated）作为核心解释变量，交互项的引入可以检验实验组和对照组由于该政策实施而引起的水污染强度的真实变化情况。

（3）控制变量。基础设施（Infrastructure），受限于数据收集，本部分采用人均道路面积作为城市基础设施的代理衡量指标。产业结构（Structure），本部分采用第三产业增加值占实际 GDP 的比重为产业结构指标。科技支出（Technology），本部分采用年末科学技术支出总额代表技术进步水平。对外开放水平（Open），本部分采用年末实际利用外商直接投资总额作为开放水平的变量。五水共治[①]（Wsgz），浙江省在 2013 年实施“五水共治”的新措施，进一步增强了企业、社会组织和个人的参与度，社会公众对浙江省“五水共治”措施的支持率连续几年达到 96% 以上（虞伟，2017）。本部分设定“五水共治”为二元哑变量，将实施“五水共治”浙江省的城市取值为 1，未实施“五水共治”的浙江省以外的城市取值为 0。

---

① “五水共治”是浙江省政府为了解决水危机以及在实际治理过程中存在的“多龙治水”以及“条块分割”的现状而总结出的治水经验。“五水”包括：污水、洪水、涝水、供水、节水，“五水共治”是指：治污水、防洪水、排涝水、保供水、抓节水。

6.3.1.2 实验组和对照组的选取

（1）实验组的选择。新安江流域横向生态补偿实际实施范围为黄山市全境、杭州市全境以及宣城市的绩溪县。本部分选择城市面板数据（全市口径①）进行分析，将宣城市绩溪县去掉，不放入实验组。

（2）对照组的选择。实验组和对照组在政策实施之前的差异越小越符合双重差分法的条件，如果空间位置相邻或者相隔较近，那么各城市之间差异变小的可能性越大。本部分①选择了与黄山市和杭州市地理位置相邻的安徽省和浙江省的城市作为对照组 1，对照组 1 共 7 个城市。②选择与黄山市和杭州市相接和相隔的省内城市作为对照组 2，对照组 2 共 15 个城市。③只选择与实验组城市相隔的省内城市作为对照组 3，对照组 3 共 8 个城市。实验组和对照组的选择情况见表 6－5。

表 6－5　　实验组和对照组选择情况

省份	实验组	对照组 1	对照组 2	对照组 3
安徽省	黄山市	池州市	芜湖市	芜湖市
		宣城市	马鞍山市	马鞍山市
			铜陵市	铜陵市
			安庆市	安庆市
			池州市	
			宣城市	
浙江省	杭州市	嘉兴市	宁波市	宁波市
		湖州市	温州市	温州市
		绍兴市	嘉兴市	台州市
		金华市	湖州市	丽水市
		衢州市	绍兴市	
			金华市	
			衢州市	
			台州市	
			丽水市	

资料来源：笔者整理。

① 之所以选择数据为全市口径而不是市辖区口径，是因为新安江流域横向生态补偿所涉及的流域范围涵盖了黄山市和杭州市全境，因此使用全市口径的统计数据更加客观全面。

6.3.1.3 数据来源及统计性描述

本部分研究样本数据来源于《中国城市统计年鉴》《中国统计年鉴》以及各省统计年鉴，构成2007—2015年地级以上城市年度面板数据。在进行数据处理过程中以2007年为基期，将各城市国内生产总值调整为实际国内生产总值。各指标变量的统计性描述如表6-6所示，其中Panel A、Panel B、Panel C分别对应实验组和对照组1、2、3的统计性描述情况。

表6-6 样本数据描述性统计

Panel A	观测值	均值	标准差	中位数	最小值	最大值
水污染强度	81	8.5841	5.6328	6.8674	1.2698	32.3177
基础设施	81	12.6174	3.9619	11.8600	2.8600	21.2200
产业结构	81	41.1900	5.4096	40.5300	32.6800	58.2400
开发水平	81	110000	150000	51000	4100	710000
科技进步	81	92000	120000	54000	1400	700000
Panel B						
水污染强度	153	7.3561	5.1731	6.0315	1.2693	32.3177
基础设施	153	13.3416	3.9742	12.7200	2.8600	24.1100
产业结构	153	39.2769	6.6893	40.1700	23.3600	58.2400
开发水平	153	94000	130000	40000	2200	710000
科技进步	153	93000	110000	54000	1400	700000
Panel C						
水污染强度	90	6.1802	4.4804	5.1964	1.2698	18.5623
基础设施	90	13.7899	3.6928	12.9260	8.5500	24.1100
产业结构	90	39.2660	8.0969	40.8000	23.3600	58.2400
开发水平	90	110000	160000	33000	2200	710000
科技进步	90	110000	140000	56000	3400	700000

资料来源：通过STATA14软件笔者计算整理。

6.3.2 模型设定及实证结果分析

6.3.2.1 模型设定

运用双重差分并且通过加入控制变量可以更加清晰地考察政策实施效果。具体计量模型为：

$$Y_{i,t} = \beta_0 + \beta_1 Did_{i,t} + \beta_2 Treated + \beta_3 Time + \varepsilon_{it} \qquad (6-2)$$

其中，Treated 代表实验组别的变量，表示实验组和对照组不进行跨省流域横向生态补偿的差异。Time 代表实验期的变量，表示实验期开始年份（2011 年）前后两个时间段的差异。Did 代表是实验组和实验期的交叉项，表示跨省流域横向生态补偿对实验组的政策效应，因为通过差分剔除了影响流域水污染强度的其他影响因素，从而可以更加准确地评估跨省流域横向生态补偿对流域水污染强度的真实影响。

6.3.2.2 双重差分平行趋势检验

平行趋势检验是采用双重差分法进行政策效应评估的必要前提。实验组和对照组在政策实施之前具有相同的水污染强度，或者实验组和对照组的水污染强度虽然存在差异，但是该差异在政策实施之前并没有随着时间的推移而发生显著变化，可以认为实验组和对照组的水污染强度之间存在着相同的趋势。本部分选取了 2007—2015 年实验组和对照组 1 历年水污染强度的平均值进行平行趋势检验，结果如图 6－1 所示，在 2011 年之前实验组和对照组 1 的水污染强度变化趋势具有一致性，并且在 2011 年之后实验组和对照组 1 的水污染强度差异出现显著变化，从 2011 年开始实验组的水污染强度下降速度快于对照组 1 的相应速度，符合运用双重差分法评价政策影响的前提条件（周黎安和陈烨，2005）。

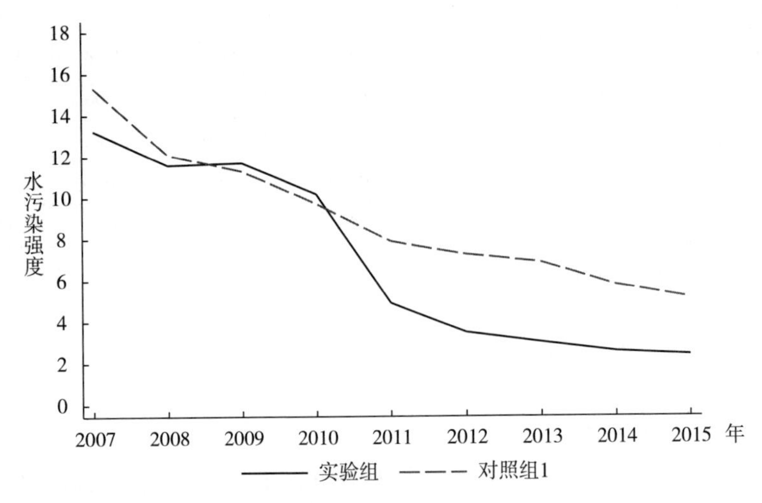

图 6－1　2007—2015 年水污染强度平行趋势检验

（资料来源：STATA14 作图）

6.3.2.3　基本回归结果分析

本部分首先使用双重差分法检验流域生态补偿对水污染强度的影响，检验结果见表 6－7。回归方程（2）运用基本双重差分法进行分析，没有固定时间和地区效应，也没有加入控制变量。结果发现，与对照组相比，实验组水污染强度显著地下降了 0.77 个百分点。但是由于遗漏变量导致拟合优度较低。回归方程（2）中加入时间和地区固定效应，政策效应依旧显著，并且拟合优度较高。在回归方程（3）仅加入基础设施、产业结构、对外开放、科技投入以及“五水共治”控制变量，政策效应依旧显著。在回归方程（4）中既固定了时间和地区效应，也加入了控制变量，不仅拟合优度高，而且政策效应依旧稳健，在 1% 的显著性水平上通过检验。结果表明不论是控制时间和地区效应，还是是否加入控制变量，回归结果显示跨省流域横向生态补偿都显著地促进了实验组水污染强度的下降，政策系数都在 1% 的显著性水平上为负值，并且系数大小较为稳定。

表 6－7　基本回归检验结果

变量	(1)	(2)	(3)	(4)
Did	−0.7706*** (0.1341)	−0.7706*** (0.0973)	−0.7782*** (0.0996)	−0.7560*** (0.0881)
常数项	2.3779*** (0.1865)	2.6636*** (0.0837)	8.1545*** (1.4519)	0.5806 (3.6111)
时间效应		控制		控制
地区效应		控制		控制
Within R^2	0.7653	0.8888	0.8930	0.9178
Obs	81	81	81	81

注：***、**、*分别表示在 1%、5%、10% 的水平上显著；括号内数值为对应变量估计系数的标准误。

资料来源：通过 STATA14 软件笔者计算整理。

6.3.2.4　时间趋势检验

为了评价跨省流域横向生态补偿对水污染强度下降的时间效应以及是否存在时间滞后效应，将基本回归模型扩展为方程（6－3）

$$Y_{i,t} = \beta_0 + \beta_1 Did_{i,t} + \beta_2 Treated + \beta_3 Time + \beta_4 Yeart + \varepsilon_{it} \quad (6-3)$$

其中，Yeart 表示时间虚拟变量，本部分从政策实施之后的时间虚拟变量算起，第t年时，Yeart取值为1，其他年份为0，从而检验实施跨省流域横向生态补偿之后对水污染强度影响的时间效应以及是否存在时滞。

检验结果如表6-8所示，交叉项与时间的回归系数均显著，并且显著性和系数都逐年提高。这意味着实施跨省流域横向生态补偿对水污染强度的影响不存在时滞效应。跨省流域横向生态补偿总体上显著降低了水污染强度，这一实际效果会得到持续。

综上分析，跨省流域横向生态补偿不仅显著地降低了水污染强度，而且这一显著效果可以得到较好的持续。可能的原因是：流域横向生态补偿制度的建立是流域上下游之间谈判协商的结果，因此上下游地区具有更多的内生动力去推动该项政策的实施，而不是根据行政命令“被动”治水。流域水污染治理是系统性工程，市场化的治理方式不像行政命令手段那么“立竿见影”，而更多是“细水长流”式的治理效果。此外，实施半市场化的横向流域生态补偿具有更强的激励机制，可以降低信息不对称、合约实施监督等引起的交易成本以及逆向选择的概率。

表6-8　跨省流域横向生态补偿对水环境效应的时间趋势检验

变量	系数	标准差	P值
Did	-0.4527***	(0.1394)	0.0010
Time	-0.1022	(0.0740)	0.1670
Treated	-0.7409***	(0.1792)	0.0000
Did*2012	-0.3431**	(0.1636)	0.0360
Did*2013	-0.4209**	(0.1646)	0.0110
Did*2014	-0.4891***	(0.1667)	0.0030
Did*2015	-0.3658**	(0.1750)	0.0370
常数项	7.4017***	(1.4633)	0.0000
地区效应		控制	
控制变量		控制	
Within R^2		0.9113	
Obs		81	

注：***、**、*分别表示在1%、5%、10%的水平上显著；括号内数值为对应变量估计系数的标准误。

资料来源：通过STATA14软件笔者计算整理。

6.3.3　小结

实施跨省流域横向生态补偿是中国在生态文明建设过程中重要的改革举措，其实际效果如何，是否能够改善流域水污染问题，具有重要的现实意义。本节针对安徽省和浙江省实施的新安江流域横向生态补偿试点，主要利用2007—2015 年地级以上城市面板统计数据，采用双重差分法研究了跨省流域横向生态补偿能否有效改善流域内水污染的问题。结果发现：①新安江流域跨省横向生态补偿显著地改善了流域内水污染强度，保持了流域生态环境的稳定，实施跨省流域横向生态补偿是流域水污染强度下降的原因。面对环境治理出现的新问题，中国政府积极地探索建立市场化和多元化的生态补偿机制，为中国环境治理机制的改善进行了有益的尝试。②实施跨省流域生态补偿可能持续促进水污染强度的下降。一方面，该项补偿协议通过双方谈判协商达成，具有较强的公平性及约束力；另一方面，在政绩考核目标转变的基础上，地方政府“短视”的政策逐渐被长效机制所取代，环保观念和体制正在发生变化。在此政策背景下，水环境治理效果逐年显现，并保持相对稳定状态。

6.4　跨省流域横向生态补偿对企业全要素生产率的影响

发展中国家的实践表明，在生态补偿政策实施过程中，实施目标逐步由最初的单一目标（改善生态环境）变为多目标（生态环境和经济发展）(Hayes 等，2015)。其主要原因就是受偿地区往往是生态环境脆弱，经济发展和人民生活水平较低的地方，“饿着肚子保护环境”是无法持久的。因此，受偿地区经济发展问题不解决，往往导致“双输”的结局，这对中国全面建成小康社会构成重大挑战。中央将横向生态补偿作为经济发展落后地区共享改革发展成果的重要政策措施，在保护环境的基础上实现经济发展并将发展成果惠及民生，以真正实现“绿水青山就是金山银山”。

目前中国经济正处于转型升级过程中，发展引擎从传统资源消耗和低人力成本等要素驱动的方式（刘瑞翔，2013）转向依靠提升企业全要素生产率的方向（刘世锦等，2015；蔡昉，2018）。全要素生产率的提升是中国经济保持长期平稳发展和中国经济能否成功转型的关键（刘世锦等，2015；施震凯等，2018）。横向生态补偿受偿地区往往是经济发展水平低的地区，因此生态补偿的受偿地区也急需通过提高企业全要素生产率来促进经济转型升级，缩小和经济发达地区的差距，真正实现“绿水青山就是金山银山”。唯有此，横向生态补偿才能够实现生态保护和经济发展的双赢。因此，研究横向生态补偿对企业全要素生产率的影响具有重要的现实意义。

6.4.1 机制分析

6.4.1.1 税收减免机制

企业无论是扩大再生产还是进行研发投入都需要资金支持，当企业减少税收缴纳时，企业的利润就会增加，从而提高企业留存收益。企业内部资金增多，一定程度上降低了资金压力，缓解了融资约束（Moll，2014），最终影响企业的投融资决策。企业对新技术、新设备、高技术人员以及研发投入有了更大的选择空间，进一步激励企业增加环保投入和科技投入，提升企业全要素生产率。创新活动最大的特征是不确定性，如果企业面临着较大的税收负担，则会降低企业创新的主动性和积极性（Evans 和 Leighton，1989）。当税负降低时，企业承受创新失败的“余地”会增加，对于创新活动风险的应对能力增强，可以拿出更多的资金用于创新活动，从而提升企业的全要素生产率。再者，面对较高的税收负担，企业会增加避税动力和寻租成本（与政府官员打交道增多等），并且会通过税负转嫁来降低社会最优产出水平（刘啟仁和黄建忠，2018）。企业税负下降，可以促使劳动力、资本和技术等生产要素转移到生产效率高的企业和行业，降低地区资源配置的扭曲，进一步提高行业全要素生产率。

6.4.1.2 政府补贴机制

受偿地区受制于经济发展水平，自身资金较为缺乏，横向生态补偿可以缓解资金短缺对地方企业发展的阻碍。受偿地区获得的生态补偿资金，往往通过政府补贴方式用于企业的环保投入。因此，政府补贴是企业从外部获得资金支持的重要来源，是欠发达地区缓解产业升级遇到的融资约束的重要渠道。横向生态补偿的补贴机制主要通过两种方式来影响企业全要素生产率的提升。第一，受偿地区政府通过资金直接注入来改善企业由于环保支出和科技投入所产生的资金紧张状态[①]。第二，地方政府将生态补偿基金[②]注入更大的资金池，通过绿色金融放大生态补偿资金的效用，企业可以通过该资金池获得更多的资金，补充企业升级改造的资金。所以，政府补贴可以有效缓解地方企业升级改造所面临的资金约束，提高企业全要素生产率。另外，黄山市通过前期“关、转、停”和工业企业集中进驻循环经济园区的方式，在强化环境监督的背景下，较大程度上避免了政府补贴流入高污染、高耗能企业的可能性，降低了逆向选择的概率。

6.4.1.3　劳动生产率效应

劳动投入是影响企业全要素生产率的重要渠道。但是针对受偿地区而言，人力资本的缺乏往往会掣肘企业的发展。人力资本的数量、质量和结构都必须进行升级才能满足企业高质量发展的需要。通过横向生态补偿，受偿地区一方面对种植业和渔业劳动者进行培训，提供更多先进农业生产工具，提高其农业生产效率，从而节省本地区从事农业生产的劳动力，增加企业劳动供给；另一方面受偿地区通过一系列专业培训，增加劳动者的技能，通过提升劳动者素质以满足企业的用工需求。企业资金的增加、技术升级改造和环保设备的使用，也会增加对员工的技能培训，以适应新的工作要求，从企业内部提高劳动者技能。劳动生产率的提高最终会促进企业全要素生产率的提升。

6.4.1.4　资本深化机制

用企业资本与劳动力的比值来表示企业资本深化，可以有效地度量企业的技术选择情况。资本与劳动的比例变化会对技术进步偏向产生影响。

---

① 资料来源于黄山文明网：http：//hs. wenming. cn/cscj/201411/t20141105 _ 1435225. html。例如：歙县财政每年安排专项引导资金，用于工业企业的节能降耗、创新技改等项目，鼓励企业加大污染减排技术改造和技术创新投入。

② （1）2012 年，黄山市与国开行签署了总额度达到 200 亿元的融资战略协议，去年又共同发起设立了首期规模为 20 亿元的新安江发展基金。同时，黄山市积极申报世行、亚行的重点项目，试点六年来已累计投入 116 亿元（http：//www. h2o – china. com/news/266703. html）；（2）2016 年，黄山市与国开行、国开证券共同发起全国首个跨省流域生态补偿绿色发展基金，按照 1:5 比例放大，基金首期规模 20 亿元。这些款项只能用于生态治理和环境保护、绿色产业发展等领域（http：//www. h2o – china. com/news/view？ id = 265497&page = 2）；（3）推进新安江绿色发展基金转型成为母基金，分为 PPP 引导基金、产业基金两大类，各 6 亿元，母基金下设若干子基金（http：//www. huangshan. gov. cn/News/show/2661300. html）。

企业通过资本深化，引致有偏的技术进步，不仅可以增加研发投入，促进企业技术进步，而且可以增加企业先进设备，完善企业管理制度和改善企业的技术效率，优化资源配置。企业通过资本深化，促使企业的生产方式由高耗能、高污染和低产出向低投入、低污染、高产出和高附加值的方向发展，全要素生产率得以提升。首先，跨省流域横向生态补偿政策的实施，一方面引导企业走绿色发展之路，另一方面通过资本深化加大研发、人才培养力度促进企业技术进步和效率提升，从而突破企业发展的低谷。其次，资本深化可以改变投入要素的边际报酬，促使企业增加该投入要素的比例，诱使企业的技术创新偏向。最后，资本深化可以改善企业的管理方式、提高信息化水平，通过改进企业管理效率来促进技术效率的提升，进而改善企业全要素生产率。

6.4.2 研究设计

6.4.2.1 样本选择和数据来源

本部分企业数据使用2008—2013年中国工业企业数据库。借鉴Brandt等（2012，2014）的处理原则，本部分按照以下方法进行数据处理：①首先根据企业代码、企业名称、企业法人代表以及企业电话号码等信息进行企业识别；②删除工业总产值、固定资产净值、主营业务收入、销售额、职工人数、地区代码和行业代码存在缺失值和为0的样本；③按照会计准则进一步整理样本数据，删除总资产小于流动资产、总资产小于固定资产净值、累计折旧小于当期折旧、企业名称缺失和企业成立时间不对的样本；④所属行业按照GB/T 4745—2002进行统一整理；⑤样本数据以2008年为基期，工业总产值、资本投入分别利用工业总产值出厂价格指数和固定资产投资价格指数进行基期调整，价格指数来自“中经网”数据库；⑥删除了企业从业人数小于30人和主营业务收入小于500万元的样本；⑦删除了2008—2013年只存在一期的企业样本；⑧删除了2008年及之后成立的城市样本，同时不包括西藏自治区样本。城市和省份层面数据来源于相应年份的《城市统计年鉴》和《中国统计年鉴》。

6.4.2.2 变量选取和描述性统计

2008年之后的中国工业企业数据库缺失了企业工业增加值这一变量，

而且缺失了中间品投入等计算企业工业增加值变量的关键变量，这直接导致无法使用LP和OP方法计算2008—2013年的企业全要素生产率。学者们在使用系统GMM估计企业全要素生产率时，企业产出一般选取工业总产值这一指标。系统GMM估计企业全要素生产率，不仅可以解决序列相关问题（林毅夫等，2018），而且可以有效地降低选择性偏误等对估计结果造成的不利影响。本部分参考林毅夫等（2018）[①] 和Blundell和Bond（1998）的计算方法，使用系统GMM来估算企业全要素生产率。

6.4.2.3 模型设定

本部分根据安徽省和浙江省签订新安江流域横向生态补偿协议的时间进行划分时间二元哑变量Post，2011年当年及之后年份Post赋值为1，之前赋值为0。企业是否在政策影响的受偿区域进行分组，位于黄山市的企业归于实验组（Treated =1），非位于黄山市的企业划为对照组（Treated =0），PES为Treated和Post项的交乘项。

$$TFP_{c,i,t} = \alpha + \beta PES_{i,t} + \varphi X_{i,t} + \eta_t + \mu_c + \lambda_{in} + \sigma_i + \varepsilon_{i,t} \quad (6-4)$$

式（6-4）中，$TFP_{c,i,t}$代表城市c的第i个企业在第t年的全要素生产率。$PES_{i,t}$是本部分的关键解释变量，表示企业i在t年是否为新安江流域横向生态补偿的受偿地区（黄山市）的企业，β表示该政策的实施对实验组企业全要素生产率产生的净影响。X为控制变量，α为常数项，$\varepsilon_{i,t}$为随机误差项。η_t、μ_c、λ_{in}、σ_i分别表示时间、城市、行业和企业的固定效应。

X包括省级层面、市级层面和企业层面的控制变量。省级层面控制变量包括经济发展水平（用各省实际GDP表示）、各省贸易水平（用各省按境内目的地和货源地分的进出口总额）、各省科技水平（用各省研发投入作为代理变量）、各省基础设施水平（用各省道路面积作为代理变量）、各省人力资本水平（用各省在校大学生人数进行表示）。城市层面控制变量包括：各城市经济发展水平（用各城市实际GDP表示）；各城市科技支出（各城市公共财政支出指标中的科学技术支出作为代理变量）；各城市固定资产投资（用各城市固定资产投资进行表示），城市人口（用各城市年末总人口表

① 林毅夫等（2018）认为全要素生产率受当期和过去投入的影响，劳动力和中间品与资本投入一样都是内生决定，因此使用系统GMM方法能避免全要素生产率估计过程中的序列相关问题。此外，系统GMM方法还能解决“同步偏误”和“选择偏误”问题。

示），各城市外商直接投资（用各城市年末实际利用外资表示）。企业层面的控制变量包括：企业规模，用企业年度员工人数来表示。企业存续成立时间，企业成立时间 = 统计年份 - 企业成立年份 + 1，企业年龄和企业全要素生产率可能存在着非线性关系，因此进一步加入企业年龄的平方项。企业劳资比例，用企业固定资产净值除以企业从业人数进行衡量。企业是否出口，如果出口交货值大于 0 取值为 1，出口交货值小于或等于 0，取值为 0。控制变量中除了企业是否出口、企业劳资比例和企业年龄的平方外，其余控制变量都进行取对数变换。城市层面控制变量采用全市口径统计的数据值。

6.4.3 实证结果与讨论

6.4.3.1 基本回归结果

新安江流域跨省横向生态补偿对受偿地区企业全要素生产率影响的基本回归结果见表 6 - 9。其中模型 1 控制了时间、行业、企业和城市的固定效应，并未加入其他控制变量，企业全要素生产率对新安江流域跨省横向生态补偿（PES）政策的回归系数为 2.02，在 1% 的显著性水平上通过检验，表明该政策的实施显著地改善了受偿地区企业全要素生产率，但是组内拟合优度为 0.00。模型 2 在控制时间、行业、企业和城市固定效应的基础上，加入了企业层面的控制变量，PES 的回归系数为 2.32，在 1% 的显著性水平上通过检验，检验结果符合预期，组内拟合优度为 0.03。模型 3 在模型 2 的基础上加入了城市层面控制变量，PES 回归系数为 2.33，也在 1% 的显著性水平上通过检验，组内拟合优度为 0.04。本部分重点关注模型 4 的检验结果，模型 4 则是既固定了时间、行业、企业和城市固定效应，又加入了企业、城市和省份层面的控制变量，核心解释变量（PES）的回归系数为 2.30，并且在 1% 的显著性水平上通过检验，组内拟合优度为 0.05，从模型 1 到模型 4 组内拟合优度逐步提高，核心解释变量（PES）的回归系数都在 1% 的显著性水平上为正，表明在其他条件不变的情况下，新安江流域跨省横向生态补偿政策受偿地区企业全要素生产率显著高于未实行该政策的区域。因此，基本回归结果表明，跨省流域横向生态补偿政策显著地改善了受偿地区企业全要素生产率。

表 6－9　跨省流域横向生态补偿对企业全要素生产率基本回归结果

被解释变量：企业全要素生产率	模型 1	模型 2	模型 3	模型 4
PES	2.0170*** (0.0820)	2.3185*** (0.0819)	2.3269*** (0.0937)	2.3029*** (0.0992)
常数项	－0.2980*** (0.0008)	0.8478*** (0.0534)	19.5044** (9.1333)	40.6173*** (7.8043)
企业层面控制变量	N	Y	Y	Y
城市层面控制变量	N	N	Y	Y
省份层面控制变量	N	N	N	Y
时间固定效应	Y	Y	Y	Y
行业固定效应	Y	Y	Y	Y
企业固定效应	Y	Y	Y	Y
城市固定效应	Y	Y	Y	Y
Within R^2	0.0000	0.0317	0.0357	0.0476
Obs	559489	559489	559489	559489

注：***、**、*分别表示在 1%、5%、10% 的水平上显著；括号内数值为以县聚类的变量估计系数稳健标准误。

资料来源：笔者通过 STATA14 软件计算整理。

6.4.3.2　平行趋势检验

本部分进行双重差分前提——共同趋势假设的检验。本部分根据式（6－4）进行共同趋势检验，式（6－5）如下所示：

$$TFP_{c,i,t} = \theta + \gamma PES_{i,t} \times Year_t + \delta X_{i,t} + \mu_c + \lambda_{in} + \sigma_i + \varepsilon_{i,t} \quad (6-5)$$

其中，$Year_t$为时间虚拟变量，$Year_t$以 2008 年为基期，之后依次某一年取值为 1，其他年份取值为 0。θ 为截距项，其余变量的解释同式（6－4）。因此回归系数 γ 度量了以 2008 年为基期的，实验组和对照组在新安江流域跨省横向生态补偿政策实施前后的第 t 年，企业全要素生产率是否存在显著的差别。

图 6－2 是本部分的共同趋势检验图，以 2008 年作为 $Year_t$基年，回归结果表示与 2008 年相比，政策实施前后实验组和对照组的企业全要素生产率不存在显著差异。横轴为和新安江流域跨省横向生态补偿试点相距的年份，纵轴为式（6－5）回归系数（γ）。对比图 6－1 可以看出，在政策实施

之前的年份，也就是当 t 等于 -2 和 -1 时，式（6-5）核心解释变量的回归系数均不显著，即在政策实施之前，实验组和对照组的企业全要素生产率并无显著差异，具有相同的变化趋势，满足双重差分的共同趋势检验前提。

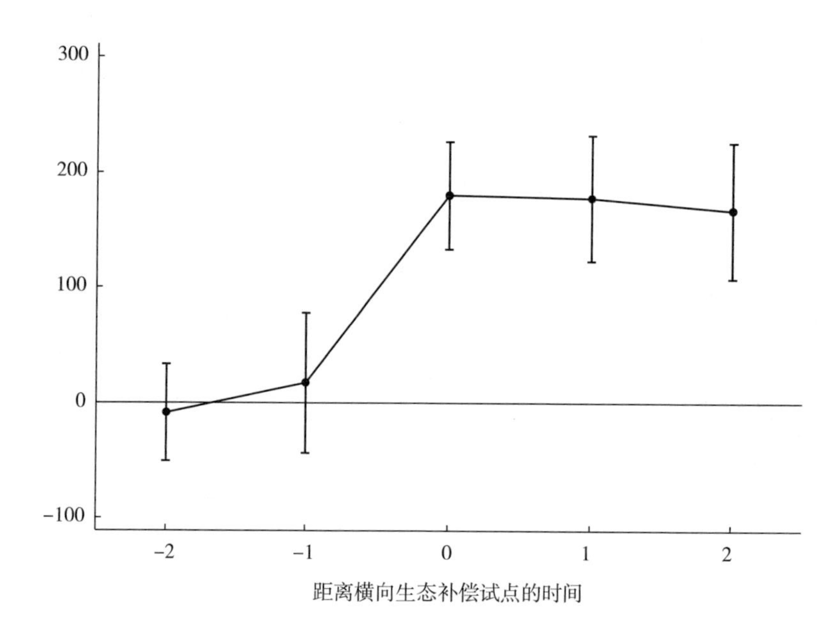

图 6-2　2008—2013 年企业全要素生产率平行趋势检验

（资料来源：STATA14 软件制作）

6.4.3.3　时间效应检验

表 6-10 检验结果为新安江流域跨省横向生态补偿政策对受偿地区企业全要素生产率影响的时间效应。可以看出 $PES * year_{2009}$ 和 $PES * year_{2010}$ 的回归系数都不显著，表明满足双重差分法的平行趋势检验。$PES * year_{2011}$、$PES * year_{2012}$ 和 $PES * year_{2013}$ 的回归系数分别为 1.80、1.78 和 1.67，都在 1% 的显著性水平上通过检验。说明新安江流域跨省横向生态补偿的实施对受偿地区企业全要素生产率的改善效应具有一定的可持续性。由于本部分所获得的中国工业企业数据库到 2013 年，只能在较短的时间内检验跨省流域横向生态补偿政策实施对受偿地区企业全要素生产率的影响，更长时间范围内的实施效应还有待进一步考察。新安江流域跨省横向生态补偿政策

实施以来，黄山市不仅对市内污染企业进行了“关、转、停”，而且注重对工业点源污染进行治理，引导企业进入循环经济园区，其中优化升级企业150多家，整体搬迁90多家，关停淘汰企业170多家，第一期协议实施的三年间黄山市拒绝了总体投资规模达160亿元的180个项目。并且与下游地区成立河流沿岸污染企业的联防联控、联合执法机制①，利用生态补偿资金用于企业搬迁入园和升级改造，这一系列的措施都有利于企业全要素生产率的改善。

表6-10　跨省流域横向生态补偿对企业全要素生产率影响的时间趋势检验

被解释变量：企业全要素生产率	回归系数（γ）	聚类稳健标准误
$PES*year_{2009}$	-0.0886	(0.2144)
$PES*year_{2010}$	0.1707	(0.3097)
$PES*year_{2011}$	1.7985***	(0.2384)
$PES*year_{2012}$	1.7758***	(0.2773)
$PES*year_{2013}$	1.6664***	(0.3009)
常数项	22.5531***	(8.0366)
控制变量	Y	
时间固定效应	Y	
行业固定效应	Y	
企业固定效应	Y	
城市固定效应	Y	
Within R^2	0.1273	
Obs	559489	

注：***、**、*分别表示在1%、5%、10%的水平上显著；括号内数值为以县聚类的变量估计系数稳健标准误。

资料来源：笔者通过STATA14软件计算整理。

① 资料来源于安徽省环境保护厅：http://www.aepb.gov.cn/pages/ShowNews.aspx?NType=0&NewsID=89622。

6.4.4 机制检验

本部分从税收减免、政府补贴、劳动生产率和资本深化四个方面探讨产生改善效果的机制。借鉴阮荣平等（2014）和李志生等（2015）的研究方法，将4种机制变量直接对双重差分变量进行回归。机制研究回归方程如式（6－6）所示

$$Jizhi_{c,i,t} = \theta + \gamma PES_{i,t} \times Year_t + \delta X_{i,t} + \mu_c + \lambda_{in} + \sigma_i + \varepsilon_{i,t} \quad (6-6)$$

6.4.4.1 税收减免

本部分通过企业税收对跨省横向生态补偿政策（PES）变量的回归，在实证分析中依旧控制了企业、行业、城市和时间效应。如表6－11第（1）列所示，核心解释变量在10%的显著性水平上为负，回归系数为－0.77，表明实行新安江流域跨省横向生态补偿政策之后，受偿地区企业的税负降低，政府通过降低企业税负，完善结构性减税政策[①]，来促使企业增加对环保设施和环保技术的投入或增加科研支出，从而提高企业全要素生产率。黄山市在治理环境污染过程中，积极通过资金安排、资金补助和贷款贴息等方面的优惠政策推进产业升级转型，并大力推进浙商产业园项目。由市财政局牵头，联合市环保局、市发改委和各区县政府对符合条件的相关企业，积极落实各项税收优惠政策，以实现辖区内经济、社会和生态环境保护。因此，新安江流域跨省横向生态补偿政策的实施，通过降低受偿地区的企业税负，促进了企业全要素生产率的提升。

6.4.4.2 政府补贴

从表6－11第（2）列看出，政府补贴对新安江流域跨省横向生态补偿政策（PES）的回归结果在5%的显著性水平上通过检验，回归系数为0.29。融资约束是影响企业全要素生产率提升的重要因素，而政府补贴可以有效化解融资约束对企业生产率的负面影响（任曙明和吕镯，2014）。受偿资金只可以用于流域内的产业结构调整和优化布局、生态环境保护等方

---

① 资料来源于中央政府门户网站：http：//www.gov.cn/gzdt/2012－08/14/content_2204190.htm。

面[①]，在进行流域生态环境治理过程中，黄山市政府通过受偿资金以及本市财政，将政府补贴用于该地区企业的提质增效方面，通过建设黄山市环境经济产业园[②]，对企业实行集中的供热、脱盐和治污。这一方面缓解了企业的融资约束和压力，另一方面补偿“关、转、停”和集中进园企业的损失，通过提升企业全要素生产率促进企业发展。黄山市共投入153.50亿元用于企业优化升级，投入50.80亿元进行企业整体搬迁，投入57.78亿元用于黄山市循环经济园区的建设[③]。通过政府补贴企业不仅可以弥补增加环保投入的成本，而且可以进一步增加资金使用的灵活度，促进企业增加固定资产投资，用于扩大再生产。另一方面，结合受偿地区负面清单，黄山市共拒绝了180亿元可能存在污染行为的企业投资[④]，同时通过政府补贴引入环境效益好、科技含量高的企业，以此促进地方高新技术产业的发展，带动了企业全要素生产率的提升。

6.4.4.3 劳动生产率

从表6-11第（3）列看出，劳动生产率对新安江流域跨省横向生态补偿政策（PES）的回归系数为0.59，在1%的显著性水平上通过检验，表明新安江流域跨省横向生态补偿政策的实施通过促进受偿地区企业劳动生产率的提升，改善了企业全要素生产率。受偿地区通过提高农业生产率、增加了劳动力转移数量，并且通过地方政府进行劳动力培训以适应新的劳动需求，提高本地区劳动力的技能，通过改善劳动生产率促进了企业全要素生产率的提高。企业也可通过增加员工培训以适应新环保设备和先进设备的需求，同样有利于提高企业全要素生产率。

6.4.4.4 资本深化

从表6-11第（4）列看出，资本深化对新安江流域跨省横向生态补偿政策（PES）的回归结果在1%的显著性水平上通过检验，回归系数为1.54。Kumar和Russell（2002）的研究表明资本深化可以促进企业全要素生产率的提升。本部分以资本与从业人数的比值来代表企业资本深化，用

① 资料来源于中国水网：http://www.h2o-china.com/news/view?id=265497&page=2。
② 资料来源于中国水网：http://www.h2o-china.com/news/266703.html。
③ 资料来源于中国水网：http://www.h2o-china.com/news/266703.html。
④ 资料来源于中国水网：http://www.h2o-china.com/news/266703.html。

于衡量企业在资本和劳动投入之间的技术偏好。实证结果表明新安江流域跨省横向生态补偿政策的实施，可以引导企业更加偏向技术进步型的资本投资，从而带动企业全要素生产率的提升。

表 6-11　　跨省流域横向生态补偿对企业全要素生产率机制检验回归结果

被解释变量	税收减免	政府补贴	劳动生产率	资本深化
PES	-0.7664 * (0.4078)	0.2885 ** (0.1369)	0.5940 *** (0.0526)	1.5433 *** (0.1104)
常数项	-68.1751 *** (14.6919)	-89.5422 *** (14.0447)	36.3740 *** (4.4657)	-62.5974 *** (8.6819)
控制变量	Y	Y	Y	Y
时间固定效应	Y	Y	Y	Y
行业固定效应	Y	Y	Y	Y
企业固定效应	Y	Y	Y	Y
城市固定效应	Y	Y	Y	Y
Within R^2	0.1022	0.0911	0.5045	0.2139

注：* * *、* *、* 分别表示在1%、5%、10%的水平上显著；括号内数值为以县聚类的变量估计系数稳健标准误。

资料来源：笔者通过 STATA14 软件计算整理。

6.4.5 小结

企业全要素生产率是经济能否实现可持续发展的核心要素，从微观企业层面考察跨省流域横向生态补偿对企业全要素生产率的影响及其实现机制的相关文献极为缺乏。安徽省和浙江省实施的新安江流域横向生态补偿为中国实行流域横向生态补偿的首个试点，该试点创立了“新安江样板”，是“绿水青山就是金山银山”的生动实践。本节视安徽省和浙江省 2011 年签订的新安江流域横向生态补偿协议为准自然实验，利用 2008—2013 年的中国工业企业数据库为研究样本，运用双重差分模型实证研究了跨省流域横向生态补偿对受偿地区企业全要素生产率的影响及其实现机制，研究结论如下。①相对于未实施流域横向生态补偿的地区，跨省流域横向生态补偿的受偿地区在企业全要素生产率的改善上具有更明显的效果。2008 年之后中国企业全要素生产率面临着普遍下降这一事实，跨省流域横向生态补偿政策不仅有效地改善了受偿地区企业全要素生产率，其实现机制也为中国提升企业全要素生产率提供了有益的借鉴。跨省流域横向生态补偿政策对企业全要素生产率的改善效果具有一定的可持续性。②受偿地区在实行跨省流域横向生态补偿政策之后，运用中央和下游的补偿资金和自身财政资金，以及资金池效应和税收减免，可以有效缓解受偿地区企业的融资约束，促进企业进行研发和绿色投资；另一方面通过提高受偿地区劳动者数量和质量，改善受偿地区企业的劳动生产率，从而为企业提高全要素生产率注入动力。并且，企业通过偏向于技术进步的资本深化，有助于改善企业全要素生产率。因此，跨省流域横向生态补偿可以通过税收减免、政府补贴、劳动生产率的提升以及资本深化来促进企业全要素生产率的改进。

6.5　研究结论

横向补偿尤其是流域横向生态补偿是实现“绿水青山就是金山银山”的重要实践。中国流域横向生态补偿首先试点于跨安徽省和浙江省的新安江流域，以该试点为基础从实证角度研究跨省流域横向生态补偿机制的实施效果，不仅具有重要的理论意义，而且具有迫切的现实需求。

中国目前存在着较为严重的地表水污染，河流污染虽呈缓慢下降趋势，但是污染程度仍然较高。以 GDP 为考核核心的官员晋升“锦标赛”和地方行政分割，是造成各地区环境质量“逐底效应”和严重跨界河流污染的重要原因。因为中国河流所有权属于国家，各地区只拥有河流使用权，所以造成了保护河流水质的正外部性得不到经济激励，而污染河流带来的负外部性也无须由污染者付费，这种产权不明晰状况在一定程度上加剧了跨界河流污染问题。要解决跨界水污染问题，需要从明晰产权、转变官员考核指标和地方分割治水等方面推出新举措，而流域横向生态补偿通过半市场化的机制，为解决生态保护外部性问题提供了新的思路、激励和资源组合，有利于推动流域不同地区建立协同共治的生态环境长效治理机制。

本章以安徽省和浙江省于 2011 年签订的新安江流域横向生态补偿协议为例，主要运用双重差分法进行实证研究，检验结果发现：跨省流域横向生态补偿有效地降低了政策实施地区的水污染强度，提高了企业全要素生产率，并且具有较强的持续效应。

（1）为验证跨省流域横向生态补偿对水污染的影响，本章以水污染强度作为被解释变量，以黄山市和杭州市为实验组，池州市、嘉兴市等7个城市为基本对照组，控制时间和地区效应，检验结果发现跨省流域横向生态补偿的实施明显降低了政策实施地区（黄山市和杭州市）的工业水污染强度和综合水污染强度，并且随着政策实施时间的延长，降低水污染强度的效应更加明显。

（2）以中国工业企业数据库为研究样本，采用系统GMM方法计算企业全要素生产率，以黄山市的企业为实验组样本，黄山市以外的城市企业为对照组，研究发现跨界流域横向生态补偿政策同样显著地提高了企业全要素生产率。

综上所述，横向生态补偿作为生态环境治理的重要制度创新，在理论和实践层面都显示出重要的作用，不但弥补了中国市场化环境治理工具的缺失，而且填补了国际上环境服务付费概念缺少生态损害赔偿这一约束条件的缺陷，实现了生态环境治理的中国创造。新安江流域跨省横向生态补偿的实践实现了“绿水青山”和“金山银山”的双赢，探索出了一条“绿水青山就是金山银山”的实现路径。

第7章 森林市场化生态补偿
——以林业碳汇为例

森林是重要的陆地生态系统，在地球碳循环中扮演着重要的角色。我国在《中国应对气候变化国家方案》和《中国应对气候变化的政策与行动》中明确强调要将林业作为减缓和适应气候变化的重点领域。我国森林资源丰富，天然林约占63%，主要分布在社会经济发展程度相对落后的东北区域和内蒙古，以及西南（包括西藏）地区；人工林约占37%，面积居世界首位，主要集中在东南区域和中部，具体来讲是传统的南方9省集体林区和长江流域地区。作为世界上最大的发展中国家和人工林面积最大的国家，我国林业发展一直面临长生长周期所带来的融资风险，在森林培育过程中难以回收资金，影响林业和林区的发展。尽管我国已出台《森林法》并建立了森林生态效益补偿基金制度，然而由于财力所限，补偿标准过低（仅对管护经营成本进行补助，对于生态公益林的机会成本则未作补偿），不能反映森林碳汇的真实价值，达不到有效调动林场和林农保护好森林生态环境积极性的目的。

基于森林碳汇属于特殊的准公共产品的视角，本章认为单一的财政补偿机制缺乏造血功能，需要在政府财政补偿之外，建立健全一套市场化森林碳汇补偿制度，赋予碳汇林业的发展以内在驱动力。鉴于高耗能、高排放行业在发展过程中向大气排放了大量CO_2，无偿消费了森林提供的汇清除功能，却并未承担相应的环境成本，通过建立高耗能高排放行业与森林经营者之间的林业碳汇市场化交易，将环境成本纳入工业生产经营决策，将碳汇收益纳入森林经营决策，实现外部性的内部化，既有利于节能减排，实现我国经济的低碳转型，又能促进森林碳汇发展，实现生态环境的改善。

7.1 碳汇商品化对森林经营决策的影响机理

森林碳汇供给与森林经营方式、轮伐期选择、林产品生产及其用途、土地利用转换等因素密切相关。森林经营包括修剪、施肥、除草等活动。轮伐期的改变也是森林经营方式变更的一种形式，但是它通常与常规森林经营活动分开，单独予以考虑。林产品的用途不同对气候变化的影响也不同。若作为生物燃料燃烧，将导致森林原本固定的碳重新被释放到大气中；若作为具有长生命周期的建筑用材或家具等，尽管树木被砍伐后不再吸收碳，但是原本固定的碳因此被长期储存在林产品中。森林碳汇的供给还受土地利用方式变更的影响，包括退耕还林和减少毁林等。

7.1.1 单一决策模型

为考察低碳政策下碳汇商品化对森林经营决策的影响，本章首先建立一个简单的森林经营者净现值最大化模型。在该模型内，林地面积为一公顷且仅种植单一树种。假定在实施低碳政策之前，碳汇没有价值，森林经营者的收入来源主要为木材收益。由于大部分树种的生长过程比较接近逻辑函数形式，故本模型也假定该单一树种生物量增长函数为逻辑形式

$$V_{\mathrm{a}}^{c} = \delta \times \mathrm{e}^{\alpha-\beta/\mathrm{a}} \tag{7-1}$$

其中，V_{a}^{c} 表示每公顷林地所含生物量，单位为 $\mathrm{m}^3 \cdot \mathrm{hm}^{-2}$；δ 为森林蓄积量密度，取决于森林管理投入；$\alpha$ 和 β 为逻辑函数参数；a 表示树龄。随着树龄增加，可砍伐的森林蓄积量不断增长。假定该树种在 τ 年之前不允许进行砍伐，则可砍伐的木材量 V_{a}^{m}（$\mathrm{m}^3 \cdot \mathrm{hm}^{-2}$）可表示为

$$V_{\mathrm{a}}^{m} = 0, 0 \leqslant \mathrm{a} \leqslant \tau$$

$$V_{\mathrm{a}}^{m} = \delta \times \mathrm{e}^{\alpha-\beta/(\mathrm{a}-\tau)}, \mathrm{a} > \tau \tag{7-2}$$

在碳汇价格为零的条件下，森林经营者通过选择最优的轮伐期 a 以最大化收入净现值 NPV

$$NPV = \frac{PV_{\mathrm{a}}^{m}\mathrm{e}^{-r\mathrm{a}} - C}{1 - \mathrm{e}^{-r\mathrm{a}}} \tag{7-3}$$

其中，P 为木材价格，r 为市场利率，C 表示每公顷林地的造林成本。

假定在低碳政策下森林碳汇可用于抵减控排企业超额碳排放，森林碳汇成为稀缺资源，从而具有经济价值。假定碳汇价格为 $P^c(\$\cdot Mg^{-1})$，$rP^c$ 为每年的碳租金价值，单位为 $yr/(\$\cdot Mg^{-1})$。碳汇价格外生给定，且在整个生命周期中保持不变。假定每立方米生物量可固定 μ 毫克（Mg）二氧化碳当量（CO_2e），且30%的木制品可以长期储存（Winjum 等，1993）。在碳汇价格为正的条件下，森林经营者的收入净现值 NPV 可以表述为

$$NPV^* = \frac{PV^m_{a*}e^{-ra^*} - C + rP^c\sum_{i=0}^{t=a^*}\mu V^c_i e^{-ri} + 0.3P^c\mu V^m_{a*}e^{-ra^*}}{1 - e^{-ra^*}} \quad (7-4)$$

式（7－4）分子的第一部分（$PV^m_{a*}e^{-ra^*} - C$）表示木材收益净现值；第二部分表示在轮伐期内获得的总碳汇收益净现值为 $rP^c\sum_{i=0}^{i=a^*}\mu V^c_i e^{-ri}$；假定在第 a^* 年砍伐木材后30%的碳汇可以长期储存在木制品中，由此获得的碳汇收益用 $0.3P^c\mu V^m_{a*}e^{-ra^*}$ 表示。此时，森林经营者的目标调整为：在综合考虑了木材收益与碳汇收益后，通过选择最优的轮伐期 a^* 以最大化收益净现值 NPV^*。

本章采用美国俄亥俄州立大学的全球木材市场和林业数据项目（Global Timber Market and Forestry Data Project）中的中国数据，对以上参数赋值后运用 MatlabR2014b 软件进行数值模拟，模拟结果见表7－1。表中 M1～M6 分别表示南方人工林、南方天然混交林、其他人工混交林、中部天然混交林、东北部天然混交林、西部天然混交林。以南方天然混交林（M2）为例，α 取6.72，β 取47.704，δ 取0.4894，τ 为20年，每公顷造林成本 C 为10美元，立木价格为每立方米52美元，利率取5%。仅考虑木材收益，要使森林经营者净现值最大化，最优轮伐期应为49.60年，该轮伐期当年可砍伐的木材为每公顷80.96立方米，获得最大净现值373.80美元。不考虑碳汇收益时，南方人工林每公顷的收益净现值最大，为2128.58美元，对应的最优轮伐期为27.24年；其次为其他人工混交林和南方天然混交林，最优轮伐期分别为39.44年和49.60年；西部天然混交林、东北部天然混交林和中部天然混交林每公顷的净现值相对较低，最优轮伐期达到了70年以上。森林

在经营过程中产生了大量碳汇，吸收并固定了大气中的 CO_2，降低了大气碳浓度，改善了生态环境。然而，因受益主体不确定，这种正外部性未获得应有的补偿。为了维持正常的生活、生产和发展的需求，林农的普遍做法是大量砍伐木材，乱砍滥伐现象时有发生。

表7-1　单一决策模型数值模拟结果（$r=5\%$）

变量	M1	M2	M3	M4	M5	M6
α	6.94	6.72	6.38	6.94	6.94	7.34
β	49.3	47.7	50.0	85.0	85.0	120.0
τ	0	20	10	30	30	30
P	54	52	53	52	51	50
δ	0.71	0.49	0.59	0.48	0.48	0.47
C	74	10	23	6	4	3
μ	0.53	0.82	0.94	0.93	0.63	0.70
$V_a^m(P^c=0)$	119.84	80.96	63.52	61.76	61.0	61.14
$a(P^c=0)$	27.24	49.6	39.44	70.66	70.65	78.53
$NPV(P^c=0)$	2128.58	373.8	517.61	90.46	89.55	58.42
$a(P^c=10)$	28.32	53.18	42.11	76.77	74.83	84.94
$NPV^*(P^c=10)$	2321.8	657.0	749.47	265.39	208.13	152.45
$a(P^c=30)$	30.73	61.2	48.56	91.19	83.94	98.95
$NPV^*(P^c=30)$	2729.7	1264.0	1247.5	637.07	454.62	352.57
$a(P^c=50)$	33.54	71.52	57.79	113.38	95.23	117.45
$NPV^*(P^c=50)$	3178.6	1918.2	1796.7	1030.1	712.52	564.62

数据来源：参数值来源于美国俄亥俄州立大学的全球木材市场和林业数据项目（Global Timber Market and Forestry Data Project）中的中国数据，变量值是上述模型运用 MatlabR2014b 软件进行数值模拟得到。M1～M6 分别表示南方人工林、南方天然混交林、其他人工混交林、中部天然混交林、东北部天然混交林、西部天然混交林。

同样以 M2 为例，为使正外部性内部化，假定单位碳汇补贴或交易价格外生给定为 10 美元，则此时较之不考虑碳汇收益的情景，最优轮伐期延迟 3.58 年，获得收益净现值 657 美元；当碳汇价格或补贴提高至 30 美元时，最优轮伐期延迟 11.60 年，此时获得的收益净现值为每公顷 1264 美元；当碳汇价格或补贴提高至 50 美元时，最优轮伐期延迟至 71.52 年，此时单位面积收益净现值为 1918.20 美元。由此可见，碳汇价格或补贴越高，最优轮伐期越长，净现值越大。与此同时，从不同类型树种（不同区域）来看，南方人工林以木材收益为主，对碳汇价格敏感性远远低于其他区域。西部天然混交林、东北部天然混交林和中部天然混交林在碳汇价格达到一定程度时，有可能不再砍伐，而是作为碳库长期保存下来。可见，若对森林碳汇的正外部性进行补偿（依据森林经营者所提供的森林碳汇数量给予补偿，而非一次性补偿），森林经营者在综合考虑木材收益和碳汇收益后，将倾向于延长轮伐期，甚至不再进行砍伐，从而获得最大的森林固碳量，有利于促进森林蓄积量的增加和生态环境的改善。

上述模型将森林蓄积量密度 δ 作为外生参数，考察了低碳政策下碳汇商品化对轮伐期选择的影响。实际上，森林经营者还可以通过增加森林管理投入 C，以提高单位面积蓄积量，进而获得更大的净现值。假定森林蓄积量密度 δ 是造林投入成本 C 的函数

$$\delta = \varphi(1 + C)^n \tag{7-5}$$

其中，n 为 δ 对 C 的弹性参数。n 越大，对于同一投入水平，单位面积蓄积量越高。假定森林固碳量因子 μ 和轮伐期 a 保持不变，则 C 越高，获得的碳汇收益越高。以 M2 为例，C 为 10 $\$ \cdot hm^{-2}$时，$\delta$ 为 0.49，令 $n = 0.09$，则 $\varphi = 0.395$。在轮伐期保持与碳汇价格为 10 美元一样时，通过使净现值 NPV^* 最大化，得到最优造林投入成本为 65.08 $\$ \cdot hm^{-2}$，此时的收益净现值为 719.53 $\$ \cdot hm^{-2}$。由此可见，通过增加森林经营投入可以提高碳汇供给和出材率，获得更高的净现值。

7.1.2 多决策复合模型

上述模型仅考虑了森林砍伐决策（包括轮伐期和森林经营投入的选择），实际上森林经营决策还包括再造林与新造林的决策问题。接下来，本章在全球木材模型（Sohngen 等，2007；Sohngen 等，1999）基础上将碳汇经济价值纳入模型中，以综合考察低碳政策下碳汇商品化对森林经营决策的影响。

假定木材市场反需求函数为

$$P(t) = D(Q(t), Z_1(t)) \tag{7-6}$$

其中，$P(t)$ 为 t 时期木材市场价格，$Q(t)$ 为 t 时期木材需求量，$Z_1(t)$ 为除木

材外的其他商品需求量（也可看作收入水平）。树木生物量生长函数采用典型的逻辑形式

$$V_i(a_i(t),m_i(t_0)) = [\delta * m_i(t_0) + 1]^{\eta_i} * e^{\alpha-\beta/a_i(t)} \quad (7-7)$$

其中，$m_i(t_0)$ 表示在 t_0 时期种植的树种 i 的经营投入，与 δ 和 η_i 一起决定树种 i 的蓄积密度；$a_i(t)$ 表示树种 i 在 t 时期的年龄，$a_i(t) = t - t_0$；α 和 β 为逻辑函数参数。树龄和经营投入对生物量增长的影响符合边际增长递减规律：树龄越大，生物量越高，但随着树龄的增加，生物量增长的速度放缓；经营投入越多，生物量越高，但随着经营投入的增加，生物量增长的速度放缓。

$$\frac{\partial V_i(a_i(t),m_i(t_0))}{\partial a_i(t)} \geqslant 0$$
$$\frac{\partial^2 V_i(a_i(t),m_i(t_0))}{\partial a_i(t)^2} \leqslant 0 \quad (7-8)$$

$$\frac{\partial V_i(a_i(t),m_i(t_0))}{\partial m_i(t_0)} \geqslant 0$$
$$\frac{\partial^2 V_i(a_i(t),m_i(t_0))}{\partial m_i(t_0)^2} \leqslant 0 \quad (7-9)$$

假定可采伐面积为 $H_i(t)$（这里实际假定了树种的最低可采伐年限为零，类似于我国南方人工速生林），则木材总产量用 $Q(t)$ 表示

$$Q(t) = \sum_i V_i(a_i(t),m_i(t_0)) \times H_i(t) \quad (7-10)$$

木材经营需要投入各种成本，包括进入成本、采伐成本、运输成本等。假定木材成本函数用以下形式表示

$$C_H(Q(t)) = \sum_i c_i^A(q_i(t)) + \sum_i c_i^H(q_i(t)) \quad (7-11)$$

其中，式（7-11）左边表示每单位木材产出所投入的成本；$c_i^A(q_i(t))$ 为树种 i 的进入成本，$c_i^H(q_i(t))$ 为采伐和运输成本，这两类成本的大小与该树种 i 的采伐量 $q_i(t)$ 相关。因大部分天然林所处位置较为偏远，道路和基础设施比较差，进入成本相对较高。假定边际进入成本 $c_i^{A'}$ 随木材采伐量的增长而提高，边际采伐和运输成本 $c_i^{H'}$ 则保持不变

$$c_i^{A'}(q_i(t)) = \theta_i + \pi_i \int_t q_i(t)\mathrm{d}t \quad (7-12)$$

$$c_i^{H'}(q_i(t)) = c_i^{H'} \tag{7-13}$$

森林砍伐后，森林经营者面临再造林与否以及再造林面积为多少的抉择。假定 t 时期砍伐后再造林面积为 $G_i(t)$，此时的经营投入为 $m_i(t)$，每单位经营投入的价格为 $P_{i,m}$，则再造林成本可表述为

$$C_G(t) = \sum_i p_{i,m} m_i(t) G_i(t) \tag{7-14}$$

森林经营者还面临着新造林与否以及新造林多少的抉择。新造林涉及的成本投入包括经营成本和劳动、土地转换成本等。假定边际劳动和土地转换成本是新造林面积 $N_i(t)$ 的增函数

$$C_N(t) = \sum_i p_{i,m} m_i(t) N_i(t) + \sum_i f_{N,i}(N_i(t)) \tag{7-15}$$

$$f'_{N,i}(N_i(t)) = \phi_i + \gamma_i \int_t N_i(t)\mathrm{d}t \tag{7-16}$$

森林经营者的目标为：通过选择不同时期最优的采伐面积 $H_i(t)$、再造林面积 $G_i(t)$、新造林面积 $N_i(t)$ 和经营投入 $m_i(t)$ 组合，以最大化收益净现值。在不考虑碳汇收益的条件下，收益净现值 W 可以表述为

$$\max_{H_i(t),G_i(t),N_i(t),m_i(t)} W = \int_t^{\infty} e^{-rt}\{S(\cdot)\}\mathrm{d}t \tag{7-17}$$

$$S(\cdot)\int_0^{Q^*(t)} \{D(Q(t),Z_1(t)) - C_H(Q(t))\}\mathrm{d}Q(t)$$
$$- C_G(t) - C_N(t) - \sum_i R_i(X_i(t)) \tag{7-18}$$

其中，$S(\cdot)$ 为年净收益，$R_i(X_i(t))$ 为第 t 年总占用土地 $X_i(t)$ 的年租金成本，$R_i(t)$ 为单位面积土地的年租金成本，$X_i(t)$ 为树种 i 所占用的土地面积。上述目标函数受到以下三个约束条件的限制

$$\dot{X}_i = -H_i(t) + G_i(t) + N_i(t), \forall i \tag{7-19}$$

$$X_i(0) = X_{i,0}, \forall i \tag{7-20}$$

$$H_i(t) \geqslant 0, G_i(t) \geqslant 0, G_i(t) \geqslant 0, m_i(t) \geqslant 0, \forall i \tag{7-21}$$

式（7-19）左边表示树种 i 林地面积的年净变化量，即当年新造林和再造林面积之和，扣除当年砍伐的面积；式（7-20）表示每一树种的初始面积为给定值，初始值与生物量增长函数共同决定了树种的年龄分布。第三个约束条件表明所有变量值均须不小于零。

上述模型可以用最大值原理求解。对于可进入森林（即进入成本 $c_i^{A'}$ 几乎为0），森林经营者在决定是否延期砍伐（即 $H_i(t)$ 的最优水平）时主要依据：延迟砍伐带来的边际收益应该等于因延迟而导致的边际成本。即

$$\dot{P}V_i(\mathrm{a}_i(t),m_i(t_0)) + (P(t) - C_i^{H'})\dot{V}_i = r(P(t) - c_i^{H'})V_i(\mathrm{a}_i(t),m_i(t_0)) + R_i(t) \tag{7-22}$$

一阶条件式（7-22）等式左边表示最后一单位面积的树种 i 延迟砍伐后，木材价格变化 $\dot{P}$ 和生物量变化 $\dot{V}_i$ 带来的木材净收益增量，即等待的边际收益；等式右边表示延迟砍伐导致的边际成本增量，即等待的机会成本，包括砍伐后土地出租可获得的租金以及木材收益可获得的利息。上式所描述的一阶条件达到时，森林采伐面积 $H_i(t)$ 达到最优水平。

式（7-22）是针对可进入森林而言。对于一些偏远、道路和基础设施很差的森林，土地租金几乎为0，而进入成本非常高。森林基本已处于成熟或过熟阶段，生物量和蓄积量增长处于稳定状态，即 $\dot{V}_i \approx 0$。对于此类森林，采伐的霍特林条件（Hotelling Rules）为延迟砍伐带来的木材价格变化率应该等于利率。

$$\frac{\dot{P}}{P(t) - C_i^{A'} - c_i^{H'}} = r \tag{7-23}$$

此外，通过比较再造林的最后一单位面积土地的边际收益净现值与所花费的边际成本，可以考察森林采伐后是否进行再造林

$$(P(t_{a_i}) - c_i^{H'})V_i(t_{a_i} - t_0;m_i(t_0))e^{-r(t_{a_i}-t_0)} = P_{i,m}m_i(t_0) + \int_{t_0}^{t_{a_i}} R_i(z_i)e^{-rz_i}dz_i \tag{7-24}$$

上述一阶条件的等式左边表示在 t_0 时期再造林，并于 t_{a_i}时期砍伐所获得的最后一单位面积土地的木材收益净现值；等式右边表示最后一单位面积土地用于再造林所花费的成本，即初期经营投入和土地租金贴现值。当木材价格相对其他商品价格上升时，采伐后的土地仍可能被用于造林；反之，则土地利用方式将发生改变。t_{a_i}表示砍伐期，$t_{a_i} = \mathrm{a}_i(t) = t - t_0$。上式所描述的一阶条件达到时，再造林面积 $G_i(t)$ 达到最优水平。

而是否增加经营投入则取决于增加一单位经营投入带来的收益净现值

增量与该单位经营投入所花费的成本二者的比较。当二者相等时，经营投入水平 $m_i(t)$ 达到最优

$$(P(t_{a_i})-c_i^{H'})\frac{\partial V_i(t_{a_i-t_0};m_i(t_0))}{\partial m_i(t_0)}e^{-r(t_{a_i}-t_0)}=P_{i,m} \qquad (7-25)$$

最后，新造林与否的一阶条件为

$$(P(t_{a_i})-c_i^{H'})V_i(t_{a_i}-t_0;m_i(t_0))e^{-r(t_{a_i}-t_0)}$$

$$=P_{i,m}m_i(t_0)+\int_{t_0}^{t_{a_i}}R_i(z_i)e^{-rz_i}dz_i+f'_{i,N}(N_i(t_0)) \qquad (7-26)$$

上式左边表示额外最后一单位土地用于造林所获得的边际收益净现值；等式右边为最后一单位土地用于造林所花费的边际成本净现值，包括经营投入成本、租金成本和劳动及土地转换机会成本。当上述等式成立时，新造林面积 $N_i(t)$ 达到最优水平。

以上模型考察了木材收益净现值最大化时，采伐水平、再造林水平、新造林水平和经营投入水平的最优组合。在低碳政策下，森林碳汇可用于抵减控排企业超额的碳排放，或进行碳中和，从而具有了经济价值。令 μ_i 为树种 i 的生物量固碳因子，碳市场出清时的均衡价格为 $P^c(t)$。碳汇反需求函数和 t 时期森林碳汇总量（不考虑长周期木制品的固碳量）可表述为

$$P^c(t)=D(F(t),Z_2(t)) \qquad (7-27)$$

$$F(t)=\sum_i \mu_i V_i(\mathrm{a}_i(t);m_i(t_0))X_i(t) \qquad (7-28)$$

其中，式（7－27）中 $F(t)$ 为森林碳汇总需求，$Z_2(t)$ 为除森林碳汇以外的其他可用于完成碳减排目标的减排量，如配额或者其他清洁能源碳减排量。式（7－28）为第 t 年的森林碳汇总供给，不考虑长周期木材的固碳量。木材收益只能到砍伐期才能实现，而碳汇收益则不同，只要森林未被砍伐，每年均可获得碳汇收益。

在碳汇价格为正的条件下，森林经营者的目标调整为：在综合考虑了木材收益与碳汇收益后，选择使总收益净现值最大化时的采伐水平 $H_i^c(t)$、再造林水平 $G_i^c(t)$、新造林水平 $N_i^c(t)$ 和经营投入水平 $m_i^c(t)$ 组合

$$\max_{H_i^c(t),G_i^c(t),N_i^c(t),m_i^c(t)} W=\int_t^{\infty}e^{-rt}\{S^c(\cdot)\}\mathrm{d}t \qquad (7-29)$$

$$S^c(\cdot) = \int_0^{Q^{c*}(t)} \{D(Q(t), Z_1(t)) - C_H(Q(t))\} dQ(t)$$
$$+ \int_0^{F^*(t)} D(F(t), Z_2(t)) dF(t)$$
$$- C_G(t) - C_N(t) - \sum_i R_i(X_i(t)) \quad (7-30)$$

考虑了碳汇收益后，可进入森林的最优采伐水平 $H_i^c(t)$ 的一阶条件调整为：最后一单位面积的树种 i 延迟砍伐后，木材价格变化 $\dot{P}$ 、碳汇价格变化 $\dot{P}^c$ 和生物量变化 $\dot{V}_i$ 带来的木材净收益和碳汇净收益增量和，应该等于等待的机会成本，即砍伐后土地出租可获得的租金以及木材收益和碳汇收益可获得的利息。

$$\dot{P}V_i(\mathrm{a}_i(t), m_i(t_0)) + (P(t) - c^{H_i'})\dot{V}_i + \dot{P}^c\mu_i V_i(\mathrm{a}_i(t), m_i(t_0))$$
$$+ P^c(t)\mu_i\dot{V}_i + P^c(t)\mu_i V_i(\mathrm{a}_i(t), m_i(t_0))$$
$$= r(P(t) - c_i^{H'})V_i(\mathrm{a}_i(t), m_i(t_0)) + R_i(t) \quad (7-31)$$

对于进入成本很高的森林，考虑了碳汇收益后，森林采伐最优水平 $H_i^c(t)$ 的一阶条件调整为式（7－32）

$$\dot{P} + \dot{P}^c\mu_i + P^c(t)\mu_i = r\{P(t) - c_i^{A'} - c_i^{H'}\} \quad (7-32)$$

考虑了碳汇收益后，森林的最优再造林水平 $G_i^c(t)$ 的一阶条件调整为：在 t_0 时期再造林，并于 t_{a_i}时期砍伐所获得的最后一单位面积土地的木材收益净现值和碳汇收益净现值，应该等于最后一单位面积土地用于再造林所花费的成本，即初期经营投入和土地租金贴现值。

$$(P(t_{\mathrm{a}_i}) - c_i^{H'})V_i(t_{\mathrm{a}_i} - t_0; m_i(t_0))e^{-r(t_{\mathrm{a}_i} - t_0)}$$
$$+ \int_{t_0}^{t_{\mathrm{a}_i}} P^c(\chi)\mu_i V_i(\chi - t_0; m_i(t_0))e^{-r\chi}d\chi$$
$$= P_{i,m}m_i(t_0) + \int_{t_0}^{t_{\mathrm{a}_i}} R_i(z_i)e^{-rz_i}dz_i \quad (7-33)$$

此外，考虑了碳汇收益后，最优经营投入水平 $m_i^c(t)$ 取决于最后一单位经营投入带来的木材收益净现值增量与碳汇收益净现值增量，应该等于该单位经营投入所花费的成本。

$$
\begin{aligned}
&(P(t_{a_i}) - c_i^{H'}) \frac{\partial V_i(t_{ai} - t_0; m_i(t_0))}{\partial m_i(t_0)} e^{-r(t_{a_i}-t_0)} \\
&+ \int_{t_0}^{ta_i} P^c(\chi)\mu_i \frac{\partial V_i(\chi - t_0; m_i(t_0))}{\partial m_i(t_0)} e^{-r\chi} d\chi \\
&= P_{i,m} \qquad (7-34)
\end{aligned}
$$

最后，考虑碳汇收益后，最优新造林水平 $N_i^c(t)$ 取决于最后一单位土地用于从事林业活动所获得的边际收益净现值和碳汇收益净现值，应该等于最后一单位土地用于造林所花费的边际成本净现值，包括经营投入成本、租金成本和劳动及土地转换机会成本。

$$
\begin{aligned}
&(P(t_{a_i}) - c^{H'_i}) V_i(t_{a_i} - t_0; m_i(t_0)) e^{-r(t_{a_i}-t_0)} \\
&+ \int_{t_0}^{ta_i} P^c(\chi)\mu_i V_i(\chi - t_0; m_i(t_0)) e^{-r\chi} d\chi \\
&= P_{i,m} m_i(t_0) + \int_{t_0}^{ta_i} R_i(z_i) e^{-rz_i} dz_i + f'_{i,N}(N_i(t_0)) \qquad (7-35)
\end{aligned}
$$

以上模型考察了低碳政策下，碳汇商品化对最优采伐水平、再造林水平、新造林水平和经营投入水平的影响。通过比较式（7－22）与式（7－31）、式（7－23）与式（7－32）、式（7－24）与式（7－33）、式（7－25）与式（7－34）、式（7－26）与式（7－35），不难看出，低碳政策下一阶条件左边的边际收益较之无碳汇收益情景均有所增加，而等式右边的边际成本则保持不变。这意味着，碳汇商品化后森林经营者将降低采伐水平（即延长轮伐期）来提高再造林水平、新造林水平和经营投入水平，且碳汇价值越大，森林经营者越倾向于优化经营模式。

综上所述，低碳政策下碳汇商品化有利于激励森林经营者调整森林经营决策，通过降低森林采伐水平、延长轮伐期来提高森林经营水平，增加再造林与新造林，以获得更高的收益净现值，有利于促进生态环境的改善，实现经济发展与生态文明建设的耦合。换言之，要使森林的固碳和吸碳效益得以充分发挥，须对森林碳汇正外部性给予适当补偿。

7.2　工业节能减排与发展森林碳汇二者连接的路径

实行节能减排和发展森林碳汇是缓解由于人类活动导致气候变暖的两

个重要途径。在经济新常态下，企业节能减排承压能力普遍下降，对工业生产碳排放征税或将之纳入碳交易体系，减排成本相对较高；而通过财政转移支付对森林生态服务效益进行补偿，存在补偿标准低、财政压力大等问题，生态碳汇得不到充分发展。由于工业制成品在生产过程中排放大量CO_2，即消耗了森林提供的汇清除服务，是森林碳汇的需求方；森林在经营过程中提供了固碳释氧功能，是森林碳汇的供给方。森林碳汇的准公共产品属性和碳排放的负外部性使得工业生产无须付费即可消费森林汇清除服务，这种"搭便车"行为导致了生态环境的过度消费以及碳汇林业发展资金不足等问题。通过将节能减排与发展森林碳汇二者连接起来，由高耗能、高排放行业对森林经营者给予适当生态补偿，在同一机制内同时实现森林碳汇正外部性和碳排放负外部性的内部化，有利于促进高耗能、高排放行业低成本节能减排，同时为碳汇林业发展提供资金支持。

7.2.1 林业碳汇的现实需求来源

为进一步探讨林业碳汇商品化的现实需求来源，接下来将基于生态足迹方法（Rees，1992；Wackernagel 等，1996；Wackernagel 等，1997），对吸收生产过程中化石能源消耗导致的碳排放所需的林地与现实生活中能够提供吸碳固碳功能的森林资源数量进行评估与比较，可以较为客观地反映现有森林吸碳固碳能力与生产过程中化石能源消耗导致的碳排放二者的差异性，为从林业碳汇生态补偿的视角将工业企业与森林经营者连接起来提供现实依据（朱永杰，2012）。

生态足迹总的计算公式为

$$EF = \sum_{j} \sum_{i} r_j \frac{P_i + I_i - E_i}{Y_i \times N} \tag{7-36}$$

其中，EF 为人均生态足迹，i 为消费类型，j 为土地类型（具体包括林地、草地、耕地、化石能源用地、建筑用地和水域共六种），r_j 为第 j 类土地的均衡因子（其中林地和化石能源用地的均衡因子取 1.1），P_i 为消费类型 i 的年生产量，I_i 为年进口量、E_i 为年出口量，Y_i 为消费项目 i 的生产力因子（刘震，2013），N 为人口规模。

人均化石能源生态足迹的计算公式为

$$FEF = \sum_i \lambda_i \sigma_i \frac{P_i + I_i - E_i}{N} \tag{7-37}$$

其中，人均化石能源生态足迹用 FEF 表示，P_i，I_i，E_i 分别表示第 i 种能源的年生产量、进口量和出口量；λ_i 为转换系数，σ_i 为折算系数。在计算区域化石能源消耗过程中，化石能源消费类型 i 包括石油、煤炭、天然气及其制品等。为与第八次森林资源清查结果（2009—2013 年）相匹配，本章主要估算 2013 年各省市人均化石能源消耗生态足迹。此外，为简便起见，将化石能源生产量作为消费量，同时不考虑贸易因素（朱永杰，2012）。估算火电和热力的碳排放因子（齐绍洲等，2013），采用排放因子法得到各省份化石能源消耗碳排放量，从而估算出人均化石能源生态足迹。

生态足迹评估主要考察生态需求状况，而生态承载力则主要关注生态供给方面。人均生态承载力用 EC 表示，计算公式为

$$EC = \alpha_j \times r_j \times y_j \tag{7-38}$$

其中，j 表示土地类型，α_j 表示土地类型 j 的人均生物生产面积；γ_j 表示土地类型 j 的均衡因子（其中林地的均衡因子取值 1.1）；y_j 表示土地类型 j 的产量因子。

鉴于森林蓄积量指标各国均有公布，为简便起见，本书采用蓄积量法对森林碳储量进行核算（李顺龙，2005）。同时，由于林下植被和林地碳储量在一年内变化不大，本书仅考虑林木碳储量。在分地区林地产量因子的选取方面，借鉴刘某承等（2010）对林地产量因子的估算结果；各省市森林面积来源于第八次森林资源清查结果，人口规模为 2013 年年末常住人口数量；林地的均衡因子取值 1.1；假定森林面积的 12% 用于生物多样性保护，剩余森林面积中，除北京、天津、上海、重庆等城市用地全部作为化石能源用地外，其他省份剩余的面积中 75% 用于发挥森林生态环境效益。运用上述计算公式，得到了 2013 年各省市人均林地生态承载力估算值。

通过对区域内的人均化石能源生态足迹和人均林地生态承载力进行比较，可以反映区域内的化石能源消耗产生的碳排放对森林汇清除服务的占用状况。如果前者大于后者，则出现生态赤字，反之则为生态盈余，二者相等则表示生态平衡。本书在估算吸收生产过程中化石能源消耗产生的碳排放所需的林地时，选取 30% 作为化石能源用地的占用（方精云等，2007；

王效科等，2001）。此外，假定在全部碳排放的30%中，森林所吸收碳的份额为82.72%，其余由草地吸收（谢鸿宇等，2008）。

从上述生态盈亏评估结果可知（见表7－2），全国人均生态亏损达0.41gha。其中，云南省人均生态盈余为0.06gha，广西壮族自治区几乎处于生态平衡状态，海南和江西的人均生态亏损小于0.1gha。宁夏、内蒙古、山西的人均生态亏损超过1gha，分别为全国平均水平的4.54倍、3.72倍和3.43倍，新疆的人均生态亏损也达到了0.85gha。整体上，除云南省略有盈余和广西壮族自治区几乎持平外，我国其他省市均出现了不同程度的生态亏损状态。吸收生产过程中化石能源消耗产生的碳排放所需要的林地远远超过了现实生活中能够提供吸碳固碳功能的森林资源数量，我国社会再生产过程大量、无偿占用了森林提供的吸碳固碳功能，迫切需要从生态补偿的视角将工业节能减排与发展森林碳汇二者连接起来，建立高耗能、高排放行业与森林经营者之间的林业碳汇生态补偿机制。

表7－2　　2013年我国各省市生态盈亏评估　　单位：gha/位

省份	人均化石能源足迹	人均林地承载力	生态盈亏	排序	省份	人均化石能源足迹	人均林地承载力	生态盈亏	排序
北京	1.43	0.02	－0.34	14	河南	1.70	0.03	－0.39	16
天津	3.04	0.01	－0.75	26	湖北	1.53	0.08	－0.30	11
河北	2.59	0.03	－0.61	23	湖南	1.14	0.12	－0.16	6
山西	5.81	0.03	－1.41	28	广东	1.38	0.06	－0.28	10
内蒙古	8.14	0.49	－1.53	29	广西	1.05	0.25	－0.01	2
辽宁	3.19	0.09	－0.70	25	海南	1.32	0.26	－0.07	3
吉林	2.46	0.28	－0.33	12	重庆	1.43	0.09	－0.27	9
黑龙江	2.38	0.35	－0.24	8	四川	1.16	0.15	－0.14	5
上海	2.71	0.00	－0.67	24	贵州	2.32	0.14	－0.44	19
江苏	2.34	0.01	－0.57	20	云南	1.34	0.39	0.06	1
浙江	1.93	0.05	－0.43	17	陕西	2.91	0.14	－0.58	21
安徽	1.63	0.04	－0.36	15	甘肃	1.74	0.10	－0.34	13
福建	1.68	0.24	－0.17	7	青海	2.76	0.26	－0.43	18
江西	1.08	0.17	－0.10	4	宁夏	7.71	0.05	－1.86	30
山东	2.52	0.02	－0.60	22	新疆	4.29	0.22	－0.85	27
全国	2.04	0.10	－0.41						

注：第八次森林资源清查结果的年份为2009—2013年，为方便比较，选取2013年为生态盈亏评估的参考年。

7.2.2　工业节能减排与发展森林碳汇二者连接的庇古范式

依据“谁受益，谁补偿”的原则，工业生产部门作为森林碳汇的受益者，须对其所享受的森林汇清除服务提供适当的补偿。假定对工业行业超额碳排放征收碳税，与此同时，将碳税税收作为专项资金，用于对森林碳汇供给进行补偿。为简便起见，令碳税税率等于碳汇补贴率。假定工业生产部门的边际减排成本函数和总减排成本函数用式（7－39）和式（7－40）表示。其中，e 为工业生产部门自主减排量，α_I 和 β_I 为该行业减排成本函数的参数，$\alpha_I>0$。当 $e>\frac{\beta_i}{-2\alpha_I}$ 时，边际减排成本呈递增趋势。

$$MC_I(e)=\alpha_I e^2+\beta_I e \tag{7-39}$$

$$TC_I(e)=\frac{1}{3}\alpha_I e^3+\frac{1}{2}\beta_I e^2 \tag{7-40}$$

假定林业部门森林碳汇边际生产成本和总生产成本用式（7－41）和式（7－42）表示。其中，s 为林业部门森林碳汇供给量，α_F 和 β_F 为森林碳汇生产成本函数的参数，$\alpha_F>0$。在现阶段，由于减排技术尚不成熟，森林碳汇被公认为成本较低的减排选择。假定 $\alpha_I>\alpha_F$，$\beta_I>\beta_F$，即 $MC_I>MC_F$。当 $s>\frac{\beta_F}{-2\alpha_F}$ 时，边际碳汇生产成本呈递增趋势。为简便起见，假定在无碳汇补贴的条件下，森林碳汇供给量 s 几乎为零。

$$MC_F(s)=\alpha_F s^2+\beta_F s \tag{7-41}$$

$$TC_F(s)=\frac{1}{3}\alpha_F s^3+\frac{1}{2}\beta_F s^2 \tag{7-42}$$

令工业部门减排目标为 $\bar{e}$。若工业部门必须自主减排 $\bar{e}$ 单位，无其他减排选择，则此时总减排成本为

$$TC_I=\frac{1}{3}\alpha_I(\bar{e})^3+\frac{1}{2}\beta_I(\bar{e})^2 \tag{7-43}$$

令碳税税率为 t 元/吨，此时允许工业部门通过权衡边际减排成本和碳税的高低，选择最优的自主减排量 e^* 和碳税缴纳额，以实现总减排成本最小化。此时工业部门的决策调整为

$$\min_e TC_I=\frac{1}{3}\alpha_I e^3+\frac{1}{2}\beta_I e^2+t(\bar{e}-e) \tag{7-44}$$

$$\text{s.t.}\ \bar{e} - e \geqslant 0 \tag{7-45}$$

对式（7－44）求关于 e 的一阶导数，得到式（7－46）。式（7－46）表明，当工业部门边际减排成本等于碳税 t 时，总减排成本达到最小化。此时工业部门选择自主减排 e^* 单位碳排放，同时为超额排放（$\bar{e} - e^*$）缴纳碳税，税额为 $t(\bar{e} - e^*)$。图 7－1 所示的 EE^*A 围成的面积为工业部门通过选择最优的自主减排量而节约的减排成本。

$$MC_I(e^*) = t, t > 0 \tag{7-46}$$

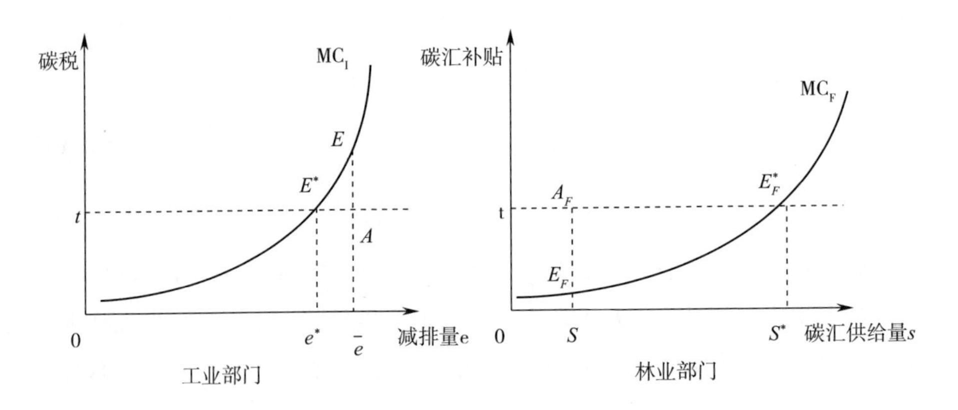

图 7－1　庇古范式下工业部门与林业部门福利变化

（资料来源：笔者整理所得）

由于森林在经营过程中吸收固定大气中的 CO_2，为工业部门生产过程中碳排放提供了排放空间。在碳税税收收入循环环节，可将碳税税收作为专项资金，用于对森林碳汇供给的补偿，假定碳汇补贴率与碳税税率一致。此时森林经营者通过选择最优的碳汇供给量 s^* 以实现利润最大化。

$$\max_{s} -\frac{1}{3}\alpha_F s^3 - \frac{1}{2}\beta_F s^2 + ts \tag{7-47}$$

对式（7－47）求关于 s 的一阶导数，得到式（7－48），表明当森林碳汇的边际生产成本等于碳汇补贴 t 时，碳汇供给量达到最优水平 s^*，此时森林经营者实现利润最大化。图 7－1 所示的 $E_F E_F^* A_F$ 围成的面积为林业部门获得的碳汇补贴净收益。

$$MC_F(s^*) = t, t > 0 \tag{7-48}$$

通过比较征收碳税和进行碳汇补贴前后工业部门碳减排成本和林业部

门森林碳汇供给可知，$e^* < \bar{e}$, $TC_I(\bar{e}) > TC_I(e^*)$ 和 $s^* > s$，整个社会净减排量为 $(e^* + s^*)$，社会福利得以提高（EE^*A 和 $E_FE_F^*A_F$ 围成的面积）。由此可见，对工业碳排放征税并对森林碳汇补偿可以同时实现工业部门低成本减排和林业部门森林碳汇供给的增加。

7.2.3　工业节能减排与发展森林碳汇二者连接的科斯范式

依据科斯定理，在工业部门与森林碳汇提供者之间建立森林碳汇交易市场，通过市场途径可以实现受益方对生态服务提供方的补偿。通常各工业行业内部边际减排成本不尽相同，这就为碳排放权交易市场的建立提供了可能性。而作为成本较低的减排手段，将森林碳汇纳入碳排放权交易市场，可以达到进一步降低减排成本和促进森林碳汇发展的目的。

为简便起见，假定经济体中存在三个代表性部门：高减排成本工业部门、低减排成本工业部门和林业部门。它们的自主减排成本（对于林业部门而言是碳汇生产成本）用式（7－49）和式（7－50）表示。其中 e_i 表示部门 i 的自主减排量或碳汇生产量，下标 h 表示高减排成本工业部门，下标 l 表示低减排成本工业部门，s 表示林业部门。

$$MC_i(e_i) = \alpha_i(e_i)^2 + \beta_i e_i, i = h, l, s \qquad (7-49)$$

$$TC_i(e_i) = \frac{1}{3}\alpha_i(e_i)^3 + \frac{1}{2}\beta_i(e_i)^2, i = h, l, s \qquad (7-50)$$

由于森林碳汇被公认为成本较低的减排手段，假定 $MC_h(e_h) > MC_l(e_l) > MC_s(e_s)$。令工业部门的减排目标为 $\bar{e_j}, j = h, l$。若不允许部门间碳排放权交易，则各工业部门减排成本和整个工业行业总减排成本分别为

$$TC_J(\bar{e_j}) = \frac{1}{3}\alpha_j(\bar{e_j})^3 + \frac{1}{2}\beta_j(\bar{e_j})^2, j = h, l \qquad (7-51)$$

$$TC(\bar{e}) = \sum_j TC_j(\bar{e_j}), j = h, l, \sum_j \bar{e_j} = \bar{e} \qquad (7-52)$$

由于两个工业行业边际减排成本存在差异，在允许部门间碳排放权交易的前提下，高减排成本部门通过部分自主减排和从低减排成本部门购买部分碳排放权，可以实现减排成本最小化

$$\min_{e_h^*} \frac{1}{3}\alpha_h(e_h^*)^3 + \frac{1}{2}\beta_h(e_h^*)^2 + p^c(\bar{e_h} - e_h^*) \qquad (7-53)$$

$$\text{s.t. } \overline{e_h} - e_h^* \geqslant 0 \tag{7-54}$$

与此同时，低减排成本部门通过出售碳排放权，可以实现利润最大化

$$\max_{e_l^*} -\frac{1}{3}\alpha_l(e_l^*)^3 - \frac{1}{2}\beta_l(e_l^*)^2 + p^c(e_l^* - \overline{e_l}) \tag{7-55}$$

$$\text{s.t. } e_l^* - \overline{e_l} \geqslant 0 \tag{7-56}$$

只要碳排放权交易价格不高于高减排成本部门边际减排成本，且不低于低减排成本部门边际减排成本，通过交易双方均可从中获利，即存在帕累托改进。高减排成本工业部门因购买部分碳排放权实现低成本减排，低减排成本工业部门因出售部分碳排放权实现收益的增加。如图7－2（a）所示，在完全自主减排的情形下，两个工业部门的均衡点分别位于 E_h 和 E_l，而允许部门间碳排放权交易后，均衡点移动到点 E^*，$E^*E_hE_l$ 围成的面积为社会福利增量。在均衡条件下，两个工业部门进行碳排放权交易直到两者的边际减排成本相等，此时碳排放权交易价格 p^c 等于这个相等的边际减排成本

$$p^c = MC_h(e_h^*) = MC_l(e_l^*) \tag{7-57}$$

此时，工业部门总减排成本为

$$TC_h^*(e_h^*) = \frac{1}{3}\alpha_h(e_h^*)^3 + \frac{1}{2}\beta_h(e_h^*)^2 + p^c(\overline{e_h} - e_h^*) \tag{7-58}$$

$$TC_l^*(e_l^*) = \frac{1}{3}\alpha_l(e_l^*)^3 + \frac{1}{2}\beta_l(e_l^*)^2 \tag{7-59}$$

$$TC^*(\bar{e}) = TC_h^*(e_h^*) + TC_l^*(e_l^*) \tag{7-60}$$

$$e_h^* + e_l^* = \sum_j \overline{e_j} \tag{7-61}$$

在均衡条件下，通过工业部门间碳排放权交易，降低了总减排成本（$TC^*(\bar{e}) < TC(\bar{e})$）。高减排成本工业部门自主减排有所下降（$e_h^* < \overline{e_h}$），低减排成本工业部门自主减排有所增加（$e_l^* > \overline{e_l}$），整个社会福利水平得以提升。

接下来，将森林碳汇以配额管理的方式纳入碳排放权交易市场，依据森林碳汇供给量免费发放碳配额，从而碳市场上森林碳汇与低减排成本工业部门出售的碳排放权是无差异的，均可用于抵扣超额排放，两者的价格无差异。森林碳汇的纳入可能导致原来出售碳排放权的低减排成本工业部

门不再出售碳排放权，而是选择部分自主减排和从林业部门购买部分森林碳汇，以实现减排成本最小化。当然，也有可能存在低减排成本工业部门继续出售碳排放权（但供给量有所下降）的情形。接下来主要就第一种情形进行分析。

此时，高减排成本工业部门通过权衡自主减排成本和购买碳排放权的成本，在减排成本最小化约束下选择最优的自主减排 e_h^{**} 和碳汇购买量

$$\min_{e_h^{**}} TC_h^{**}(e_h^{**}) = \frac{1}{3}\alpha_h(e_h^{**})^3 + \frac{1}{2}\beta_h(e_h^{**})^2 + p^s(\overline{e_h} - e_h^{**}) \tag{7-62}$$

$$\text{s.t.} \quad \overline{e_h} - e_h^{**} \geqslant 0 \tag{7-63}$$

与此同时，低减排成本部门也通过选择最优的自主减排 e_l^{**} 和碳汇购买量，以实现减排成本的最小化

$$\min_{e_l^{**}} TC_l^{**}(e_l^{**}) = \frac{1}{3}\alpha_l(e_l^{**})^3 + \frac{1}{2}\beta_l(e_l^{**})^2 + p^*(\overline{e_l} - e_l^{**}) \tag{7-64}$$

$$\text{s.t.} \quad \overline{e_l} - e_l^{**} \geqslant 0 \tag{7-65}$$

而林业部门通过出售森林碳汇，实现利润最大化

$$\max_{e_s^{**}} -\frac{1}{3}\alpha_s(e_s^{**})^3 - \frac{1}{2}\beta_s(e_s^{**})^2 + p^s e_s^{**} \tag{7-66}$$

$$\text{s.t.} \quad e_s^{**} \geqslant 0 \tag{7-67}$$

只要碳汇价格不高于低减排成本部门边际减排成本，且不低于林业部门森林碳汇边际生产成本，通过交易三方均可从中获利，即存在帕累托改进。所有工业部门通过购买部分碳汇抵扣超额排放，实现减排成本最小化；林业部门通过出售部分森林碳汇实现收益的增加，为碳汇林业的可持续发展提供了资金支持。在均衡条件下，碳市场上碳汇交易直到工业内部边际减排成本相等，且等于森林碳汇边际生产成本。此时，碳汇交易价格 p^s 等于这个相等的边际成本

$$p^s = MC_h(e_h^{**}) = MC_l(e_l^{**}) = MC_s(e_s^{**}) \tag{7-68}$$

此时，工业部门总减排成本为

$$TC^{**}(\bar{e}) = \sum_j TC_j^{**}(e_j^{**}), j = h, l \tag{7-69}$$

$$\sum_{j} e_j^{**} = \bar{e} - e_s^{**} \tag{7-70}$$

由于 $p^s < p^c$，通过比较式（7－51）、式（7－60）和式（7－70）可知，$TC^{**}(\bar{e}) < TC^{*}(\bar{e}) < TC(\bar{e})$。即，工业部门总减排成本在引入森林碳汇交易后实现最小化。如图 7－2（b）所示，E^{**}、E^{*}、O_s 围成的面积为社会福利增量。将森林碳汇纳入碳排放权交易市场配额管理后，高减排成本工业部门总减排成本、自主减排量进一步下降（$e_h^{**} < e_h^{*} < \overline{e_h}$，$TC_h^{**}(e_h^{**}) < TC_h^{*}(e_h^{*}) < TC_h(\overline{e_h})$），低减排成本工业部门减排成本和自主减排量较之完全自主减排情形均有所下降（$e_l^{**} < \overline{e_l} < e_l^{*}$，$TC_l^{**}(e_l^{**}) < TC_l(\overline{e_l}) < TC_l^{*}(e_l^{*})$），森林碳汇供给量得以增加，实现了低成本降碳、增汇的良性循环。

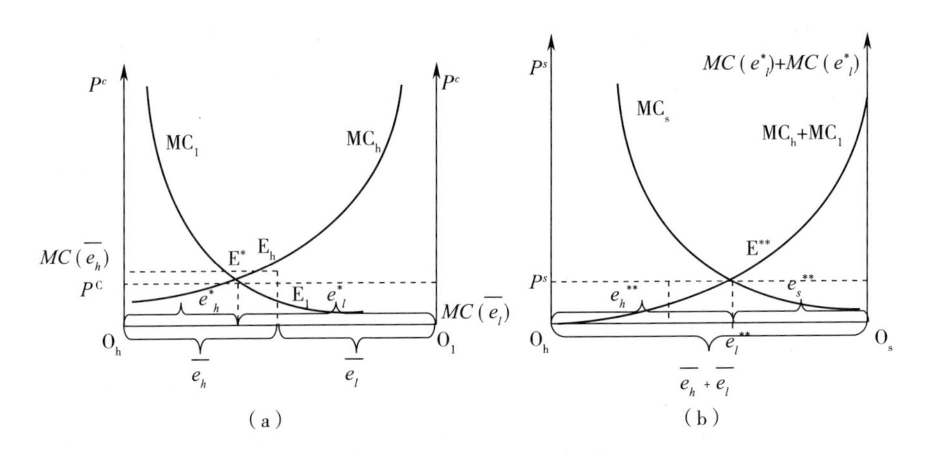

图 7－2　科斯范式下工业部门间碳排放权交易

（a）工业部门与林业部门间碳汇交易　（b）两部门的福利变化

（资料来源：笔者整理所得）

7.2.4　庇古范式与科斯范式两种连接路径的比较

7.2.4.1　基于庇古理论的纵向森林生态补偿的弊端

森林碳汇和其他公共产品一样，在生态补偿模式的选择上也存在着政府手段与市场机制之争。尽管上述两种连接路径均可以达到纠正外部性、促进低成本节能减排和碳汇林业可持续发展的目的，但执行成本和效率差异甚大。由于现实生活中的信息不完全与不对称性，政府在征税前通常很难获得工业企业的私人成本及社会成本信息，在补贴前也不了解森林经营者的私人收益与社会收益信息，从而无法确定最优生态补偿水平。此外，工业企业边际成本以及森林经营者的边际收益也不是一成不变的，边际成本及边际收益递减或递增将使得政府更难确定生态补偿额。信息不完全以及成本的变动将导致政策效果大打折扣。

目前国内外关于森林生态服务财政补偿的实践均针对森林生态服务功能整体，极少有针对森林的碳汇功能单独设置专项财政补偿资金。补偿对象和范围过于笼统，缺乏针对性，导致补偿的激励效果大打折扣。此外，补偿标准设置是否合理直接影响纵向财政森林生态补偿的效果。补偿标准一刀切、调整更新与物价和要素成本变化不联动、未体现地域差异和社会经济发展差异，可能出现某些地区补偿标准远落后于物价上涨和人力资本上涨的速度，严重影响了补偿的激励效果（杨谨夫，2015）；而其他地区补偿标准过高也会加重财政负担。再有，由于森林生态服务受益者广泛而无法明确界定，政府作为受益者的代表，对享受的森林生态服务付费，补偿资金全部来源于中央和地方政府财政资金，资金来源过于单一。森林生态服务价值巨大，仅仅依靠政府财政资金给予补偿，恐怕政府的支付能力有所不逮（张捷，2015），补偿资金无法足额及时到位。而仅仅针对森林生态建设成本和保育成本进行补偿，不考虑其机会成本，甚至生态服务的价值，则可能导致补偿标准低于商品林的经济效益。总而言之，森林生态效益纵向补偿是一种“输血式”补偿，但不具备“造血”功能，虽然在一定程度上有利于遏制森林破坏，但无法真正调动林场和林农保护森林生态环境的积极性。

7.2.4.2　基于科斯定理的市场化林业碳汇生态补偿的优越性

相比之下，市场主体相对于政府而言更容易确定污染成本。工业企业与森林经营者通过交易达成的价格往往更接近边际外部成本或边际外部收益，从而与庇古税相比效率更高。鉴于市场在资源配置上具有高效性和公平性，通过市场途径，可以使满足额外性原则、产权明晰且交易费用相对较低的林业碳汇的生态优势转化为经济价值。在供需均衡条件下形成的碳汇交易价格，充分体现了造林抚育成本、森林经营成本、减排成本的时空差异性，真实反映森林碳汇的经济价值。林业碳汇商品化和价值化可以提高森林经营者的预期收益，促进森林经营决策的调整，真正激发蕴藏在森林经营者中宝贵的生态文明建设动力，赋予碳汇林业发展以内在驱动力。与此同时，通过激励与约束机制，可以促使经济较为发达地区和高能耗、高排放行业树立节能减排的意识，遏制过度消费温室气体排放空间的“搭便车”行为，夯实生态文明建设的社会基础。

森林碳汇具有相对明显的正外部性和准公共产品属性。政府作为公众利益的代表，在一些涉及社会公共安全和人类整体利益的领域，应该承担起直接提供公共物品的责任。但是，在林业碳汇服务等市场机制可以发挥作用的领域，政府部门要为林业碳汇市场的建设和运行提供良好的制度环境。通过在政府财政补偿之外，建立市场化生态补偿机制，对森林碳汇生产给予适当财政补贴或税收减免，同时有效而巧妙地运用市场机制促成林业碳汇的交易，可以实现补偿资金来源的多元化和补偿标准的合理化，减轻政府财政负担，提高碳汇供给效率，保证生态建设的可持续性。当然，上述机制必须建立在不断完善交易规则，最大限度降低交易成本的基础之上。

7.3 节能减排与森林保护的综合减排效果仿真研究

节能减排和森林保护是缓解人类大规模经济活动向大气中释放二氧化碳等温室气体导致气候变暖的两个重要途径。大量研究表明（Netz 等，2007；Tavoni 等，2007；Gullison 等，2007；Kindermann 等，2008），减少毁林、遏制森林退化、增加造林再造林等森林保护行动可以减少碳排放（或增加汇清除），具有成本低、综合效益显著等优点。在现阶段，节能减排面临巨大挑战，而森林保护行为又受到资金不足的限制（朱永杰，2012）。若将节能减排与森林保护两者有机结合，其综合减排效果如何？本书将在多种气候政策情景下，分析二者配套对经济和气候变化的综合影响，尤其对《巴黎协定》提出的“在全球温度上升控制在2℃的基础上向1.5℃努力”目标的实现路径、成本和收益进行分析。

7.3.1 模型构建与情景设置

7.3.1.1 模型构建

本书借鉴 Nordhaus 等（2013）提出的 DICE－2013R 模型，在此基础上引入森林保护控制变量及其成本函数，以考察森林保护对全球气候变化的潜在贡献以及工业节能减排和全球碳市场对森林保护政策的最优反应。

①生产模块

生产函数采用满足希克斯中性的柯布—道格拉斯函数，人口及劳动力增长、技术进步外生给定，生产函数规模报酬不变

$$YG_t = A_t K_t^{\beta} L_t^{1-\beta}, t = 1,2,\cdots,60 \tag{7-71}$$

$$L_{t+1} = L_t \left(\frac{popasym}{L_t}\right)^{\kappa} \tag{7-72}$$

$$A_{t+1} = A_t/(1 - g_t^A), g_t^A = g_0^A e^{-d^A \vartheta (t-1)} \tag{7-73}$$

$$K_{t+1} = (1 - \delta^K)^{\vartheta} K_t + \vartheta I_t \tag{7-74}$$

其中，YG_t 为全球总产出；A_t、K_t 和 L_t 分别表示全要素生产率、资本和劳动力投入（用人口数表示）；I_t 为投资；β 为资本投入—产出弹性系数；*popasym* 为2100年人口预测值；κ 为人口调整系数；g_t^A 为技术进步率；d^A 为技术进步调整系数；δ^K 为资本折旧率；ϑ 为任意2期之间的时间间距。

②节能减排模块

假定工业 CO_2 排放为总产出 YG_t 的一定比例，而工业 CO_2 实际排放量等于初始排放量扣除节能减排量，则

$$EIND_t = \varepsilon_t YG_t (1 - \mu_t) \tag{7-75}$$

$$\varepsilon_{t+1} = \varepsilon_t e^{g_t^{\varepsilon} \vartheta}, g_{t+1}^{\varepsilon} = g_t^{\varepsilon} (1 + d^{\varepsilon})^{\vartheta} \tag{7-76}$$

其中，ε_t 为假定工业 CO_2 排放量，其变化外生给定；$EIND_t$ 为工业 CO_2 实际排放量；μ_t 为节能减排率，为模型内生变量；g_t^{ε} 为 ε 的变化率。

边际节能减排成本 $MCABA_t$ 取决于零碳能源价格 PB_t 和节能减排率 μ_t，零碳能源价格的变化外生给定。同时，模型还引入一个气候政策参与率因子 p_t，用于表示受控制的 CO_2 排放比例，取值范围在0～1之间，其中，$p_t = 0$ 表示排放不受限制，$p_t = 1$ 表示全球范围内的排放均受制约。参与率的高低决定边际节能减排成本 $MCABA_t$ 和 CO_2 排放价格 CP_t 的差异，参与率越高，

CP_t越低，且当参与率为1时，CO_2 排放价格等于边际节能减排成本。当 $\omega - 1 > 0$ 时，边际节能减排成本随减排量的增加而提高，同时边际节能减排成本函数为凸函数时，即非完全参与的气候协议成本将很高。总的节能减排成本（ATC_t）主要取决于总产出、零碳能源价格、节能减排率和参与率

$$MCABA_t = PB_t \mu_t^{\omega-1} \tag{7-77}$$

$$PB_t = PB_0 (1 - g^b)^{t-1} \tag{7-78}$$

$$CP_t = PB_t \left(\frac{\mu_t}{P_t}\right)^{\omega-1} \tag{7-79}$$

$$ATC_t = YG_t \mu_t^{\omega} p_t^{1-\omega} \frac{PB_t \varepsilon_t}{\omega} \tag{7-80}$$

其中，ω 为成本函数参数，g^b为零碳能源价格变化率。

假定累积化石能源碳排放不超过一定限额（用 $FOSSLIM$ 表示）。碳社会成本 SCC 可以表述为额外一单位 CO_2 排放带来的成本增量，用碳排放变化量与消费变化量之比表示为

$$FOSSLIM \geqslant \sum_{t=1}^{tmax} \frac{EIND_t \vartheta}{3.666} \tag{7-81}$$

$$SCC_{t+1} = -(E_{t+1} - E_t)/(C_{t+1} - C_t) \tag{7-82}$$

③森林保护模块

为考察减少毁林和森林退化、增加造林再造林等森林保护行为对全球气候变化的潜在贡献，在 DICE－2013R 模型中土地利用变化导致温室气体排放（EL）外生的基础上，引入森林保护控制变量及其成本函数。具体而言，引入内生的森林保护率因子 η_t（$\eta_t > 0$），RE_t表示因森林保护减少的碳排放量或增加的汇清除量，当 $0 < \eta_t \leqslant 1$ 时，NEL_t表示土地利用变化产生的净碳排放；当$\eta_t > 1$ 时，NEL_t表示土地利用变化带来的净汇清除

$$EL_t = EL_0 (1 - g^{el})^{t-1} \tag{7-83}$$

$$NEL_t = EL_t (1 - \eta_t) \tag{7-84}$$

$$RE_t = EL_t \eta_t, \eta_t > 0 \tag{7-85}$$

减少毁林、增加造林再造林等森林保护活动的机会成本与土地面积等因素高度相关，难以精确估算，但避免毁林和增加造林再造林行为具备向上倾斜的边际成本曲线，即初始减排（或增汇）成本很低，后期成本越来

越高（Murray 等，2014）。本书采用的边际森林保护成本函数借鉴 Kindermann 等人（2008）的研究，即在 DIMA（Dynamic Integrated Model of Forestry and Alternative Land Use）模型、GCOMAP（Generalized Comprehensive Mitigation Assessment Process Model）模型和 GTM（Global Timber Model）模型三者对减少毁林等森林保护的边际成本估计基础上，估算其平均值及函数形式

$$MCFOR_t = \phi_1 RE_t^{\phi_2} + [\phi_3 + \phi_4(t-1)]^{\phi_5 RE_t} - 1 \qquad (7-86)$$

$$FTC_t = \int_0^{RE_t} MCFOR_t(x)\mathrm{d}x \qquad (7-87)$$

其中，ϕ_1、ϕ_2、ϕ_3、ϕ_4、ϕ_5 为上述边际成本函数的参数值（Eriksson，2016），分别为 14.46、0.26、1.022、0.03 和 20。

边际森林保护成本（*MCFOR*）加总得到总的森林保护成本（*FTC*）。考虑森林保护行为后，当政策达到最优时，边际森林保护成本 *MCFOR* 应该等于边际节能减排成本 $MCABA_t$。

④碳循环模块

工业 CO_2 排放与土地利用变化净碳排放（或净汇清除）构成当期 CO_2 排放总量，影响全球碳循环。根据 DICE 模型，大气中碳存量是由一个 3 层碳库的碳循环系统模式来模拟的，分别为大气（*MAT*）、海洋表面生物圈（*MUP*）和深海（*MLO*）。3 个碳池的碳存量均为自 1750 年以来的增量

$$E_t = EIND_t + NEL_t \qquad (7-88)$$

$$MAT_{t+1} = \frac{E_t \vartheta}{3.666} + \theta_{11} MAT_t + \theta_{21} MUP_t \qquad (7-89)$$

$$MUP_{t+1} = \theta_{12} MAT_t + \theta_{22} MUP_t + \theta_{32} MLO_t \qquad (7-90)$$

$$MLO_{t+1} = \theta_{23} MUP_t + \theta_{33} MLO_t \qquad (7-91)$$

其中，θ_{11}、θ_{21}、θ_{12}、θ_{22}、θ_{32}、θ_{23}、θ_{33} 为碳循环参数。

⑤气候变化及损害模块

气候方程组包含 1 个辐射力方程和 2 个气候系统方程

$$FORC_t = \frac{\chi\left(log \dfrac{MAT_t}{MAT_{1750}}\right)}{log2} + FEX_t \qquad (7-92)$$

$$FEX_t = f_0 + \frac{1}{18}(f_1 - f_0)(t-1), t < 19 \quad (7-93)$$

$$FEX_t = f_1, t \geqslant 19 \quad (7-94)$$

其中，$FORC_t$为辐射力，表示温室气体浓度对地球辐射平衡的影响；f_0为估计的2010年非CO_2气体的辐射力；f_1为估计的2100年非CO_2气体的辐射力；χ为辐射力方程参数。

受辐射力影响，全球温度（地表平均温度和深海平均温度）也将发生改变

$$TAT_{t+1} = TAT_t + \xi_1 \{ FORC_{t+1} - \left(\frac{\chi}{\xi_2}\right) TAT_t - \xi_3 (TAT_t - TLO_t) \} \quad (7-95)$$

$$TLO_{t+1} = TLO_t + \xi_4 (TAT_t - TLO_t) \quad (7-96)$$

其中，地表平均温度（TAT）和深海平均温度（TLO）是以1900年为基准的增量值；ξ_1、ξ_2、ξ_3、ξ_4为气候方程参数。

气候变化对处于不同气候带的国家或地区经济的影响及其程度不尽相同，对某些地区而言，气温升高有可能带来产出增加，而对其他区域而言则可能相反。但是，从全球整体来看，地表平均温度升高必然导致海平面上升、病虫害和海洋风暴增加、土地干旱和沙漠化等，对全球经济产生负面冲击。假定受地表平均温度上升影响，全球总产出将受到一定程度损害，则

$$\Omega_t = \varphi_1 TAT_t + \varphi_2 (TAT_t)^{\varphi_3} \quad (7-97)$$

其中，Ω_t为损害比例；φ_1、φ_2、φ_3为损害系数。

⑥目标函数

全球净产出等于总产出扣除气候变化损害、节能减排成本和森林保护成本后的差额，主要用于消费和投资。模型通过设计气候和经济政策以最优化整个时间跨度的消费流，目标函数采用最优经济增长理论来最大化社会福利净现值

$$Y_t = [1 - \Omega_t] YG_t - ATC_t - FTC_t \quad (7-98)$$

$$C_t = Y_t - I_t \quad (7-99)$$

$$c_t = C_t / L_t \quad (7-100)$$

$$W = \sum_{t=1}^{tmax} L_t [c_t^{1-\alpha}/(1-\alpha)] \frac{1}{(1+\rho)^{(t-1)\vartheta}} \quad (7-101)$$

其中，W 为社会福利净现值；ρ 为社会时间偏好因子，ρ 越小，则较之于现期消费，未来消费带来的效用越大；α 为边际消费效用弹性，α 越大，表示消费者对代际不平等越厌恶，接近 0 则表示代际消费具有较强可替代性。

7.3.1.2　情景设置

为考察森林保护对全球气候变化的潜在贡献以及在减排成本最小化约束下工业节能减排与全球碳市场对森林保护行为的最优反应，以“延续 2010 年气候政策，不再额外采取应对气候变化措施”作为本模型的基准情景；将“从 2015 年开始，所有国家都采取更积极措施应对气候变化，以实现社会福利净现值最大化”作为本模型的最优情景。依据应对气候变化的不同途径，分为“综合减排”（节能减排和森林保护有机结合）和“直接减排”（仅采取节能减排措施，不考虑森林保护的减排增汇潜力）两类。此外，针对《巴黎协定》提出的“全球平均气温较之工业化前水平升高控制在2℃的基础上向 1.5℃努力”的长远目标，本书增设 2℃和 1.5℃2 个情景，以评估《巴黎协定》气候目标的实现路径、成本和收益。具体情景设置见表 7－3。

表 7－3　　情景设置

情景	类型	描述
基准情景		对 2010 年气候政策的延续
最优情景	综合减排	从 2015 年开始，所有国家都参与节能减排和森林保护（$\eta_t \neq 0$）以实现社会福利净现值最大化
	直接减排	从 2015 年开始，所有国家都参与节能减排，但不采取森林保护（$\eta_t = 0$），社会福利净现值最大化
2℃情景	综合减排	在最优情景（综合减排）下，全球地表平均升温不超过 2℃（较之 1900 年）
	直接减排	在最优情景（直接减排）下，全球地表平均升温不超过 2℃（较之 1900 年）
1.5℃情景	综合减排	在最优情景（综合减排）下，全球地表平均升温不超过 1.5℃（较之 1900 年）
	直接减排	在最优情景（直接减排）下，全球地表平均升温不超过 1.5℃（较之 1900 年）

资料来源：笔者整理所得。

这是一个非线性规划问题，基本参数值的设定来源于 DICE－2013R 模型，共有 1800 个内生变量，1613 个方程，模型存在可行解。对模型采用 GAMS（General Algebraic Modeling System）软件编写程序语言，并运用 PATHNLP 求解器求解，可得到使社会福利净现值最大化、减排成本最小化的节能减排率 μ_t 和森林保护率 η_t 的最优组合。

7.3.2 综合减排效果分析

7.3.2.1 福利、收益及成本

表 7－4 从整体上分析了节能减排与森林保护的综合减排效果，并将其与单一直接减排效果进行比较。可知，在综合减排下，最优情景的社会福利净现值最高，为 2689.73 万亿美元，较之基准情景增加 0.807%；其次为 2℃情景，较之基准情景提高 0.193%，但与最优情景相比却下降 0.608%；1.5℃情景下社会福利净现值最低，仅为 2639.13 万亿美元，较基准情景和最优情景分别下降 1.09% 和 1.88%。与单一直接减排相比，考虑森林保护的减排增汇潜力后，三种政策情景下社会福利净现值均有所提高，增幅最大为 1.5℃ 情景（0.49%），其次为 2℃ 情景（0.1%），最优情景增幅 0.02%。可见，森林保护可促进全球社会福利水平提高。

表 7－4 福利、收益和成本分析及其与单一直接减排效果的比较

单位：万亿美元，%

情景	类型	社会福利净现值	应对气候变化总成本净现值	总减排成本净现值	损害净现值	收益—成本比
基准情景		2668.21	87.39	0.17	87.22	—
最优情景	综合减排	2689.73	73.51	19.93	53.58	1.70
	直接减排	2689.18	74.68	19.82	54.87	1.65
2℃情景	综合减排	2673.37	77.04	50.40	26.64	1.21
	直接减排	2670.78	78.79	52.11	26.68	1.17
1.5℃情景	综合减排	2639.13	85.85	69.62	16.23	1.02
	直接减排	2626.32	89.21	73.29	15.92	0.98

注：除“收益—成本比”外的数值单位为万亿美元（以购买力平价衡量的 2005 年不变价格）；“收益—成本比”表示各政策情景相对于基准情景而言避免的损害与增加的减排成本之比。

社会福利水平与减排成本和气候变化损害密切相关。基准情景因延续2010年气候政策，未采取积极措施应对气候变化，导致应对气候变化总成本（气候变化损害 $YG_t\,\Omega_t$、节能减排成本ATC_t、森林保护成本FTC_t之和）净现值非常高，达87.39万亿美元，其中总减排成本（包括节能减排成本和森林保护成本）净现值仅为0.17万亿美元，但气候变化损害净现值高达87.22万亿美元。若将节能减排与森林保护两种应对气候变化途径有机结合，最优情景下应对气候变化总成本净现值较之基准情景将降低15.88%，其中损害净现值减少33.64万亿美元（-38.57%），总减排成本净现值增加19.77万亿美元，从而获得正的净收益13.87万亿美元，收益—成本比为1.7。与单一直接减排相比，综合减排下最优情景的应对气候变化总成本净现值降低1.57%，其中森林保护导致总减排成本净现值增加了0.6%，但损害净现值下降2.36%，收益—成本比相对于单一直接减排（1.65）提高约3.37%。

进一步，在最优情景基础上将全球升温幅度控制在2℃乃至1.5℃，将使得气候变化损害净现值大幅下降，总减排成本激增，且气候目标越激进，总减排成本越高，气候变化损害越小。从表7-4来看，综合减排下，2℃情景较之基准情景总减排成本增加50.23万亿美元，但损害净现值却下降69.46%，使得应对气候变化总成本相比基准情景下降11.84%，即获得10.34万亿美元的净收益，此时收益—成本比为1.21；与基准情景相比，1.5℃情景下综合减排的总减排成本增加69.46万亿美元，但损害净现值却减少70.99万亿美元（-81.29%），从而应对气候变化总成本较之基准情景仍下降1.76%，即仍获得1.53万亿美元的净收益，收益—成本比为1.02，二者几乎持平。可见，在综合减排下，尽管气候政策实施将导致总减排成本攀升，但气候变化损害降幅高于总减排成本增幅，从而《巴黎协定》两种温控目标情景仍可获得正的净收益。与单一直接减排相比，考虑森林保护减排（或增汇）潜力后，2℃情景下应对气候变化总成本净现值、总减排成本净现值、损害净现值分别下降2.22%、3.27%和0.18%，收益—成本比提高3.47%；1.5℃情景节约5.01%的总减排成本，但损害净现值不降反增，增幅约1.95%，由于损害增量远低于减排成本的节约量，从而应对气候变化总成本较之单一直接减排仍下降3.76%，收益—成本比由原来的小于1（单一直接减排下1.5℃目标将产生1.83万亿美元的净成本增量）变为略高于1（即获得1.53万亿美元的净收益）。换言之，考虑森林保护对气候变化的潜在贡献后，《巴黎协定》1.5℃温控目标由原来的成本无效率变为成本有效，尽管净收益非常少。这表明，节能减排与森林保护的有机结合可降低减排成本，实现气候政策的优化。

7.3.2.2 大气碳浓度、地表平均升温幅度与碳排放

人类活动产生的碳排放通过影响大气、海洋表面生物圈和深海的碳循环对地表平均温度产生影响，并最终影响全球生产和消费。基准情景下大气碳浓度和地表平均升温幅度（较之1900年水平）在2100年分别达到436.81mg·m^{-3}和3.85℃，后期仍呈持续上升的态势。三种气候政策情景下，大气碳浓度和地表平均升温幅度随时间大体呈倒“U”形，即存在峰值。在最优情景（综合减排）下，大气碳浓度于2015年达到205.17mg·m^{-3}，与世界气象组织发布的2015年全球CO_2平均浓度（首次超过203.64mg·m^{-3}）具有较强的一致性；大气碳浓度于2100年左右达到峰值308.01mg·m^{-3}，地表平均升温幅度于2130年达到峰值3.31℃后呈下降趋势。与单一直接减排相比，考虑森林保护减排（或增汇）潜力后，最优情景下大气碳浓度和地表平均升温幅度达峰时间变化不大，但峰值分别下降2.79mg·m^{-3}和0.04℃。2℃情景（综合减排）下，地表平均升温幅度于2100年达到峰值2℃后趋于稳定，大气碳浓度于2050年达到峰值231.45mg·m^{-3}后呈下降趋势。与单一直接减排相比，2℃情景下节能减排与森林保护的有机结合使得大气碳浓度峰值下降0.03%，但达峰时间变化不大。1.5℃情景（综合减排）下，地表平均升温幅度于2100年达到《巴黎协定》1.5℃目标后趋于稳定，大气碳浓度峰值为205.49mg·m^{-3}，达峰时间为2030年，之后呈下降趋势。与单一直接减排相比，1.5℃情景下早期过度依赖森林保护减排，忽视实质性减排，导致工业碳排放不降反增，大气碳浓度达峰时间推迟5年左右，峰值增加1.47mg·m^{-3}，但地表平均升温幅度提前了15年左右达到1.5℃。

大气碳浓度和地表平均温度的变化与人类活动导致的碳排放密切相关。基准情景下总碳排放（包括工业碳排放和土地利用变化导致的碳排放）和工业碳排放随时间持续攀升，到2100年分别达到102.58 GTC和102.52 GTC。除1.5℃情景外，其他两种气候政策情景下总碳排放、工业碳排放及

其累积值随时间变化大体呈倒“U”形，即存在峰值。在最优情景下，综合减排和直接减排的三个峰值时间较为一致，总碳排放和工业碳排放约于2055年达到峰值，累积工业碳排放约于2125年达到峰值；综合减排的总碳排放峰值和累积工业碳排放峰值低于直接减排情形，而工业碳排放峰值高于直接减排情形。此外，从表7-5还可以看出，最优情景下综合减排的总碳排放峰值低于工业碳排放峰值，而直接减排情形则恰恰相反。

表7-5　大气碳浓度、地表平均升温幅度、碳排放峰值及达峰时间

情景	类型	大气碳浓度 MAT_t/（mg·m^{-3}）		地表平均升温幅度 TAT_t/℃		总碳排放 E_t/GTC		工业碳排放 $EIND_t$/GTC		累积工业碳排放 Accumulated $EIND_t$/GTC	
		峰值	年份	峰值	年份	峰值	年份	峰值	年份	峰值	年份
基准情景		—	—	—	—	—	—	—	—	—	—
最优情景	综合减排	308.01	2100	3.31	2130	46.22	2055	46.52	2055	1167.22	2125
	直接减排	310.80	2100	3.35	2130	46.88	2055	46.44	2055	1169.04	2125
2℃情景	综合减排	231.45	2050	2	2100	28.81	2025	28.96	2025	457.69	2140
	直接减排	231.52	2050	2	2100	29.56	2020	27.69	2025	418.68	2140
1.5℃情景	综合减排	205.49	2130	1.5	2100	—	—	—	—	217.39	2155
	直接减排	204.03	2125	1.5	2115	—	—	—	—	167.56	2155

资料来源：笔者整理所得。

2℃情景下，综合减排的总碳排放峰值和工业碳排放峰值约于2025年达到，而直接减排情形下工业碳排放达峰时间与综合减排情形一致，但总碳排放达峰时间提前5年左右，累积工业碳排放峰值约于2140年达到；两种情形下总碳排放峰值均小于工业碳排放峰值，综合减排的总碳排放峰值低于直接减排情形，而工业碳排放峰值和累积工业碳排放峰值高于直接减排情形。对于1.5℃情景而言，因地表平均升温幅度约束过紧，碳排放变化趋势不再呈倒“U”形，而是从初期开始即大幅度减排。这种前期超负荷减排的模式忽视了跨期效率的改进，必将产生高额的减排成本。1.5℃情景下累积工业碳排放达峰时间约为2155年，且综合减排情形的峰值高于直接减排情形。整体而言，较之单一直接减排，考虑森林保护减排增汇效应后，总碳排放峰值有所下降，工业碳排放峰值有所上升，且后者略高于前者。在达峰时间上，二者基本一致，气候政策越激进，总碳排放和工业碳排放峰值越小，达峰时间越早。

7.3.2.3 节能减排、森林保护与碳价

图7－3描绘了节能减排及森林保护减排贡献的变化趋势。基准情景假

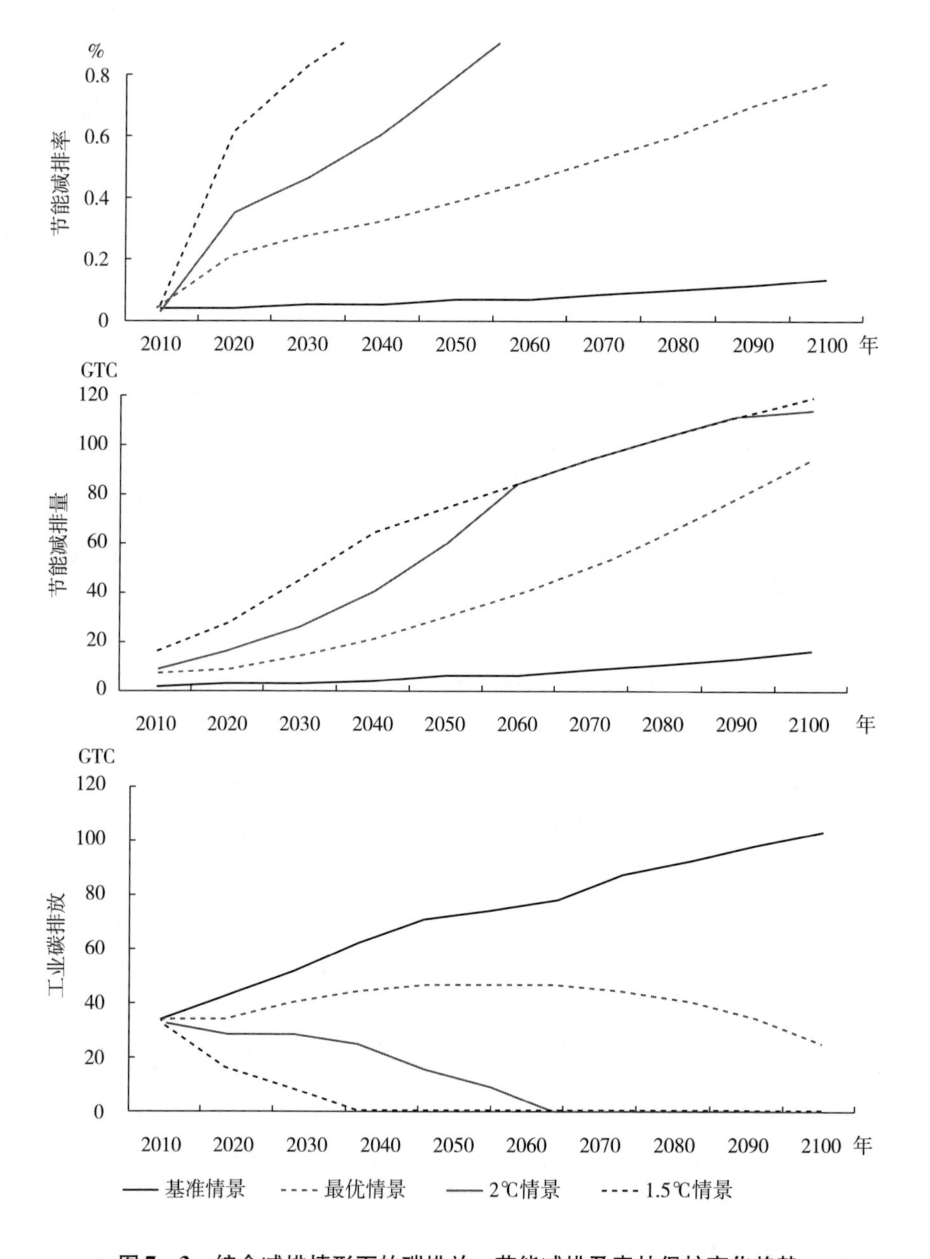

图7－3　综合减排情形下的碳排放、节能减排及森林保护变化趋势

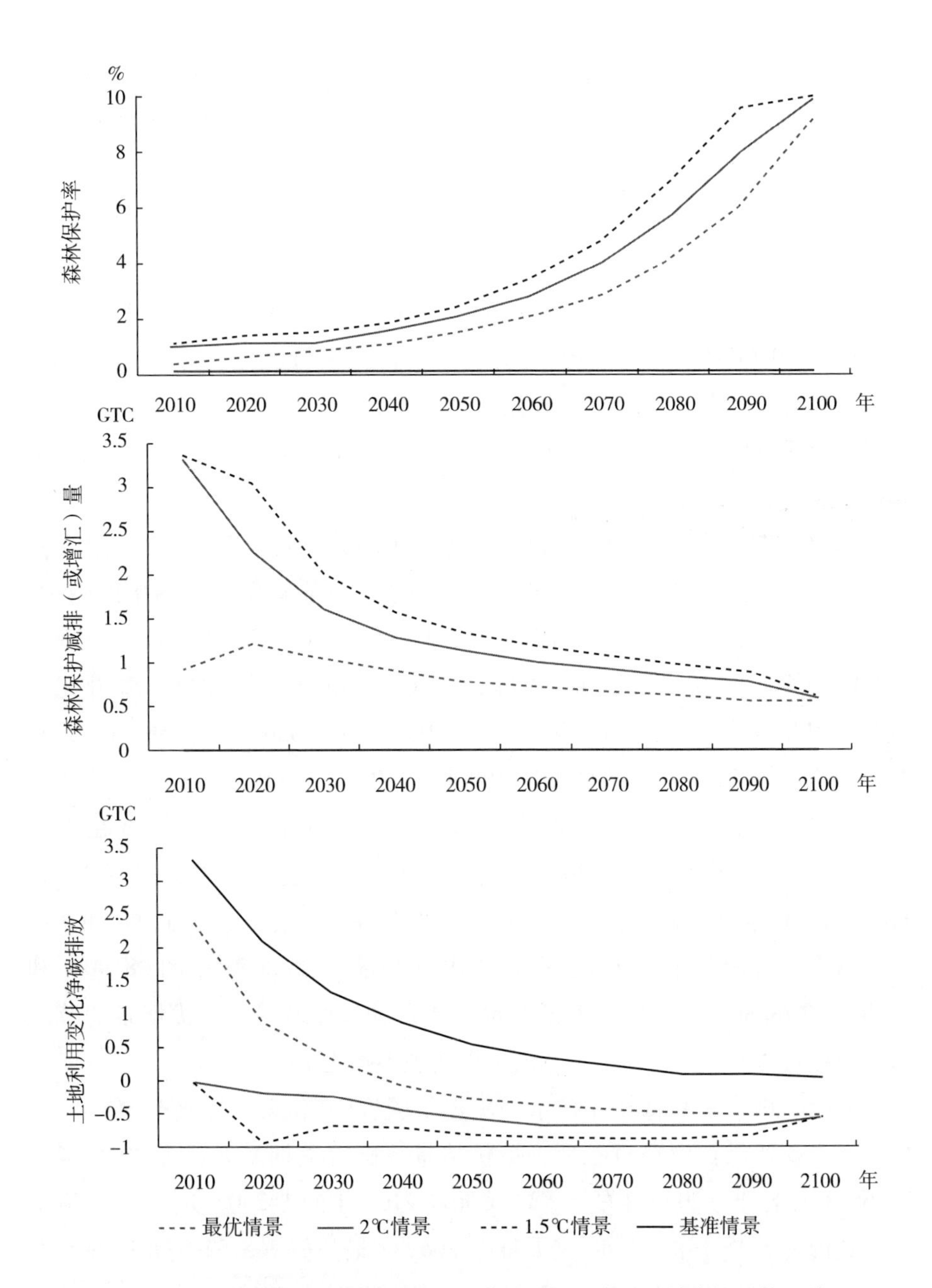

图 7－3　综合减排情形下的碳排放、节能减排及森林保护变化趋势（续）

（资料来源：笔者整理所得）

定森林保护率η_t为零，即不采取森林保护措施，土地利用变化导致的碳排放虽然呈下降趋势，但至 2100 年仍存在正的碳排放。在最优情景下，森林保护率由2015年的46.1%上升至2050年的142%和2100年的919%，对应于森林保护减排量（或增汇量）RE_t 由2015年的1.22GTC降至2050年的0.79GTC和2100年的0.55GTC。在综合减排下，最优情景要求于2040年左右实现土地利用变化净汇清除，即土地汇清除超过土地利用变化导致的碳排放。2℃情景和1.5℃情景下，森林保护减排量（或增汇量）分别由2015年的3.09GTC、3.3GTC降至2050年的1.1GTC、1.35GTC，至2100年仅有0.59GTC、0.6GTC。对于《巴黎协定》两种温控目标情景而言，综合减排要求政策实施初期即实现土地利用变化净汇清除。通过比较可知，气候目标越激进，则应采取更积极的措施保护森林，减少毁林排放，增加土地汇清除，从而优化气候政策以实现减排成本最小化和社会福利最大化。

森林保护减排（或增汇）的成本优势使得综合减排下的节能减排率μ_t低于单一直接减排情形，且气候政策越激进，节能减排率下降幅度越大。在综合减排下，最优情景的节能减排量从2015年的7.72GTC增至2050年的29.36GTC和2100年的94.33GTC；2℃情景和1.5℃情景的节能减排量分别从2015年的12.59GTC和21.15GTC增至2050年的59.6GTC和74.58GTC，至2100年节能减排量达到114.87GTC和119.42GTC。要实现全球地表平均升温（在1900年水平之上）不超过1.5℃，全球至少要在2020年工业实现减排62.20%，2040年左右基本实现工业零排放；对于2℃目标，到2020年至少应减排36%，并于2070年左右实现工业零排放。而在最优情景下，节能减排率从2015年的19.50%上升到2050年的38.90%和2100年的78.80%，比较《巴黎协定》激进的气候政策，最优情景的节能减排路径较为温和，无须在短期内全面实现零碳化生产。

节能减排水平和森林保护水平决定了碳价CP_t和碳社会成本SCC的高低。考虑森林保护潜在贡献后，最优情景下碳价逐期攀升，由2015年的17.65美元上升为2050年的51.32美元和2100年的142.07美元；2℃情景下，碳价由2015年的41.44美元涨至2060年最高值265.52美元后开始回落，2100年跌至203.16美元；1.5℃情景下，碳价由2015年的108.48美元攀升至2040年的最高值295.52美元后开始走低，2100年跌至216.97美元。与单一直接减排相比，综合减排使得最优情景下2050年碳价下降0.41%，2℃情景下碳价峰值降低0.57%，1.5℃情景下碳价峰值降低3.60%且碳价达峰时间推迟了至少10年。可见，气候政策越激进，碳价越高，反之则越低；考虑森林保护对气候变化的潜在贡献后，碳价均有所下降，且政策越激进，综合减排后的碳价降幅越大。

碳社会成本SCC可以表述为额外一单位碳排放带来的成本增量。理论上，碳社会成本应该大于等于碳价（Nordhaus，2014）。当政策达到最优时，碳价应该等于碳社会成本；当气候政策过于激进（导致无效率）时，有可能导致碳社会成本低于碳价。模拟结果显示，最优情景下边际节能减排成本、边际森林保护成本、碳价和碳社会成本四者相等，符合理论预期。2℃情景下，2015—2060年碳社会成本等于碳价，从2065年开始碳社会成本持续上升（此时碳价开始走低）至2085年的峰值490.78美元后开始回落（即后期碳社会成本高于碳价）。与单一直接减排相比，2℃情景下综合减排使得碳社会成本显著降低，碳社会成本峰值由557.56美元降至490.78美元，下降11.98%。而在1.5℃情景下，碳社会成本均高于碳价，较之单一直接减排，1.5℃下综合减排使得碳社会成本大幅下降，峰值由2100年的3917.07美元跌至2085年的1533.35美元，降幅高达94.46%。通过比较碳社会成本与碳价可以看出，最优情景下气候政策最有效，《巴黎协定》2℃目标和1.5℃目标相对于最优情景而言，存在效率损失。而考虑森林保护对气候变化的潜在贡献后，《巴黎协定》温控目标的碳社会成本显著下降，碳社会成本与碳价之间的差异趋于缩小，气候政策的效率有所提高（见图7-4）。

7.3.3 结论

节能减排与森林保护是缓解人类大规模经济活动导致气候变暖的两种重要途径。本书在DICE-2013R模型基础上引入森林保护控制变量及其成本函数，分四种情景考察了节能减排与森林保护相结合的综合减排效果，得出以下结论：

首先，节能减排与森林保护两种应对气候变化途径的有机结合，有利于降低应对气候变化总成本（气候变化损害和总减排成本），可在一定程度上缓解实质性减排压力，为节能减排技术的研发争取时间。两种减排途径的搭配将使得总碳排放峰值有所下降，工业碳排放峰值有所上升，且后者略高于前者。

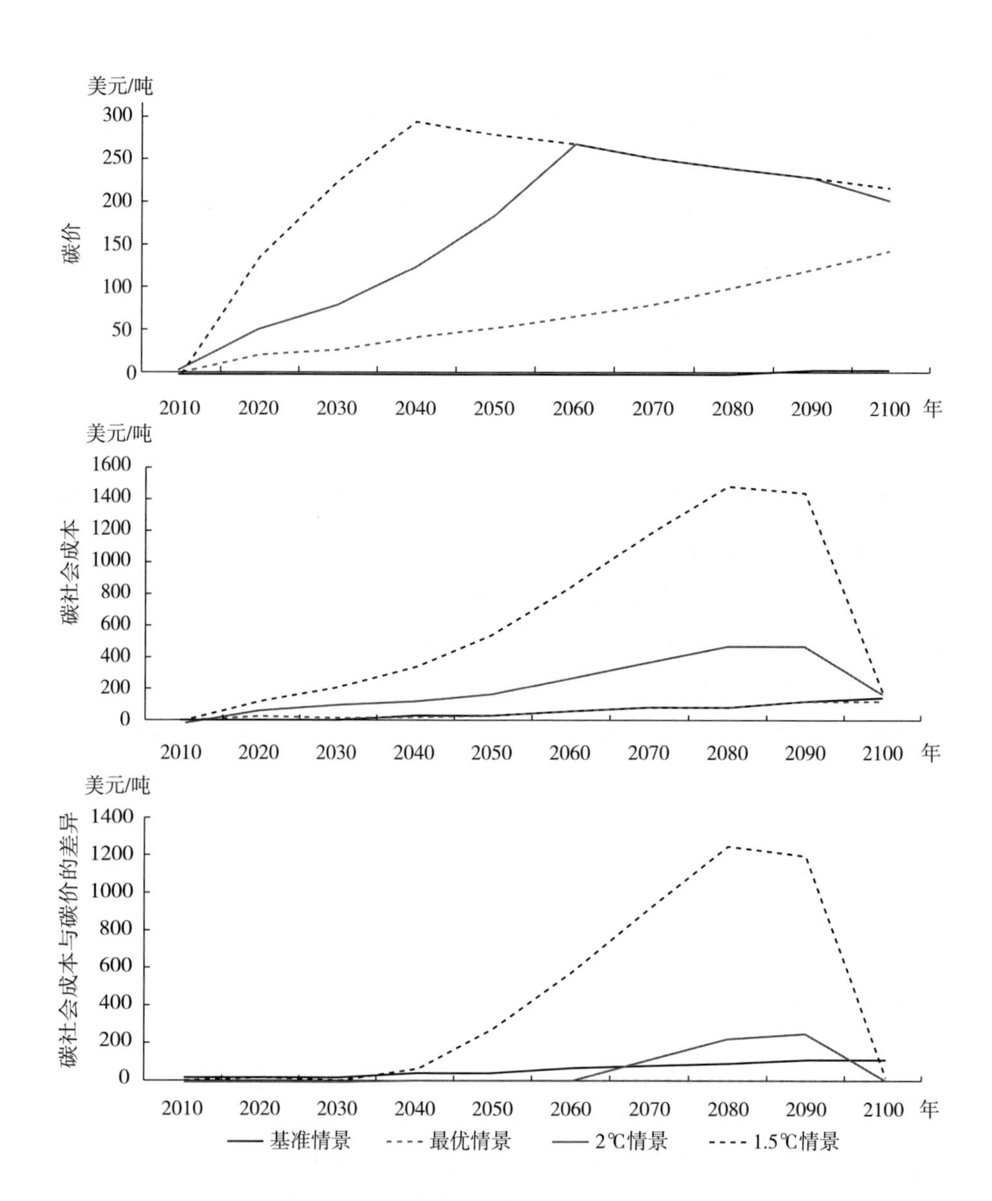

图7－4　综合减排下的碳价及碳社会成本

（资料来源：笔者整理所得）

其次，应合理规划节能减排与森林保护减排增汇二者的比例，以实现总减排成本最小化。模拟结果显示，适度温和的节能减排水平和森林保护水平的组合使得最优情景减排成本较低而社会福利最大；而1.5℃温控情景要求政策实施初期即实现土地利用变化净汇清除，减排难度非常大，气候变化损害净现值较之单一直接减排情形不降反增。

最后，因气候系统发展惯性，《巴黎协定》提出的1.5℃目标实现成本非常高，但森林保护和节能减排的配套将使1.5℃目标由原来的成本无效率转变为成本有效率，尽管净收益非常少。考虑森林保护对气候变化潜在贡献后，《巴黎协定》2℃和1.5℃温控目标的碳社会成本显著下降，碳社会成本与碳价之间的差异趋于缩小，气候政策的效率有所提高。

7.4 林业碳汇市场化生态补偿的案例分析

7.4.1 林业碳汇项目的供给与需求博弈

通常来说，林业碳汇项目主要涉及控排企业、林业碳汇项目业主和林农三个参与主体（见图7－5）。项目业主与林农就林业碳汇供给签订合同，控排企业与项目业主就林业碳汇需求达成协议。接下来，本课题分别从林业碳汇供给和需求两方面对林业碳汇项目进行博弈分析，以考察影响林业碳汇项目供给与需求的因素。

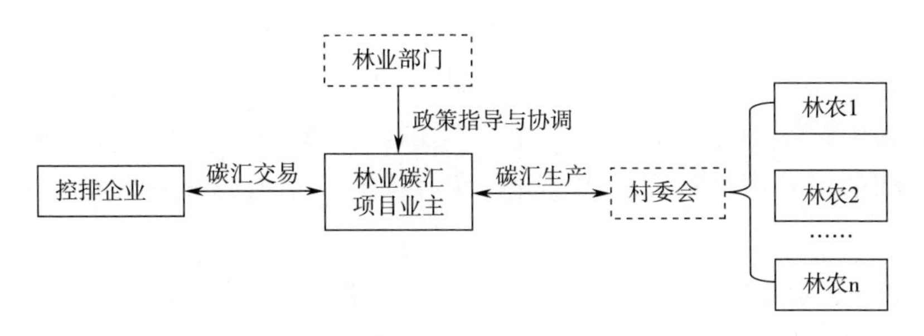

图7－5 林业碳汇项目涉及的主要参与方

（资料来源：笔者整理所得）

7.4.1.1 林业碳汇供给的委托—代理分析

借鉴郭彬（2005）和余光英（2010）的委托—代理模型，并将之运用到林业碳汇项目供给博弈分析上。在林业碳汇项目中，项目业主是委托方，林农是代理方，项目业主希望林农能够积极发展碳汇林业。但是，由于林业碳汇具有很强的外部性和准公共产品属性，因此在无政策扶持的前提下，林农不会主动选择从事碳汇林业的生产。为简便起见，假定不考虑监督成本。如何设计契约或激励相容的机制，以促使林农主动采取行动、积极发展碳汇林业，增加林业碳汇项目的供给？

假定林农为风险规避者，林农从事碳汇林业生产的意愿或努力程度用 γ 表示，同时也可以看作林农从事碳汇林业生产所获得的收益。林农进行碳汇林业生产具有很强的外部性，其社会收益远远大于私人收益。这个社会收益 Ω 同时取决于林农的努力程度 γ 和外生随机扰动因子 θ（即外部环境的不稳定，如森林火灾和病虫害等导致的碳逆转，或者日照和雨水充足等带来的森林蓄积量大幅增加）。假定 θ 服从正态分布，均值等于零，方差等于 σ_θ^2。假定林农从事碳汇林业所获得的社会效益 $\Omega = \gamma + \theta$。

假定委托人项目业主属于风险中性者（假定项目业主是在政府部门支持下实施项目，实际代表政府部门利益，因此风险中性假设和通常情况下政府的职能相符），若林农从事碳汇林业生产，项目业主给予林农的补贴满足：$s(\Omega) = \alpha + \beta\Omega$。其中，$\alpha$ 是委托人给林农的一次性补偿，无论林农从事碳汇林业生产的业绩如何，均不影响该补贴的获得与否。一旦林农从事碳汇林业，委托人就必须给林农一次性补贴 α 作为鼓励。β 表示林农分享的碳汇林业生产的社会效益份额，社会效益 Ω 每增加一单位，项目业主给林农的补贴相应提高 β 个单位，β 的取值范围在 0 和 1 之间。$\beta = 0$ 表示林农不曾获得其从事碳汇林业生产带来的正外部性补偿，$\beta = 1$ 表示林农从事碳汇林业生产的正外部性被完全内部化，所有社会效益均归林农所有（郭彬，2005）。

由于假定委托人是风险中性者，委托人的期望收入为：$E(\Omega - s(\Omega)) = E(\Omega) - E(s(\Omega)) = -\alpha + (1-\beta)\gamma$。由于林农是风险厌恶者，同时假定林农满足不变绝对风险规避，则林农获得的效用可以用 $U = -e^{-p\omega}$ 表示，其中 ρ 为风险规避因子，林农从事碳汇造林获得的货币收入为 ω。假定林农碳汇造林成本为 $c(\gamma), c'(\gamma) > 0, c''(\gamma) > 0$，碳汇造林成本满足边际成本递增规律，林农付出的努力程度越大，花费的代价也越高。为简便起见，假定 $c(\gamma) = b\gamma^2$，b 表示成本系数，b > 0，b 越大，相同的努力程度带来的成本越高。因此，林农实施碳汇造林的总收入为：$\omega = s(\Omega) - c(\gamma) = -\alpha + \beta(\gamma + \theta) - b\gamma^2$，期望效用为：$E(U) = -e^{-\rho[E(\omega) - 0.5\rho Var(\omega)]}$。由确定性等价收入的定义可知：$E(U)=U(CE)$（郭彬，2005；余光英，2010）。因此，林农的确定性收入 CE 可以表示为：$CE=E(\omega)-0.5\rho Var(\omega)=\alpha+\beta\gamma-0.5\rho\beta^2\sigma_\theta^2-b\gamma^2$，其中 $E(\omega)$ 为林农的期望收入，$0.5\rho\beta^2\sigma_\theta^2$ 可以看作林农的风险成本，当 β 取零时，不存在风险成本。

当存在信息不对称，或项目业主对林农的努力程度不便于直接观察或无法进行观察时，林农的行动可能会偏离项目业主的真实意图，进而损害项目业主的利益。为避免出现此类问题，需要设计一个既满足林农参与约束与激励相容约束又满足委托人利益最大化的契约，委托—代理模型可以较好地解决以上问题。式（7－102）表示项目业主效用最大化；式（7－103）表示林农的参与约束，如果林农从事碳汇林业生产，则其从项目业主处获得补贴后的期望效用至少应大于等于无补贴时获得的保留收入ϖ，否则林农缺乏参与动机；式（7－104）表示林农的激励约束，maxCE 表示林农参与碳汇林业项目可获得的最高的确定性等价收入。

$$\max_{\alpha,\beta,\gamma} -\alpha+(1-\beta)\gamma \tag{7-102}$$

$$\text{s. t. } CE=\alpha+\beta\gamma-0.5\rho\beta^2\sigma_\theta^2-b\gamma^2\geqslant\varpi \tag{7-103}$$

$$\max CE=\max E(\omega)-0.5\rho Var(\omega)=\alpha+\beta\gamma-0.5\rho\beta^2\sigma_\theta^2-b\gamma^2 \tag{7-104}$$

对式（7－104）取关于 γ 的一阶导数，可得

$$\gamma=\frac{\beta}{2\mathrm{b}} \tag{7-105}$$

式（7－105）表明，林农参与林业碳汇项目的努力程度取决于成本系数 b 和项目业主的社会收益补贴份额 β，与项目业主的一次性补贴 α 无关。当其他因素不变时，成本系数 b 越大，林农愿意付出的努力程度越低；分享的社会收益补贴份额 β 越大，林农参与碳汇造林项目的意愿越强。

作为委托人的项目业主利益最大化要同时满足参与约束和激励相容约束，将式（7－103）代表的参与约束代入项目业主利益最大化目标函数，对 β 求导可得

$$\beta=\frac{1}{1+2\mathrm{b}\rho\sigma_\theta^2} \tag{7-106}$$

式（7－106）表明，项目业主愿意付出的补贴份额 β 取决于林农成本

系数 b、林农的风险规避系数 ρ 和外界随机干扰因子 σ_θ^2。在维持其他因素不变的条件下，林农成本系数 b 越大，其碳汇造林成本就越高，所得到的社会收益补贴份额 β 越低；林农的风险规避程度或外界随机干扰越大，得到的社会效益分成越少。将式（7－106）代入式（7－105），可得

$$\gamma = \frac{1}{2b(1 + 2b\rho\sigma_\theta^2)} \tag{7-107}$$

即：林农的最终努力程度 γ 受成本系数 b、风险规避度 ρ 和外界随机干扰因子 σ_θ^2 的约束。这些约束越大，林农参与碳汇造林项目的动机越低。同时，林农的参与意愿和努力程度不受一次性转移支付 α 的影响。

由此可见，若在项目实施初期，项目业主明确告知林农项目的碳汇造林意图，并在合同中明确规定林农可参与碳汇交易收益分红，除给予林农一次性补贴外，还依据其净碳汇获得量按一定标准给予补贴，这样可以大大提高林农参与碳汇造林项目的积极性，有效激励林农管护好树林，以获得预期碳汇量。从式（7－105）可知，若委托人不事先告知林农项目的碳汇造林意图，以及不给予（或对合同中关于碳汇收益分红的条款模糊化）碳汇收益分红，将导致林农造林而不护林，达不到项目预估的净碳汇量。

7.4.1.2 林业碳汇需求的博弈分析

林业碳汇具有非排他性，不存在天然的碳汇需求方。林业碳汇需求是一种政策诱导型需求。由于林业碳汇的受益主体不明确，作为公众利益的代表，政府通过设置森林生态效益补偿基金、开征生态税（或补贴）等途径对林业碳汇给予适当补偿；也可以通过对碳排放市场进行总量控制，使碳汇成为稀缺产品，通过搭建交易平台，依靠市场机制实现林业碳汇的交易。

林业碳汇交易价格的确定与其成本、收益密切相关。参照张捷（2015）提出三类森林生态补偿标准（见表7－6），林业碳汇的交易价格可以依据生态公益林的造林抚育直接投入成本来确定，这是生态产品定价必须达到的底线，在直接成本基础上加上机会成本，则形成全成本定价，达到中等定价标准，而基于生态服务价值的定价则属于生态产品定价的高标准。由于森林生态服务功能的受益者难以界定，难以根据“谁受益、谁补偿”原则开展横向补偿，而各级政府可用于生态补偿的财力有限，如果基于森林的

生态服务价值定价，恐怕政府的支付能力有所不逮。根据土地合格性要求，碳汇造林项目必须为2005年以来的无林地，故可以将碳汇造林项目的机会成本视为零（冯亮明和肖友智，2008）。鉴于根据造林抚育的直接投入成本定价，不仅定价机制相对简单，而且也符合生态文明建设的基本要求，为保证碳汇造林再造林项目的可持续和可复制性，交易价格的确定至少应抵消植树造林和森林管护的直接投入成本，以避免削弱造林主体的积极性和能力。在此基础上，再依据中央和各省财政对生态公益林和碳汇林采取的"小步快走"逐步提升的补贴标准，进一步提高交易价格以弥补部分间接成本，向中级定价标准迈进。

表7-6　森林生态服务产品定价标准分类及其依据和特征

标准类别	依据	生态服务功能的特征	适用对象
底线标准：基于直接成本的定价法	造林抚育的直接投入成本	功能较为单一、受益者可确定，价值较容易量化	生态公益林等
中标准：基于全成本的定价法	直接成本、间接成本、机会成本之和	功能多元化、外部性强、受益者较难界定，价值较难量化	经济林转化的生态公益林等
高标准：基于服务价值的定价法	生态服务功能价值	功能多元化、外部性极强、受益者难确定、价值难量化	天然林水源涵养及生物多样性等

资料来源：参考张捷．广东省生态文明与低碳发展蓝皮书［R］．2015（238）．

自2003年我国开展林业碳汇项目相关工作以来，我国对国际林业清洁发展机制（CDM）的一系列认证程序已相对熟悉，而国内核证自愿减排量（Chinese Certified Emission Reduction，CCER）项目的方法学在很大程度上来源于CDM的方法学，在此假定林业CCER项目能够标准化执行。碳汇可监测和可计量是碳汇交易的前提条件，假定碳汇监测和计量的方法已规范化。

假定项目业主的总投资为R，市场利率为r。项目业主要么投资林业碳汇项目，从事林业碳汇生产，要么投资于其他产业以获得正常利润，此时投资回报率等于市场利率。即：项目业主有投资碳汇造林项目和不投资碳汇造林项目两种策略。若投资林业碳汇，可获得的林业碳汇净减排量为Q_s单位，可在碳市场进行交易以实现其价值。假定碳市场价格为P_e，投资于碳汇林业且在碳市场交易，可获得的净收益为$P_eQ_s - R - \overline{c_1} + S$，其中$\overline{c_1}$为项目业主须花费的交易成本（无论最终是否找到买家均须支付这笔费用），S 为政府部门给予的资金扶持和政策指导；若投资后找不到林业碳汇买家，将损失全部投资资本 R，但仍可以获得政府补贴 S；若不投资林业碳汇，则获得正常利润 rR。

假定控排企业按规定需减排单位 $\overline{Q}$ 的碳排放，减排可以通过企业自身节能减排和购买林业碳汇来完成，不存在其他的碳汇来源计入。林业碳汇和企业自主减排产生的碳减排量都是用来减缓和适应气候变暖的，它们是同质竞争的两种商品。控排企业消费哪种商品取决于成本，其目标是通过选择最优的自主节能减排量和林业碳汇量以实现总减排成本最小化。假定控排企业有购买部分林业碳汇以抵减超额排放和完全依靠自身减排两种策略选择。假设企业自主节能减排成本满足边际成本递增规律，令 $c(q) = \alpha q^2, c'(q) > 0, c''(q) > 0$。若控排企业不购买林业碳汇，完全依靠自身减排，则总成本为 $\alpha\overline{Q}^2$；若自主节能减排 Q_e 单位，同时购买 Q_s 单位林业碳汇以抵减超额排放（$\overline{Q} - Q_e = Q_s$），则总减排成本为 $\alpha Q_e^2 + P_eQ_s + \bar{c}$，其中 $\bar{c}$ 为林业碳汇交易成本。项目业主和控排企业博弈矩阵见图 7-6。

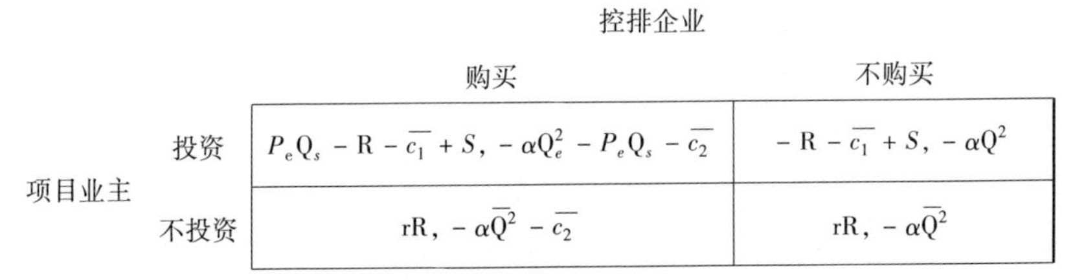

		控排企业：购买	控排企业：不购买
项目业主	投资	$P_eQ_s - R - \overline{c_1} + S, \ -\alpha Q_e^2 - P_eQ_s - \overline{c_2}$	$-R - \overline{c_1} + S, \ -\alpha Q^2$
	不投资	$rR, \ -\alpha\overline{Q}^2 - \overline{c_2}$	$rR, \ -\alpha\overline{Q}^2$

图 7-6 项目业主与控排企业的博弈矩阵

（资料来源：笔者整理所得）

由博弈矩阵可知，要使（投资、购买）成为博弈均衡结果，则

$$P_eQ_s > (1+r)R + \overline{c_1} - S \tag{7-108}$$

即，项目业主愿意投资碳汇造林项目的前提条件是碳汇价格必须高于单位碳汇成本。

$$P_eQ_s + \overline{c_2} < \alpha\overline{Q}^2 - \alpha Q_e^2 \tag{7-109}$$

同时，购买林业碳汇的成本（$P_eQ_s + \overline{c_2}$）应低于 Q_s 单位减排量由企业自主节能减排实现所花费的成本（$\alpha\overline{Q}^2 - \alpha Q_e^2$）。

由此可见，林业碳汇的交易价格应同时满足：既可以弥补项目业主单位碳汇成本，又不高于企业自主节能减排成本，否则交易无法达成。

$$\frac{(1+r)R+\overline{c_1}-S}{Q_s}<P_e<\frac{\alpha\overline{Q}^2-\alpha Q_e^2-\bar{c}}{Q_s} \qquad (7-110)$$

7.4.2 案例一：广东长隆碳汇造林项目

7.4.2.1 项目介绍

为推动广东省林业碳汇项目减排量的开发和自愿碳减排交易，为开发林业碳汇项目积累经验和提供参考，广东翠峰园林绿化有限公司（以下简称“翠峰园林”）在省林业厅和中国绿色碳汇基金会广东碳汇基金的支持下，于2011年1月起在梅州市五华县转水镇、华城镇，兴宁市径南镇、永和镇、叶塘镇，河源市紫金县附城镇、黄塘镇、柏埔镇，东源县义合镇等广东省东部欠发达的宜林荒山地区实施碳汇造林项目，实际完成造林面积1.3万亩。其中，梅州市五华县4000亩、兴宁市4000亩、河源市紫金县3000亩、东源县2000亩。为避免产权纠纷，造林地均采用集体林地，签署的碳汇造林三方协议明确了广东翠峰园林绿化有限公司负责项目资金投入和建设，并享有碳汇处置权利；兴宁市、东源县、紫金县和五华县林业局负责碳汇造林的组织工作；各村村委会负责提供符合碳汇造林条件的林地，并做好林木管护工作，享有林木所有权。林地上所有产出归林农所有，但规定一定期限内不能进行砍伐。林农获得土地租金，项目还计划将部分碳汇交易收入分配给林农，剩余部分作为森林抚育金。

由于该项目的资本金来源于广东长隆集团有限公司对中国绿色碳汇基金会的1000万元捐款，故项目被命名为“广东长隆碳汇造林项目”（以下简称“长隆项目”）。广东省林业厅为项目提供政策指导和协调服务，中国绿色碳汇基金会等提供资助和技术服务，依据国家发改委备案的《碳汇造林项目方法学》（AR－CM－001－V01）进行开发。长隆项目边界内的土地为退化的低生产力的荒地。树木和非树木的植被覆盖度在过去几十年一直呈下降趋势，主要原因在于土地退化和水土流失。另外，由于与邻近的林地距离较远，因此能传播到项目地上的种源很少，实地调查表明不可能发生树木的天然更新。因此，将项目区长期保持当前的宜林荒山荒地状态作为项目的基准线情景。基准线情景下20年计入期内碳汇量共计1.9409万吨

CO_2e。项目根据保守性原则，忽略枯死木、枯落物、土壤有机碳和木产品碳库，仅选择地上生物量和地下生物量作为主要碳库。此外，基于成本有效性原则，在基线情景和项目情景均不计量、监测灌木碳储量变化量，将灌木碳储量变化量设定为0。

长隆项目于2014年3月30日通过了中环联合（北京）认证中心有限公司（CEC）的独立审定。项目计入期为20年，从2011年1月1日至2030年12月31日，将产生减排量（项目减排量等于项目碳汇量与基线碳汇量之差）34.7292万吨CO_2e，年均减排量1.7365万吨CO_2e。整个项目期内预估的年减排量增长曲线呈倒U形（如图7－7所示）。

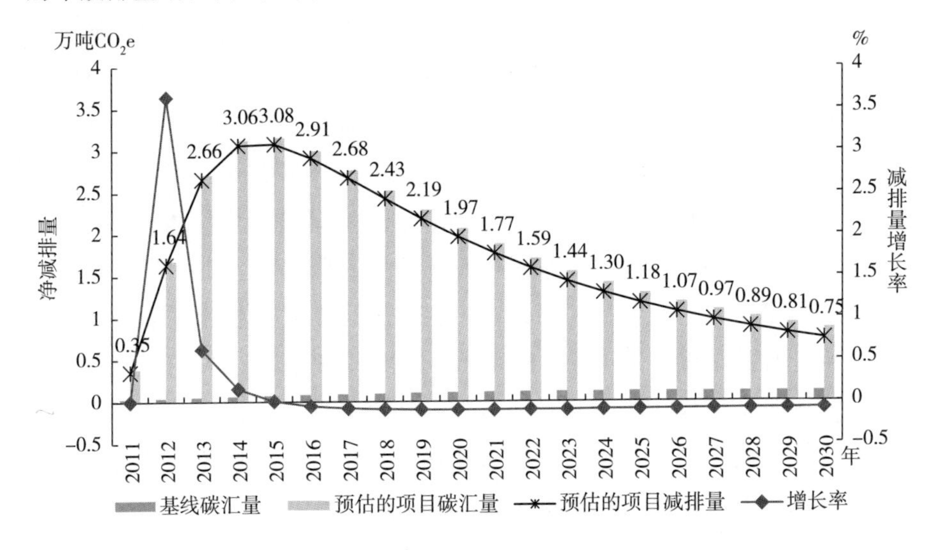

图7－7　长隆项目20年计入期内基线碳汇量与预估的项目减排量增长趋势线

（数据来源：《广东长隆碳汇造林项目审定报告》）

经过长达四个月的努力，长隆项目最终于2014年7月21日获得国家发改委的审核与备案，成为国内首个可用于碳市场履约的中国林业温室气体自愿减排项目。10个月后，长隆项目首期（监测期为2011年1月1日至2014年12月31日，共1461天）减排量获得国家发改委签发，首期实际碳汇净减排量为0.5208万吨CO_2e。随后，该笔减排量由广东粤电环保有限公司（以下简称“粤电集团”）以20元/吨的价格购买，实现了国内碳市场上首单控排企业购买林业CCER用于履约的交易。长隆项目涉及的主要参与方见图 7 -8。

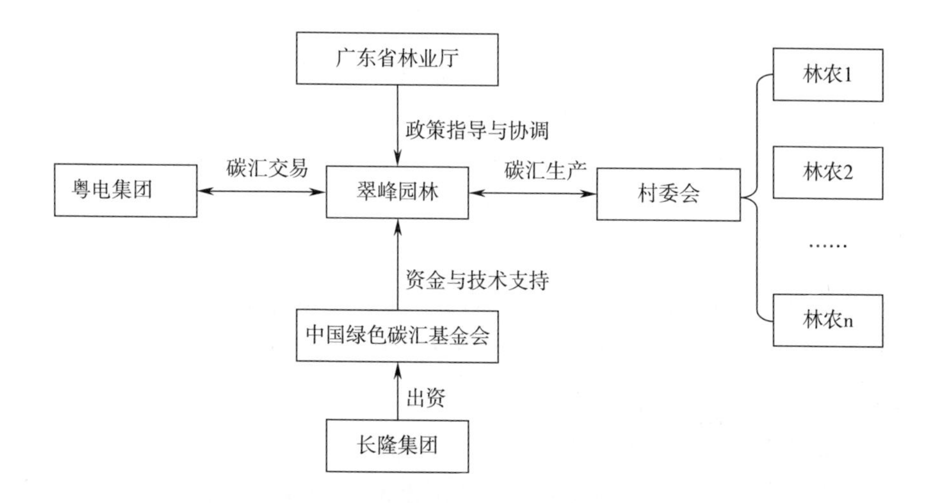

图 7 -8　长隆项目涉及的主要参与方

（资料来源：笔者整理所得）

广东长隆碳汇造林项目是国家发改委备案签发的第一个中国林业 CCER 项目，发挥了林业碳汇参与减缓和应对气候变化的示范和带动效应。通过总结长隆项目的经验与不足，有助于提高碳汇造林项目的可行性和可推广性，使得碳汇造林与碳汇交易成为应对气候变化，以及通过生态服务市场化补偿机制撬动生态功能区绿色发展的重要杠杆。

7. 4. 2. 2　成本与收益分析

为考察长隆项目是否具备可持续性和可复制性，接下来对其进行成本收益分析（见表 7 -7）。就成本而言，项目的直接投入成本来自五个方面：土地租金、造林成本、抚育成本、计量监测成本及核证成本。为避免产权纠纷，长隆项目造林地均采用集体林地，林地归村集体所有，使用权归林农，林农获得土地租金和林地的所有产出（还可分享部分碳汇交易收入）。土地租金大约 40 ~ 50 元每亩每年，其中桉树林仅 10 元每亩每年。按平均 30 元每亩的地租来算，1. 3 万亩土地 20 年的租金成本约为 780 万元。此租金就目前来看已非常低廉，今后将很难以如此低的租金获得造林土地。就造林成本而言，造林密度每亩 74 株，实际造林面积 1. 3 万亩，按 700 元每亩计算，造林成本大约为 910 万元。而造林要真正见成效，需连续抚育三年以上，包括除草、松土、施肥、灌溉、排水等工作，按三年150元每亩计算，抚育成本至少需要195万元。除此之外，项目20年计入期内需进行五次碳汇计量监测工作，分别为2012年、2015年、2020年、2025年和2030年，主要由广东省林业调查规划院实施，按内部成本价20万元每次计算，整个项目计量监测成本至少需要100万元。此外，项目监测期减排量在报送国家发改委备案前，需经中环联合（北京）认证中心有限公司核证，核证费用大约为10万元每次，整个项目计入期内所需核证成本大约为50万元。除上述项目直接投入成本外，一个林业碳汇CCER项目成功备案并获得减排量签发，还需经过国家发改委的审核批准过程。由于国家发改委审核批准要求严格，项目组成员需为此项目多次往返于广东和北京，签批交易成本不可小觑（因预算中并未设此专项经费，故该笔费用未作成本统计）。从上述成本支出来看，整个长隆项目大约花费2035万元的直接投入成本。按直接投入成本加部分间接成本定价法，该笔碳汇交易价格至少应为60元每吨，以维持生态建设的可持续性。

然而，受经济新常态下国内经济下行以及国际碳市低迷的影响，该项目首期减排量仅以20元每吨的价格成交。按此市价计算，整个项目计入期产生的34.7万吨净碳汇量仅获得694.6万元的碳汇交易收入，而项目直接投入成本至少为2035万元。长隆项目碳汇交易收益仅仅能弥补前期开发投入和后期监测、计量、核证成本，造林抚育成本和机会成本未得到相应补偿。若没有长隆集团1000万元的捐款和广东省林业厅400元每亩的碳汇林补贴的支撑，该项目无疑在经济上不可行。由此可见，林业碳汇的商业价值被严重低估，项目业主难以收回前期成本。为避免影响林农碳汇造林的积极性，该项目首期交易价格并未对外公布。然而，除了碳汇收入外，林农还将获得木材收入。通常造林再造林项目和森林经营碳汇项目实施期限内不允许进行森林砍伐，但项目期结束后砍伐与否不受限制。由于木材用于制作家具或建筑材料等木制品后，使用寿命较长，项目实施过程中吸收固定的碳绝大部分被长期保存在木制品中。因此，实施造林再造林项目和森林经营碳汇项目不影响林农木材收益的获得。按现行木材价格500元每立方米计算，20年后将产生约14万立方米的木材，实现约7000万元的木材纯收入（剔除了砍伐成本）。森林除了提供木材、固碳释氧外，还具备净化空气、改善水质、涵养水源等多种生态服务功能。据广东省林业厅和林业科学规划院估算，长隆项目将实现平均 5000 元每亩每年的生态服务功能价值，按 20 年计入期计算，将产生价值 13 亿元的生态效益，但这些生态效益无法转化为现金流。尽管生态效益价值巨大，但单就长隆项目的碳汇造林收支情况来看，若无政府财政扶持，该项目无疑不具备经济上的可持续性和可复制性，投资、购买的均衡无法自发实现。

表 7－7　　广东长隆碳汇造林项目成本与收益

成本	收益
1. 土地租金：	1. 已经实现的收益
30 元/亩 ×13000 亩 ×20 年 =780 万元	碳汇收益：
2. 造林成本：	34.7292 万吨 ×20 元/吨 =694.584 万元
700 元/亩 ×13000 亩 =910 万元	
3. 抚育成本：	2. 未来可能实现的收益
150 元/亩 ×13000 亩 =195 万元	木材纯收入：
4. 计量监测成本：	500 元/立方米 ×14 万立方米 =7000 万元
20 万元/次 ×5 次 =100 万元	
5. 核证成本：	3. 无法实现的收益
10 万元/次 ×5 次 =50 万元	生态效益：
以上直接投入成本合计：2035 万元	5000 元/亩 ×20 年 ×13000 亩 =13 亿元

资料来源：笔者整理所得。

7.4.2.3　存在的问题

作为全国第一个实现减排量签发的中国林业 CCER，长隆项目发挥了林业参与减缓和应对气候变化的示范和带动效应。但由于林业碳汇 CCER 还处于探索期，也不可避免地存在诸多问题，具体体现在以下方面。

首先，从项目林业碳汇供给来看，签署的碳汇造林三方协议中明确了广东翠峰园林公司享有碳汇处置权，林业碳汇产权主体并非林农本身。在签订协议时，为节约谈判成本，项目方先是与作为林农代表的村委会进行前期谈判，在签署租用林地协议时，才让林地实际产权人林农参与，且为避免纠纷，项目方并未明确告知林农造林的真实目的为增汇。碳汇造林协议本质上属于土地租赁协议，林农仅获得土地租金。但与通常意义上的土地租赁协议有所不同的是，除碳汇外林地所有的产出仍归林农所有，林农享有除碳汇以外的林地产出的处置权，但该处置权受到一定限制（比如项目期内采伐权受限）。项目在设计之初计划除留存部分碳汇交易收益作为森林抚育金外，剩余部分分配给林农以激励林农管护好项目区森林。但是，与村委会签订碳汇造林合同时却并未将林农分享部分碳汇交易收益的条款明确写入合同，林农对碳汇造林意图和碳汇收益分享毫不知情，仅将之视为普通的土地租赁合同，在进行森林经营决策时仅考虑土地租金和林产品收益，未将碳汇交易收益纳入预期。

由林业碳汇项目供给的委托—代理模型可知，若项目业主不事先告知林农项目的碳汇造林意图，且林农不参与碳汇交易收益分红，将导致林农造林而不护林，达不到项目预估的减排量。如图 7 －9 所示，长隆项目第一监测期实际减排量为 0.5208 万吨 CO_2e，仅为备案的项目设计文件中预估的第一监测期内温室气体减排量 7.7113 万吨 CO_2e 的 6.75%，第一监测期（四年内）实际总减排量还不到造林第一年预估的减排量的两倍。因林农仅获得一次性资金补偿（即土地租金），从事碳汇造林项目的主观意愿和付出的努力程度非常低，对造林和抚育重视不够，管理不到位，所种树木成活

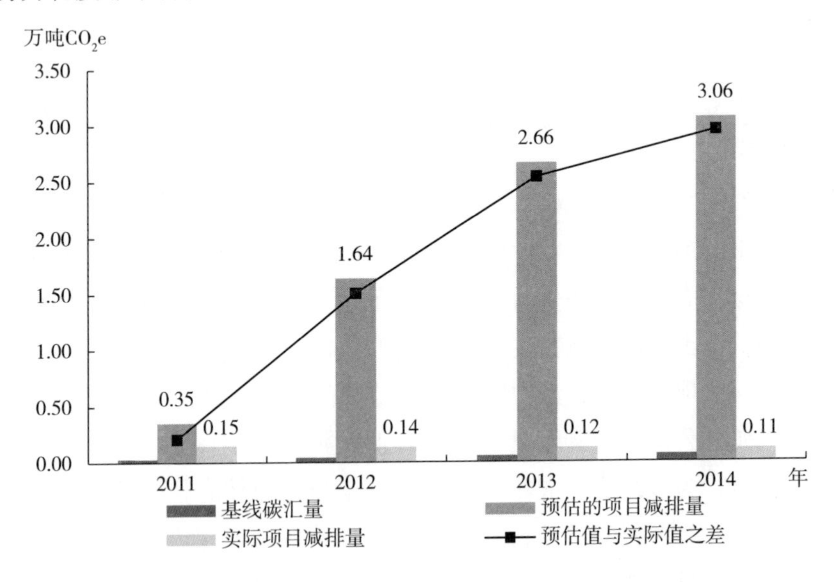

图 7 －9　长隆项目第一监测期预估减排量与实际减排量比较

（数据来源：《广东长隆碳汇造林项目监测报告》《广东长隆碳汇造林项目核证报告》）

率低，生长缓慢。导致这一差距的深层原因仍在于产权问题，林业碳汇CCER对林地的主体要求比较严格，在林地租用上，长隆项目为避免产权纠纷，造林地均租用集体林地，但这些林地实际上都已确权承包给了林农。实际的造林主体为林业部门而非林农本身，林农不具备碳汇交易收益所有权，难以充分激发林农的碳汇造林积极性。

其次，CCER要求项目业主必须为企业法人，因此广东省林业厅选择了广东翠峰园林公司作为项目业主，在长隆集团资金支持的前提下开展造林和再造林项目。翠峰园林公司于2004年成立，是一家中小型企业，无论资金实力、业界影响力还是人才和技术都不可能独立承担这样一个复杂的项目。如果没有省林业厅以及林业厅下属的专业机构（如广东省林业调查规划院和广东省林业科学研究院等）的全力支持，长隆项目的成功是不可能的。仅以林地租用为例，广东省集体林权制度改革后这些林地经营权实际上都已确权给了林农，林地经营主体分散化，单位经营规模显著减少。长隆项目为避免产权纠纷选用村集体林地，为节约时间和成本，由作为林农代表的村委会先与项目业主进行前期沟通协调，在最终签署租用林地协议时林地实际产权人林农才参与进来。如果没有当地林业部门和基层政府的协助，一家企业根本不可能与成百上千户林农谈判并达成使用权转让的协议。

自长隆项目之后，广东一直没有第二单林业CCER获得签发。由此可见，如何设计一套激励相容的机制，广泛吸收民间资本投身碳汇造林事业，充分挖掘各类独立法人（如专业合作社）和个人（如林农）的增汇潜力，是提高林业碳汇有效供给的一个重要课题。

7.4.3　案例二：韶关市始兴县基于林农的林业碳汇项目

广东省韶关市林业资源丰富。作为广东的“生态屏障”，韶关被选为广东省第一批碳普惠制试点城市之一。始兴县是韶关市林业碳普惠的试点县，有林面积约254万亩，约占始兴县总面积的四分之三，森林覆盖率高达76.6%，活立木蓄积量1221.7万立方米，年生长量达35万立方米。与广州市、东莞市、河源市、中山市、惠州市五个试点城市侧重于低碳（公交等）出行、节约水电等居民消费领域不同，韶关市结合当地林业优势，将林业碳汇补偿激励作为发展的主线，将林业生态优势转化为经济优势，实现增加林农收入，可持续脱贫和生态环境保护等多重目标。

7.4.3.1 项目介绍

针对广东省集体林权制度改革后林农有着越来越多的森林经营权和林地使用权，探索林农参与林业碳汇项目和碳汇交易的方法和途径，充分激发林农从事碳汇林业积极性，对加强广东省的森林经营管理水平、促进广东省绿色低碳发展进程，提高林业碳汇基础平台建设水平和公众意识起到重要的作用。在这种背景下，广东省林业科学研究院周平教授及其团队选择在该省韶关市始兴县开展基于林农的林业碳汇项目试点，以更好地推动基于林农的林业碳汇计量监测和管理体系的建立，探讨小规模的森林经营和新造林策略，引导农民走生态、经济和社会三种效益相互协调的可持续森林经营道路，并促进各方力量及资本更好地融入林业生态经营（以下简称“始兴项目”）。

始兴县属于国家级重点生态功能区，林业等生态资源丰富，但经济较为落后。主体功能区战略的实施，限制了始兴县开发强度，将生态优势转化为经济优势成为始兴县区未来的发展重心。由于当地的工业化、城镇化开发受到限制，经济增长动力不足，必然会影响到地区居民的收入和社会福利，进而影响他们保护生态环境的积极性。针对始兴县森林资源丰富的优势，在始兴县开展林业碳汇项目，有利于将当地生态碳汇转化为经济利益，同时实现林农增收和生态环境改善的双重目标。为吸取长隆项目因实际造林主体和碳汇产权主体非林农本身，没有真正调动林农从事林业碳汇积极性的经验教训，2016 年初广东省林业科学研究院在始兴县选取了 10 位林农（均未获得 800 元每亩的碳汇造林省级财政补贴）共计 606 亩林地开展基于林农的林业碳汇项目研究，并分别为每家林农编写了项目设计文件（PDD）。项目林地分布在城区与深山老林之间的过渡区域，森林经营受人类活动干扰较为强烈，通过实施项目可以较大程度提高森林质量。十家林农中仅一家依据《碳汇造林项目方法学》执行，其余九家林农的项目 PDD 均按照《森林经营碳汇项目方法学》执行。

始兴项目以林农为实际碳汇产权主体，有利于充分激发林农生态文明建设的动力，促进林农增收和生态环境的改善。碳汇交易后获得的收入通

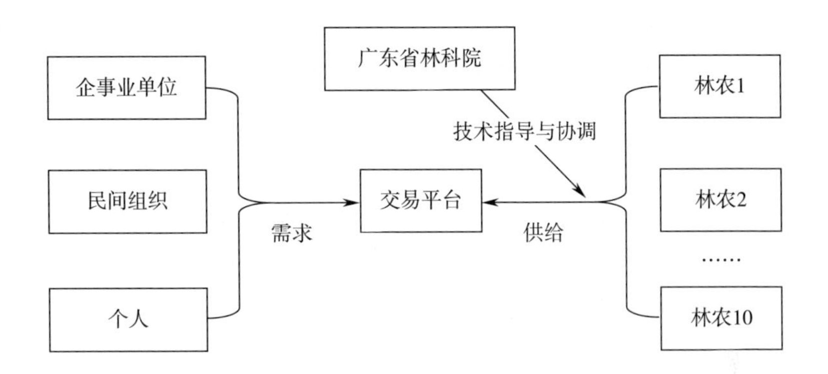

图 7-10　始兴项目涉及的主要参与方

（资料来源：笔者整理所得）

过部分或全部弥补营造林投入，有利于提高林农碳汇造林的积极性。与此同时，广东省集体林权制度改革使得林地分散化，可用于大面积造林的林地不多。始兴项目是对林改后小规模林地参与碳汇造林和森林经营碳汇项目的探索，具有示范和带动效应，有利于引导林农走可持续森林经营道路，同时实现可持续发展和民生改善。

7.4.3.2　创新之处

始兴项目的主要创新在于碳汇产权归属问题。单个林农作为项目业主，成为实际碳汇造林主体，碳汇交易收益归林农所有。林业部门和林科院仅提供技术指导与协调，帮助每一户林农规划整个项目期内的森林抚育、间伐等活动以最大限度提高森林经营水平，协助林农熟练掌握项目开发流程，熟悉审批流程，精确计量每一位林农项目期内可实现的碳汇减排量并从多个渠道打通林业碳汇的需求，但不参与碳汇交易收益分红。每一位林农都十分清楚项目的碳汇意图，对技术要求和整个流程都很清楚，对碳汇交易收入具有十分清晰且稳定的预期。从式（7-105）可知，分享的社会收益补贴份额β越大，林农参与碳汇造林项目的意愿越强，愿意付出的努力程度越大。始兴县基于林农的林业碳汇项目通过碳汇产权创新，促使林农真正将碳汇交易收益纳入森林经营决策，增加森林管护投入，延迟轮伐期，优化了森林经营模式，从“要我种树”真正转变为“我要种树”，从事碳汇林业的积极性被极大地激发，既有利于实现林农增收，又能促进生态环境的改善，可谓一举两得。

表 7－8　　　　长隆项目与始兴项目的比较

比较	长隆项目	始兴项目
项目业主	翠峰园林公司（属于企业法人）	林农（属于自然人）
是否按 CCER 方法学开发	是	否（不满足项目面积最低门槛要求）
林地权属	村集体所有，与林农签订土地租用协议，享有土地使用权	村集体所有，林农享有林地经营权
林产品权属	归林农所有	归林农所有
碳汇权属	归翠峰园林公司所有	归林农所有
实际造林主体	林业部门	林农
林农是否知晓项目碳汇意图	否	是
能否作为 CCERs 进入碳市场	是	否
能否作为 PHCERs 进入碳市场	否	是

资料来源：笔者整理所得。

相比之下，长隆项目主要依据国家发改委备案的《碳汇造林项目方法学》（AR－CM－001－V01）进行开发。CCER 方法学要求项目用地至少不低于5000 亩，且项目业主必须为企业法人。作为“第一个吃螃蟹的人”，长隆项目主要通过省、市、县等部门协调，获得一大片林地的使用权。签订土地租用协议时主要与村委会打交道，而非与成千上万的林农直接进行沟通以节约时间和成本。实际造林主体为林业部门，而非林农本身，项目的实际实施则主要是通过行政力量实现的，林农则对项目的碳汇意图不明了，对碳汇造林技术、开发流程都不是很清楚，对于如何将“绿水青山”转化为“金山银山”概念模糊。由于林农并未将碳汇交易收益分红纳入森林经营决策，在签订土地租用协议后，林农仍维持原有的粗放型森林经营模式，管护积极性很差，林农还处于“要我种树”的被动地位。这直接导致了树木增长缓慢，第一监测期实际碳汇减排量远低于项目预估的减排量。

7.5　林业碳汇市场化生态补偿的机制设计

我国森林资源丰富，人工林面积居世界第一位，森林碳汇潜力非常大。从碳排放结构来看，能源消费是我国主要排放源，工业部门节能减排是完成我国减排目标的关键所在。通过优化能源消费结构，改进生产技术，实现工业部门实质性减排是一个渐进的过程，现阶段节能减排面临艰巨的挑战。尽管我国已将林业碳汇纳入碳市场，但现行碳试点市场林业碳汇补充抵减机制对冲抵比例、林业 CCER 开发时间、地域等进行了严格限制，虽有利于促进实质性减排，但减排成本高昂，且抑制了森林碳汇优势的发挥。由于资金不足，要实现到 2030 年增加 45 亿立方米左右的森林蓄积量的任务也相当艰巨。基于市场化生态补偿的视角，将林业碳汇纳入碳市场配额管理，通过市场途径将工业节能减排与发展森林碳汇二者连接起来，既有利于实现低成本节能减排，又可更大程度发挥我国森林碳汇优势，实现森林“双增”目标，促进生态环境的改善。

7.5.1　林业纳入碳市场配额管理的机制设计

本书认为应同时从碳排放权交易体系下林业碳汇的需求侧和供给侧着手改革：就需求侧而言，适度收紧碳排放配额的发放量，并将林业碳汇由冲抵机制改为配额管理，为林业碳汇带来更多的需求；就供给侧而言，要结合林业碳普惠制度，降低碳汇项目进入门槛，将项目申报主体和交易主体放宽到独立法人和自然人，着力培育大型林业企业，广泛吸收民间资本开展碳汇造林项目。

7.5.1.1　碳市场配额发放

由于碳排放权自身没有价值内涵，碳价的形成取决于稀缺程度。碳排放权交易体系发挥低成本节能减排作用的前提是保证配额的绝对稀缺性。碳市场配额总量过于宽松将导致碳交易不活跃，缺乏买方需求；配额过紧则可能导致碳价过高，成本过快转嫁到消费者头上，增加抵制情绪。我国 2017 年起试行全国性统一碳市场，参与碳市场交易的企业均是碳排放大户，承担了较高的排放标准和责任。在碳交易的试点阶段，为了确保控排企业能顺利履约，政府不得不设置较为宽松的配额分配，导致碳价持续低迷，林业碳汇补充抵减机制基本形同虚设，生态碳汇优势未得以发挥。而在建立全国性统一碳市场阶段，为避免配额发放过多而导致碳价下行、企业丧失减排动力、缺乏对林业碳汇的接纳能力，政府应当适当收紧配额数量，确保碳市场相对稳定运行，实现碳价逐年提高和林业碳汇需求稳步提升的长期目标。

7.5.1.2 将林业纳入碳市场配额管理

我国的林业碳汇政策及其交易机制建设虽然取得一定进展，但林业碳汇在应对气候变化方面的作用尚未得到彰显。为充分发挥森林在生态文明建设中的主体作用，政府应制定相应政策，增加全社会对森林碳汇的需求。由于我国人工林丰富，碳汇潜力巨大，林业是我国主要的汇清除部门，且在国民经济中地位较为重要，这一点与新西兰类似；而我国能源消费是主要碳排放源，能源部门实质性减排对完成节能减排目标至关重要，这一点又与澳大利亚类似。我国目前采取的林业碳汇冲抵机制类似于澳大利亚，虽有利于实质性减排，但减排成本较高，且不利于我国发挥作为世界第一人工林大国的碳汇比较优势，生态效益相对较低。此外，林业碳汇 CCER 项目业主仅限于企业法人，参与主体较少，林农受益面非常窄，林业碳汇交易对林农增收的带动作用微弱。

结合林业碳汇参与碳排放权交易的新西兰模式与澳大利亚模式的适用条件、借鉴其成功经验与教训，并结合我国碳排放结构和林情，笔者认为应对上述两种模式进行适度借鉴，设计出既有利于促进我国实质性减排，又有利于最大限度发挥我国人工林碳汇优势的林业碳汇参与碳排放权交易市场的机制。实质性减排步伐过快容易导致类似于澳大利亚的减排成本过快转嫁到居民头上，家庭生活成本攀升的风险（曾以禹等，2013），而过度依赖林业碳汇减排，又容易导致通过技术改造进行实质性减排的动力不足。因此，在完成国家减排目标过程中，实质性减排与发挥森林碳汇优势两个方面均应兼顾，两个层面协同推进。

由于森林不仅具有巨大的碳汇功能，还有可能面临碳逆转的风险，其所吸收固定的二氧化碳可能因过度采伐与毁林等人为因素、森林火灾与病虫害等自然灾害，重新被释放到大气中。因此，保护森林，控制森林碳排放，与造林、再造林，增加森林碳汇，两者均应兼顾。由于 2005 年是我国制定节能减排目标的参照年，《碳汇造林项目方法学》、碳交易试点对林业碳汇的相关规定均以 2005 年 2 月 16 日为时间节点，故可以以 2005 年 2 月 16 日为基准线，将我国森林划分为“2005 年之前的森林”和“2005 年之后的森林”，采取不同的方式将森林碳排放与碳汇纳入碳市场，以同时达到保护森林、增加碳汇、低成本节能减排的目的。

“2005年之前的森林”指2005年2月16日前属于林地，至2017年全国性统一碳市场建成时仍保有林地的地区。属于天然林的，由于碳汇已处于稳定状态，且处于多部森林保护法律法规的管辖范围，主要由森林生态补偿基金进行补偿，不纳入碳市场。属于人工林的，若申领时已发生毁林且毁林面积较大，则强制纳入碳市场，不仅不能获得免费配额，还须购买相应的配额以补偿毁林导致的排放；若申领时未发生毁林的，可自愿申请一次性免费配额（或资金）补偿，但申领后要对毁林导致的碳排放负责。由于我国土地归国家和集体所有，从林权归属来看，2005年之前的森林参与者主要为租地经营者。对2005年之前的森林给予一次性配额（或资金）补偿，可以为森林经营者提供保护现有森林的动力，减少毁林排放。

“2005年之后的森林”指2005年2月16日前不属于林地，或在2005年2月16日前属于林地，但2005年2月16日至2017年遭受毁林（或土地用途由林地转为非林地）的地区。对于2005年后森林，主要关心造林主体是谁以及森林碳汇的归属问题，参与者为林地经营权持有者或林地租赁者。森林参与者可自愿选择是否参加碳市场，加入碳市场后可获得免费配额，但须承担相应的义务。为避免出现类似新西兰的过度依赖林业碳汇减排，忽视实质性减排的后果，对符合条件的2005年后森林项目，建议在过渡期对免费配额申领设置一定上限，以兼顾实质性减排和森林碳汇优势的发挥。过渡期后，随着实质性减排潜力的逐渐耗尽，直接减排成本急剧攀升，这时可逐步放开2005年后森林项目免费配额申领比例，充分发挥森林固碳优势，以更低成本完成减排目标，减少对经济发展的负面冲击。

通过对2005年前的森林给予一次性配额（或资金）补偿，以保护现有森林，减少毁林排放；对2005年后的森林直接纳入碳市场配额管理，并逐步放开申领免费配额的上限，可以打破现阶段林业碳汇补充抵减机制下林业碳汇CCER与有偿分配配额之间的直接竞争关系，增加对林业碳汇的有效需求，减轻工业实质性减排的压力。同时，可以规避集体林权制度改革后产权分散、CCER开发流程烦琐、交易成本较高、价格低迷等不利因素。

7.5.1.3 依据国情区情设计差异化政策组合

对于我国这样一个地区差异巨大的大国来说，可以结合国情和区情设计差异化的政策组合。例如，对于处于工业化中期阶段、重化工业发达的地区（如山西、内蒙古、河北），节能减排空间大，工业减排无疑应占绝对主导地位，同时这些地区由于缺水（降雨量低），发展林业碳汇的成本很高。而南方尤其东南沿海，雨量和气候决定发展林业碳汇的成本低，而这些地区有些已经进入以服务业为主导的后工业化阶段，工业节能减排的空间小、边际成本高。全国建立统一碳市场后，可以对不同地区分配不同的配额组合以及林业碳汇在配额组合中的最低比例（类似于清洁能源占发电量的强制比例制度）。这样，北方的高成本地区就可能向南方的低成本地区购买林业碳汇，实现全社会减排成本最小化和社会福利最大化。

7.5.1.4 推行林业碳普惠制

应充分挖掘各类微观主体的增汇潜力。如果说需求侧侧重于强调政府的政策引导和投资，供给侧改革则更加突出发挥微观主体的活力。我国林业产业的各类微观主体拥有巨大的增汇潜力。因集体林权制度改革而获得更多林地经营权的林农、林工商一体化经营企业，生态旅游企业，包括近几年涌现的新经营主体，如各种专业合作社、联盟组织等，在供给侧改革时代将发挥巨大的主观能动性。建议国家将林业碳汇项目申报主体和交易主体放宽到独立法人（如专业合作社）和个人，而不仅仅局限于企业法人。与此同时，降低林业碳汇项目的规模门槛，引入众筹、众扶等新模式，广泛吸收民间资本投身碳汇造林事业，并在政府的指导下成立碳汇协会，将零散的林农集合起来，以提高抗风险能力（自然灾害、交易风险等）和筹融资能力，充分调动蕴藏在林农中的宝贵的生态文明建设动力，增加林业碳汇的有效供给。

现阶段的低碳政策主要关注生产过程的减排行为，鲜少涉及公众生活、居民消费等领域。虽然生产部门节能减排成效显著，社会节能减排却呈现动力不足的局面，低碳社会的实现需要全体民众的广泛参与。特别是我国人口众多，城镇化仍处在发展进程中，更应当通过碳信用交易大力普及低碳环保意识、奖励低碳行为，惩罚破坏环境的恶习，实现碳交易的广泛性和公益性。广东省在全国首创的碳普惠制，是一种以市场机制促进市民和小微企业等主体碳减排行为普遍受益的激励制度（靳国良，2014）。在广东省韶关市试点的林业碳普惠激励制度更是结合当地优势，将发展林业碳汇作为主线。广东省发布的《2016 年度碳排放配额分配实施方案》还首次将碳普惠制试点地区产生的林业碳汇减排量纳入本省控排企业碳市场履约的选择范围，有利于促进低成本高效率减排，实现高能耗、高排放地区和行业对经济落后的生态功能区的市场化长效生态补偿。2017 年我国建成了全国性统一碳市场，建议借鉴广东林业碳普惠制成功经验与教训，在全国范围内推行林业碳普惠制。对于购买森林碳汇的个人和组织实行可兑换有奖励的碳汇积分制，通过将林业碳普惠制平台与碳市场对接，允许使用碳普惠制产生的林业碳汇减排量抵扣控排企业和单位的超额排放，将创造森林碳汇与全民低碳行动联系起来，以加强企业的社会责任感，提高公民的环境意识，唤醒全社会对森林碳汇的有效需求。

7.5.1.5　建立纳入小型林业碳汇的以中小型企业为主的地方性碳市场

迄今为止，无论是基于庇古理论的节能目标责任制，还是基于科斯定理的碳排放权交易试点，其实施对象为高耗能、高排放企业，仅有少数大型企业（国有企业占多数）在机制覆盖范围内，广大的中小型企业尤其是民营企业在应对气候变化行动中的作用被忽视。考虑到大型企业资金、技术雄厚，规模经济效应明显，其减排成本远远低于中小型企业。在以大企业为主的技术节能和结构节能阶段告一段落以后，以中小型企业和家庭社区为主的社会节能阶段将登场。过去一味依赖廉价要素参与市场竞争的大量中小型企业，在今后需要采取清洁生产方式，通过在企业内部建立起有效的节能减排管理系统，实现企业管理节能，促进我国碳排放峰值的跨越。然而，这些主体由于缺乏规模经济和资金技术，自主减排成本相对较高，而通过购买林业碳汇来完成节能减排目标，可以进一步降低减排成本。届时，林业碳汇交易与碳普惠制的发展时机才会真正来临。考虑到中小型企业与家庭属于地方主体，因此可以在全国性碳市场之外，建立以中小型企业为主的地方性碳市场，把小型林业碳汇纳入地方碳市场（如创建碳汇“银行”，发行碳汇票据），通过简化手续和降低签发层级来降低交易成本，形成多层次、多元化的碳交易和碳金融体系，促进低碳社会的早日建成。

7.5.2 减排成本最小化约束下我国工业节能减排与发展森林碳汇的优化路线图

工业节能减排与发展森林碳汇二者的有机结合可以形成低成本节能、降碳、增汇的良性循环，实现气候政策的优化。本节从减排成本最小化的视角为工业节能减排与发展森林碳汇的有机结合制定合理的发展路线图。

在工业化初期（S1 阶段），从农业经济向工业经济转变，社会生产的动力由人力和畜力转为燃烧化石能源所产生的热力和电力，因工业化提高了生活质量，所带来的人口增长也增加了对能源的消耗。但这个时期的经济发展基本属于高投入、高污染、低产出的粗放型经济增长模式，对能源消费浪费严重。若通过节约能源、提高能源利用率的方式进行减排，边际节能减排成本相对较低，甚至还可能获得减排收益。与此同时，在该阶段由于农业生产率很低且林产品经济价值不高，人口规模的膨胀及由此产生的巨大粮食需求使得大量林业用地转变为非林业用地，毁林开荒和森林退化等粗放型资源利用方式导致森林碳汇供给量锐减，森林碳排放持续增加。此时，若投资碳汇林业，由于碳汇林业的长生长周期特性使得初期投资成本较高，边际碳汇生产成本高于减少能源浪费带来的直接减排成本的增加。因此，这一阶段应将工业部门直接减排作为减缓和应对气候变化的重点领域。同时，为了引导林农对碳汇林业发展前景形成良好预期，可允许少量林业碳汇（如 5% ~10%）纳入碳市场配额管理。通过树立价格信号，引导林农在森林经营过程中重视森林抚育和保护，以期在未来获得可观的碳汇收益。

当工业化在一个社会基本普及以后，机器动力从蒸汽机到内燃机再到电动机，各种层出不穷的科技进步推动能源效率不断提高，能源强度趋于下降，于是碳排放强度跨越峰值进入了工业化中期阶段（S2 阶段）。在这一阶段，经济发展进入了重化工业化和加速城镇化的阶段，经济高速增长所带来碳排放总量的迅速增加抵消了技术节能和结构节能的影响，使得碳排放在人均和总量上都继续攀升。即在工业化中期阶段，经济的快速增长和以工业为主导的产业结构是碳排放增长的主要驱动因素。此外，若国家采取出口导向型经济发展模式，其产品生产主要面向庞大的国际市场，则能源回弹效应将非常大，回弹效应可能使 S2 阶段进一步被延长。在 S2 阶段，纠正扭曲的要素价格，完善经济、环境、社会发展的综合考核指标体系，培育鼓励创新与研发的政策环境与制度，经济发展方式由出口导向型向内需驱动型转变等措施的执行成本非常高，从而推动边际节能减排成本进一步攀升，林业碳汇的成本优势逐渐凸显。因为在该阶段，科技进步提高了农业生产率，经济发展对资源消耗的依赖程度有所下降，环境治理和低效农业用地的退耕还林使得森林面积和森林碳汇供给开始增加，森林得以恢复和增长。由于在 S2 阶段，生产部门能源消耗导致的碳排放仍然是主要排放源，因而在该阶段减缓和应对气候变化的重点领域仍为工业部门，但可适当放宽林业碳汇的纳入比例（如提高至 20%）以减轻工业部门减排的抵触情绪，促进减排任务的顺利完成。与此同时，通过市场途径补贴碳汇林业的发展可以更快实现森林资源的恢复和发展。

当低碳技术得到普及，尤其是当产业结构开始加速“软化”（服务化），经济增长速度也开始放缓时，这时主要依靠技术节能和结构节能驱动的人均碳排放量就会越过峰值而进入工业化后期阶段（S3 阶段）。由于低碳技术进步进入一个“高原”阶段，产业结构的软化也进入了尾声，能源结构通过优化也形成了相对合理的比例，低碳发展的动力机制将由技术节能和结构节能向管理节能转换，节能减排的主体也由大型企业向中小型企业扩散。由于中小型企业在资金、技术上远不及大型企业，规模经济不明显，边际节能减排成本较之上一阶段更高，林业碳汇的低成本减排优势日益受到青睐。此时，可进一步提高林业碳汇纳入碳市场配额管理的比例（如 50%），对碳汇生产提供补贴，对碳汇交易提供前期申报和后期监测、核证等费用的减免，鼓励植树造林和森林精细化管理，为碳汇林业的发展提供良好的政策环境。与此同时，更多的林业碳汇进入碳市场，大大降低了中小型企业减排成本，削弱了减排目标对经济发展的负面冲击。

随着碳税的征收和碳交易市场的建立，企业的低碳管理体系逐步建立和健全，管理节能的边际收益也将趋于收敛，于是碳排放总量跨越峰值进入后工业化阶段（S4 阶段）。此时，节能减碳的驱动主体将由中小型企业向社区、学校、家庭等社会层面扩散，由生产者深入到消费者，即一个国家或地区真正进入低碳社会或者生态文明社会。由于家庭、社区等小微主体

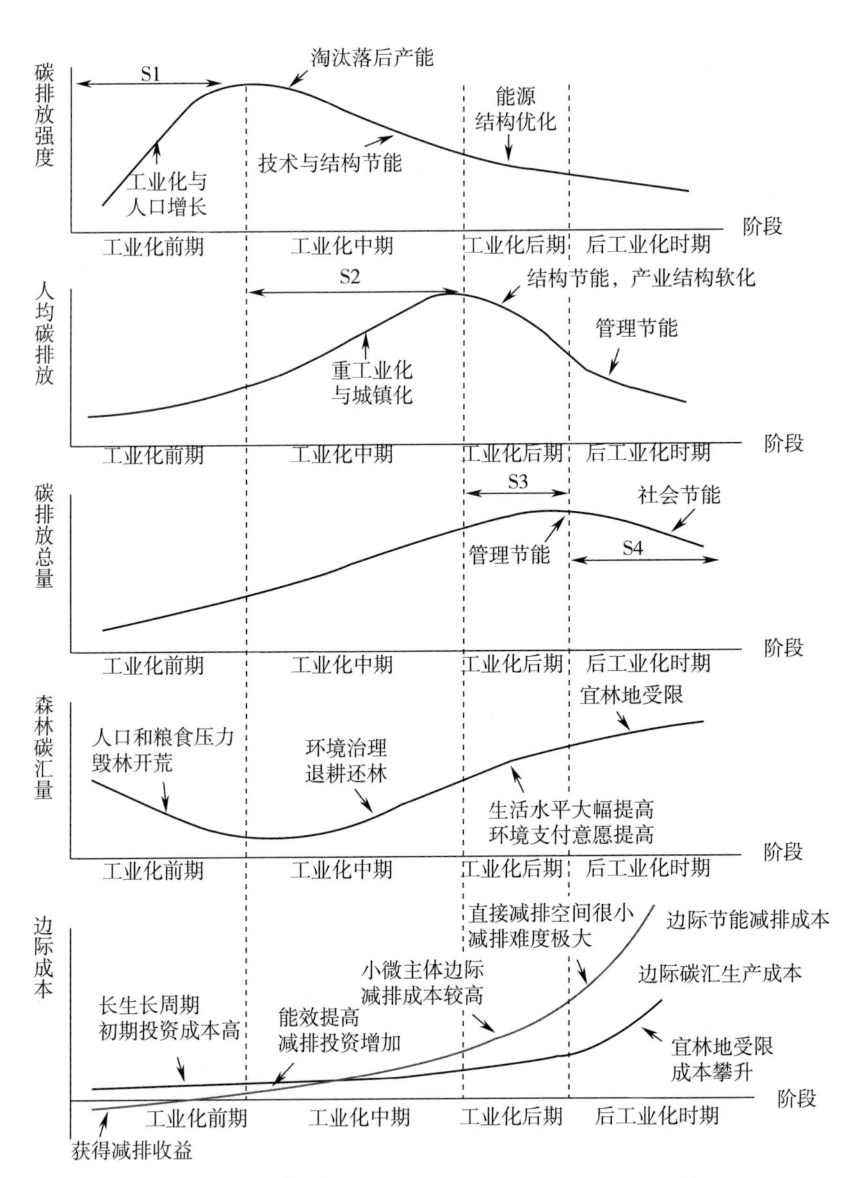

图7－11　我国经济发展与碳排放、森林碳汇关系的演化进程

（资料来源：英国外交部中国繁荣基金项目（SPF）“对‘十二五’期间低碳政策的评估并对‘十三五’低碳政策进行规划——广东低碳政策的科学制定与绩效评估”（主持人：张捷；编号：PPYCHN1105（LC14））的季度报告（分报告二）：《广东省低碳发展政策体系的现状、绩效与未来方向》，2013，10；张捷．广东省生态文明与低碳发展蓝皮书［M］．广州：广东人民出版社，2015）

较为分散，节能减排潜力已非常有限，边际节能减排成本曲线非常陡峭。与此同时，随着居民收入水平进一步提高，人口非农化、城镇化进程接近尾声，居民的消费偏好发生改变，为获得良好、舒适的环境的支付意愿得以提高，森林进城围城工程大规模展开，国家增加对碳汇林补贴等，这些因素使得森林碳汇供给进一步提高。然而，一个国家或地区的宜林地毕竟是有限的，随着时间推移，可造林地接近饱和，森林面积趋于稳定。通过植树造林、扩大森林面积的方式增汇，其潜力越来越小，碳汇造林边际成本大幅提高。相反，通过森林精细化管理、林分改造等途径来提高森林质量以增汇，这方面的潜力还非常大。因此，整体而言，林业碳汇间接减排成本小于直接减排成本。在后工业化阶段，应将林业碳汇作为减缓和适应气候变化的重点领域，通过完全放开林业碳汇的准入，为森林经营碳汇项目提供生产补贴和税费减免，充分发挥林业碳汇应对气候变化的成本优势，在最大限度降低减排成本的同时，促进生态环境的改善（见图7－11）。

第8章
社区主导型市场化生态补偿机制研究
——基于“制度拼凑”与“资源拼凑”的视角

进入21世纪以来，伴随着生态文明建设和主体功能区规划的推进，生态补偿在中国环境政策体系中的重要性日益凸显。2016年5月，国务院在《关于健全生态保护补偿机制的意见》中，提出研究建立生态环境损害赔偿、生态产品市场交易与生态保护补偿协同推进的新机制。2018年底，自然资源部、国家发改委等9部门联合印发《建立市场化、多元化生态保护补偿机制行动计划》，提出了推进我国市场化、多元化生态保护补偿机制的路线图。该文件指出我国生态保护补偿机制虽然取得了初步成效，但还存在企业和社会公众参与度不高，生态服务供给不足等矛盾和问题，亟须建立政府主导、企业和社会参与、市场化运作、可持续的生态保护补偿机制。在国外，社区是实行市场化生态补偿的重要乃至发挥主导作用的主体，但在我国，社区作用乏善可陈。那么，社区在建立市场化生态补偿机制的过程中应当扮演什么角色？除了处理好社区与政府的关系外，社区和市场的关系究竟是兼容的还是排斥的？本章围绕构建社区主导型市场化生态补偿机制过程中如何缓解社区规范与市场机制的矛盾问题，通过创建理论框架，考察中外典型案例，探索适合中国国情的解决方案。

8.1　基本概念与文献述评

8.1.1　生态服务购买（PES）及其社会背景

国外解决生态保护外部性的市场化工具主要有两类，一类是生态系统服务市场，包括排污权交易、碳排放权交易、水权交易等有形的集中交易市场，另一类是生态系统服务付费（Payments for Ecosystem Services，PES）。PES主要是基于受益者付费原则，通过特定生态服务的用户或代表与生态服务的提供者（保护者）之间的谈判，达成对后者保护活动给予补偿的协议。由于交易市场对法律、规则等要求很高，在我国尚处于起步阶段。而PES对于法律、产权、规则和监测体系等要求相对较低、更加灵活多样，适合于解决地方性的生态环境外部性问题（Farley 和 Costanza，2010），近年来不仅在国外得到迅速发展，在中国也正初露端倪。

PES的概念最初建立在科斯定理的基础上，被定义为以最有效的方式基于市场实现环境保护的环境政策工具（Engel等，2008；Pagiola等，2005）。最有效是指在成本约束下产出最大的社会价值，PES要实现的目标是环境质量、自然资本保护和成本效益，其理念是“生态系统服务可以被纳入市场，并与任何其他商品一样开展交易”（Farley 和 Costanza，2010）。然而，科斯范式的PES方式很难在实践中推广（Muradian等，2005）。除了交易成本难以降低外，一个重要原因是科斯范式交易只考虑效率而忽略公平（Pascual等，2010；Kosoy 和 Corbera，2010）。Kosoy（2007）对拉丁美洲的案例研究表明，社会价值观往往超越货币支付的诱惑，使得许多不同类型的主体拒绝参与PES，其中社区生态服务提供者拒绝参与的比例最高。但也有研究者认为，公平与效率的结合是可能的（Pascual等，2010）。Adhikari等（2013）指出在设计PES时应当认真考虑当地利益相关者的背景、诉求和观点，特别是将PES运用于发展中国家时，必须考虑财富分配、集体产权、弱的法律和执法机制等问题。Wunder（2013）强调，PES的适用性在于“坚持公平的重要性和多样性的制度背景”。从发展角度来看，发展中国家的PES应当包括减贫、原住民赋权、社区自治等社会目标，谨慎处理好生态服务供应者与受益人之间的关系（Swallow等，2009）。

8.1.2　农村社区与生态服务购买（PES）

绝大多数生态系统服务产自于自然系统共生的农村社区，从人类进入农业社会以来，就逐渐形成了以农村社区为主导的自然资源管理机制（Community - Based Natural Resource Management，CBNRM）。当然，CBNRM

是建立在社会习俗而非成文法基础上的。PES 的出现则是工业社会为了遏制生态环境恶化，通过在城乡之间分摊生态系统保护成本，让城市居民向农村居民购买合格生态服务的一种制度安排。但外部性使生态服务不同于农产品，它的供给离不开农村社区对生态系统的保护，离不开农村居民的集体行动。

Nelson 等（2016）研究了拉美地区 40 个 PES 案例的特征和绩效关系，结果表明：从空间尺度来看，60% 的 PES 发生在当地社区，发生在范围更大的区域层面的比例为 30%，仅有 10% 的案例发生在国家层面；而国家层面 PES 的成功率为零，区域层面为 58%，社区层面的成功率则高达 67%。这表明：PES 在生态关联和社会关系密切且交易成本较低的社区层面开展，具有更高的成功概率。这是因为与僵化的官僚体制相比，社区具有关于生态系统的信息优势，可能采取更加灵活多样、因地制宜的行动来满足生态保护和社区发展的双重目标（Brown，1991；Crona 和 Paker，2012）。

8.1.3 生态服务购买（PES）与社区自然资源管理（CBNRM）

虽然在社区层面实施 PES 具有更大成功概率，但是一般来说，农村社区无论在规模上，还是在专业知识和资源上均十分有限，缺乏独立设计和实施 PES 项目的能力。因此，大量社区和区域层面的 PES 项目需要委托具有更大规模、多种融资来源和专业知识的 NGO 或 NPO（如环保组织和社会企业等）来设计和实施，这类连接自上而下的政府和农村社区的第三方中介发挥着承上启下的“桥梁组织”（Bridging Organizations）作用，是生态补偿市场化和多元化的一个重要结构元素（Brown，1991；Crona 和 Paker，2012）。不过，具有专业知识和融资来源的外部 NGO 进入社区实施 PES 项目，将面临一个重大挑战——如何获得地方合法性（Local Legitimacy），即得到当地居民的认同乃至积极参与项目的问题（Molden 等，2017）。在发展中国家，生态服务的提供者大多数居住于贫困地区，在生计上“靠山吃山，靠水吃水”，对当地自然资源的依赖性强。如果外来的 PES 项目限制社区对自然资源的开发利用，使当地居民的生计受到影响，则可能引起当地居民的抵制。PES 项目要在社区落地生根，需要设计出既能增加生态系统服务，又能改善农户生计，适应当地生态环境与社会发展的可持续解决方案

（Guerra，2016；Kaczan 等，2013）。而 PES 要设计出因地制宜的可行方案，引导农户参与环境保护，就必须处理好与 CBNRM 之间的关系，使遵从社区规范的资源管理内化为社区主导的生态服务付费（Community – Based Payment for Ecosystem Services，CBPES）。可以说，CBPES 与 CBNRM 这两种机制能否实现耦合协调，是 PES 项目取得成功的关键因素。

8.2　基本假设与基本条件

8.2.1　基本假设与经验事实

社区对自然资源的管理方式是社区主导型生态服务付费成败的关键。基于此，笔者提出以下假设。

（1）单纯依靠社区自然资源管理（CBNRM）不可能满足 PES 的需求

社区主要基于集体产权和传统管理规范来解决自然资源过度使用的问题（“公地悲剧”）。但现实中社区的公共资源产权情况十分复杂，其产权束往往是被分割且边界模糊的。例如，所有权属于社区，使用权分解到个人，收益权既可以属于个人，又可以属于社区，也可以由社区与个人分享等，情况千差万别。在产权残缺的情况下，要社区完全依靠内部规范来保质保量地满足生态服务购买的需求不切实际，要满足社区外部对生态服务的需求，必须由外部利益相关者来设计、组织和实施 PES 项目。

（2）PES 与 CBNRM 之间存在着制度逻辑差异，不可能自发融合

在产权安排上，由于历史原因和社会习惯，在许多国家，社区的土地、森林、河流等自然资源属于共同财产（Common Property），伊利诺·奥斯特罗姆等（1994）称之为公共池塘资源（Common Pool Resources，CPR）。而 PES 是建立在科斯定理的产权明晰基础上的，科斯范式产权无疑是指排他的私人产权。[①] 在实施方式上，CBNRM 主要通过合作、信任、自我监督（Self – Monitoring）和社会制裁等社区共同规范（Shared Norms）来进行管理，形成对生态环境外部性的自愿治理（Voluntary Governance）（Cardenas

① 法律上的私人产权制度通常仅与个人有关，而与用户群体无关。

等，2004；Cardenas，2004；Prediger 等，2011）。而 PES 主要是一种经济激励机制，通过市场交易来实现，金钱和物质支付必不可少。

因此，虽然 CBNRM 和 PES 所涉及的对象都是社区的自然资源及其服务，但由于建立于不同的制度逻辑上，两者之间几乎不可能自发实现融合。

（3）制度逻辑差异带来的制度摩擦将使 PES 项目在社区落地遭遇困难

首先，当从社区外部引入 PES 项目时，货币支付对 CBNRM 的影响不确定，在社会规范深厚的社区，PES 可能产生负面影响。一些学者认为，社区环境治理受到社会规范的约束，PES 的经济激励反而会在环境保护动机上产生“挤出”效应（Crowd Out），减少人们的利他主义动机。Fisher 等（2015）、Neuteleers 和 Engelen（2015）实证研究了市场机制对环保动机的影响，结果显示，仅仅使用价格激励可能“挤出”人们对环保的积极态度，对于生态系统的长期保护可能产生潜在的负面影响。但也有文献认为，经济激励也可能对亲社会行为产生“挤入”效应（Bolle，2010）。价格机制可以通过市场评价来增强人们的自尊，提供一个规范的信号来表明环保行为是有价值的。虽然有人用博弈实验证明了后一种观点（Narloch 等，2012；Rodriguez 等，2008；Andersson 等，2018），但 PES 对社区环境治理究竟产生“挤出”效应还是“挤入”效应难以一概而论，需要就具体情况具体分析。

其次，当社区引入 PES 项目、且项目涉及的自然资源属于集体财产时，PES 的购买方是付款给保护者个人，还是付款给资源所属的社区，其效果可能完全不同。Kaczan 等（2017）的研究发现，PES 向社区集体付款的合约非常适合于社区公共土地使用权的制度背景，由于合约谈判不需要个人层面纷繁的信息，可以大大降低交易成本，同时还有利于增强合约对 ES 额外性的要求（以 ES 的整体额外性作为付款条件）。但是，PES 的“集体承包制”很容易产生“搭便车”问题，严重影响社区的合作规范和合约执行效率。Hayes 等（2015）探讨了公共土地产权背景下厄瓜多尔的 PES 计划如何与集体资源管理互动的案例，发现两者的共同特征使得参与 PES 项目的社区更有可能改变其土地使用规则，使社区规则更能适应 PES 的要求，但社区规则变更与付款水平之间没有关联。该文献认为社区特征可能会影响 PES 在公共环境中的有效性和公平性。文献指出，PES 与社区管理规则之间的矛盾可以找到化解办法，即在讨论 PES 计划时充分吸收社区成员的意见，同时在社区内部建立有效的集体协商机制。

（4）在特定条件下制度摩擦可以通过制度创新得以缓解

根据国外经验，PES 和 CBNRM 两种制度的摩擦并非必然导致 PES 项目的失败，在一定条件下，两者的矛盾可以通过行为主体之间在博弈过程中相互妥协并建构一种混合制度来得到缓解。作者称之为适应性制度创新（Adaptive Institutional Innovation），这种制度创新不同于单一主体推进的创新，它属于具有不同价值观的行为主体之间为了建立自适应的共同管理（Adaptive Co－Management）制度，而对制度规则进行讨价还价和相互妥协的交互式创新。适应性制度创新的目的是构建一种可以调和各种价值冲突、更具包容性和灵活性的秩序规范和管理体制，促使利益相关方由对立、被动和解转向相互支持，最终实现利益共享和风险共担（Parlee 和 Wiber，2014）。适应性制度创新的主要形式是制度拼凑，其特点是不同制度在部分解构基础上的重新融合，此外适应性制度创新还包括各种多主体发起的制度转型，例如由单一经营转为合伙人制度、由商业性企业转为合作制企业、由盈利企业转为社会企业等。

8.2.2　适应性制度创新的基本条件

经验事实表明，并非所有的制度摩擦都可以无条件得到化解，在哪些条件下 CBNRM 和 PES 之间的矛盾可以通过适应性制度创新得到缓解呢？

Agrawal（2001）总结了社区公共自然资源得以有效管理的六个主要特征：（1）资源规模小，利益相关者具有关于资源边界的良好知识；（2）小型的利益相关者集团，集团内具有共同规范和资源使用的相互依赖性；（3）资源用户和其他利益相关者越接近资源，越有利于获得成功；（4）制度规则必须是明确的，必须适当考虑当地社区的共同利益；（5）各种资源系统功能之间的重叠度越高，治理结构的效率越高；（6）了解和预测潜在的外部因素（例如技术，人口）变化，有助于建立更具弹性的管理规则。

这六个特征涉及适应性制度创新的三个基本条件：第一，社区拥有的自然资源具有清晰的产权边界，产权得到较好的保障；第二，资源的空间尺度和利益相关者都是小规模的，资源与使用者之间、使用者相互之间具有紧密的利益相关性，提高管理效率将产生共同利益；第三，生态系统服务功能相对收敛，弹性的管理规则能够较好适应外部环境的变化。以上三个条件中，产权清晰并得到保障是基础条件。没有这一条件，以产权交易为基础的 PES 将无法进入社区；对资源及其使用者的规模限制是成本条件，自然资源的空间尺度越大，使用者和受益者的界定越难，交易成本越高，PES 将无法实施；生态服务的功能收敛属于技术条件，单一功能容易监测和计量，有助于克服生态服务估值困难问题。

以上基本条件既是社区制度创新的前提，同时又是 CBNRM 和 PES 两种制度发生冲突的焦点。PES 的产权明晰往往要求社区对自然资源的集体产权转化为私人产权，这不仅会遭到社区抵制，而且可能违反国家的相关法律。社区对自然资源的管理越是封闭在小范围内越是有效的前提，与 PES 需要多渠道聚合资源，引入并整合投资、捐款、人才和知识贡献等外来资源的开放原则格格不入。Aldashev 等（2019）研究了由非政府组织（NGO）实施 PES 所遇到的是选择争取更多社区居民参与、还是更多获得外部资金赞助的悖论。为了调动社区参与 PES 的积极性，NGO 在设计 PES 时需要从项目中拨出资源保障社区居民的生计或者通过技术推广提高社区居民的收入。但是 NGO 的资金赞助者的核心目标是改善生态环境，对 NGO 将资源转用于社区生计并不感兴趣，它们希望把资源用在核心目标上，不断拓展 PES 项目。如此一来，NGO 将陷入顾此失彼的两难困境。

综上所述，PES 与社区自然资源管理可能面对着同一对象——社区所属的自然资源，两者的目标也大同小异，但两者的机制（制度逻辑和方法手段）却可能大相径庭。PES 倚重于价格机制和经济激励，社区治理则侧重于社会资本和道德规范。两者之间如何消弭分歧、求同存异、互补互融，是同时实现生态保护与乡村振兴的关键所在。

8.3 社区市场化生态补偿机制的理论框架

8.3.1 生态补偿的分类框架和多元化模式

为了深入考察生态补偿与社区资源管理的关系，笔者构建了一个基于双维度的生态补偿分类框架（参见2.2.2节，图2-2）。一个维度是生态服务（ES）所涉及的空间尺度。该维度顶端是大尺度、跨区域乃至跨国家的生态服务（如二氧化碳减排）；末端是小尺度、局限于小地域和社区的生态服务（如小水源地保护）。另一个维度是生态服务所涉及的外部性特征，其两端分别为私人外部性和公共外部性。私人外部性是指受生态服务外部性影响的对象集中且易于识别，利益相关方的产权边界明晰；公共外部性则相反，受生态外部性影响的对象分散且模糊，且生态服务的产权难以界定或者属于可以自由获取的公共资源。需要说明，以上两个维度反映的都是程度变化的连续谱系。

根据上述框架，可以划分出四种与主要特征相匹配的生态补偿模式。对于空间大尺度且具有很强公共外部性的生态服务，适宜于由国家作为全体用户的代表，采用庇古范式的财政转移支付方式；对于较大空间尺度但外部性对象明确的生态服务——如流域上游地区对下游地区的水生态服务，可以通过地方政府间的谈判达成横向生态补偿协议[①]，或者开展水权、排污权交易；如果ES的影响局限在小范围内，受影响对象明确且私人产权清晰，最优选择是采取科斯范式产权交易（PES）；但在一些社区，ES往往具有公共资源性质，社区规范使私人产权难以界定，在此情况下应当采取NGO加社区主导的生态补偿模式（CBPES）。

以上根据生态服务外部性的自然特征（影响空间尺度）和社会特征（受影响对象及产权特征）所划分的四种生态补偿模式，构成了多元化生态补偿的基本制度框架。同时，这四种生态补偿模式之间，有些具有相同或相似的筹资渠道和补偿主体。如纵向补偿和横向补偿的资金均来自政府财政，属于政府主导型的生态补偿；其他两种生态补偿的资金则主要来自民间，属于民间主导型的生态补偿。这些具有相同或相似元素的生态补偿模式之间在一定条件下可以互为补充、相互嵌入，理论上可以形成无限多样

---

① 地方政府之间的横向生态补偿在中国已经有较多案例，但在国外却十分鲜见。本书将其称为在政府内部市场（Governmental Internal Market）上的政府间生态服务购买（Inter - Governmental PES，IBPES）。

的混合型生态补偿模式①。不过，这些基本补偿模式之间在主要机制上存在各自的特征和区别：纵向补偿属于垂直的命令—控制型机制；横向补偿引入了地区政府间开展谈判的半市场化机制；科斯范式是典型的市场机制；社区主导型生态补偿则在社会规范的基础上嵌入了市场机制。需要强调的是，虽然相近的模式之间存在着互补性和可嵌入性，但不同机制的制度逻辑差异也可能使 PES 的混合治理（Hybrid Governance）发生激烈冲突，导致制度效率下降，基本目标难以实现。

在政府主导型的混合补偿（如横向生态补偿）模式中，利益和体制冲突可以通过行政干预加以解决。相比之下，民间主体之间的制度摩擦无法运用命令—控制手段，需要通过谈判、沟通、互动、分享，推动单一制度的解构和多元制度的重构过程。这一过程在社会人类学上被称为“制度拼凑”。对于大多数非正式制度根深蒂固的社区来说，要应对市场化的 PES 所带来的外部冲击，“制度拼凑”过程几乎不可避免。同时，对于许多想进入社区实施 PES 项目的外部 NGO 来说，完成制度拼凑既是获得本地合法性的必经门槛，同时也是汲取社区资源，实现外部与本地“资源拼凑”的基本条件。

8.3.2 社区主导型生态补偿与“制度拼凑”

“拼凑”（Bricolage）的概念由法国人类学家列维 - 斯特劳斯（Lévi - Strauss，1968）于 20 世纪 60 年代最早提出。他认为强调规划和形式主义的科学思维模式属于抽象认识论，而“拼凑”思维则强调对现有思维元素的重新解构和整合，从而创造出新的认识规则和手段。20 世纪 80 年代，解构主义思潮的代表雅克·德里达（Jacques Derrida，2004）将拼凑理论引入哲学领域，他发现既有的单元化的社会秩序总是不可避免地出现破裂，需要不断地进行修补，这种连续性的修补不是偶然的或意外发生的，而是本质的和系统的，他认为这种修补性的解构主义就是“拼凑”。其后，“拼凑”理论被陆续引入管理学、经济学尤其是企业创新研究领域，形成了“制度

① 例如，中国的跨省流域横向生态补偿，毫无例外都有中央政府加以推动和指导，除了上下游地方政府间的补偿以外，还有国家财政资金作为配套补偿。

拼凑”“资源拼凑”“组织拼凑”“创业拼凑”等多元化的研究视角。

近年来“拼凑”理论也被用于分析 PES 嵌入社区资源管理时双方的复杂变化过程。PES 项目的实施和成长与企业的创业创新过程非常相似。项目刚启动时，规模小，缺少必要的资源，现存的社区规范随时可能挑战项目的合法性，使项目面临夭折风险。为了应对挑战，PES 项目必须获取必要的本地资源。但由于在传统社区中，如果没有地方合法性，外来项目很难利用自身的信誉和社会资本来获得本地资源。因此 PES 必须借力打力，进行“制度拼凑”和“资源拼凑”，通过对手头的外部资源与社区现存的资源进行解构和重新整合，实现项目的落地和扎根。

可见，“制度拼凑”可以帮助 PES 项目取得合法性，缓解资源约束，利用社区资源实现一加一大于二的效果。同样，正如 Cleaver（2010）所指出，引进 PES 方案会冲击社区规范，社区行为主体也会有意无意地利用现存的社会规范来改造 PES 的制度安排以应对新挑战，由此产生的制度将是“现代”和“传统”、“正式”和“非正式”规则的混合体。Hiroe 等（2017）认为，PES 的引入作为一种新的制度会引起社区权利关系的变化，围绕社区规范产生合法性斗争，每个行为主体都会根据自己的利益和关于 PES 的制度偏好，力求在重组 PES 方案中体现自身的权利诉求，这会导致一个复杂的制度解构过程，并最终通过“制度拼凑”实现社区权利关系的再生产和补偿机制的本地化。Ojha 等（2016）通过对 5 个国家的 CBPES 案例研究，提出社区参与已经成为 PES 的关键战略，但社区参与在生计、权力下放和可持续性方面所取得的成果有限，这是因为政策制定者过度关注社区参与，而忽视了社区本身嵌入更广泛的社会系统的作用。Ojha 等（2016）使用布迪厄的社会场（Social Field）理论，提出了一个“社区去本地化”（Delocalization of Communities）的理论框架，认为本地社区只有与外界进行广泛互动，实现内外部资源的交换和整合，才能在迅速变化的社会背景下使 CB - PES 获得成功。

图 8 - 1 反映了具有不同行为主体和制度背景的生态补偿机制之间通过“制度拼凑”形成新的混合机制的过程，特别是传统社区资源管理与科斯范式 PES 之间通过 NGO 的介入最终形成社区主导型生态补偿机制（CBPES）的机理。作为适应性制度创新的一种形式，“制度拼凑”是一个主体之间双

向互动的过程。但是，双方的作用绝非平等，其中一方（在 CBPES 中是 NGO）拥有新制度潜在利益（制度租金）的知识，并愿意与对方分享该利益，是掌握着“制度拼凑”主动权的倡议者；另一方（如社区组织和农户）则属于“制度拼凑”的响应者。制度租金的存在是推动“制度拼凑”的核心动力，不同主体之间将围绕制度租金的分配展开博弈。博弈中倡议方往往首先向响应方承诺乃至显示新制度的利益，以换取响应方在产权制度、生产方式及资源交换上做出响应与改变；响应方在获利前景的引诱下，一方面会计算经济上的利弊，另一方面也会考虑改变原有生产方式对社会秩序和生活方式的长远影响，不愿为经济利益付出社会生活失序的严重代价。如果响应方提出保留产权结构（社区规则）的要求，而这种要求又无碍 PES 目标的实现，倡议方可能做出让步或者提出替代方案。通过讨价还价，在无损根本目标的情况下，双方最终可能达成权力平衡的折中协议，并在此基础上实现利益共享；或者同意就利益共享前景展开合作管理。以下通过三个典型案例对 CBPES 与 PES 的“制度拼凑”展开分析。

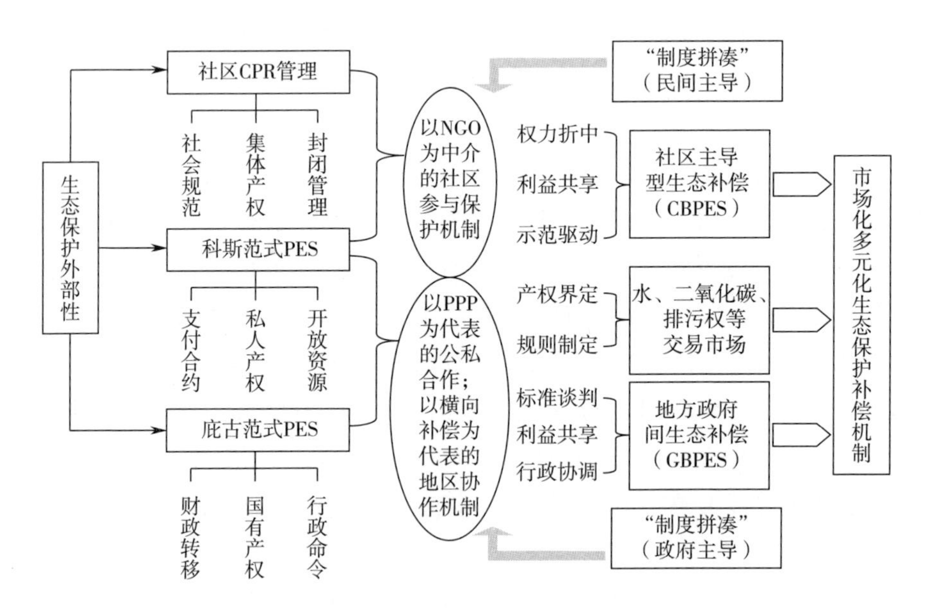

图 8-1 “制度拼凑”与市场化多元化生态补偿机制的形成

（资料来源：笔者整理所得）

8.4　案例分析

8.4.1　案例Ⅰ：权力折中——日本丰冈市生物多样性保护的“制度拼凑”①

东方白鹳（Oriental White Stork）是亚洲的珍稀候鸟，每年从西伯利亚南下日本列岛过冬。东方白鹳过去在日本并不罕见，但随着工业化和城市化的推进，东方白鹳的栖息环境日益恶化，数量骤减，到明治中期仅有濒临日本海的兵库县丰冈市还能见到此鸟，到1971年，丰冈对仅存的一只东方白鹳实施人工保护，宣告了该鸟在日本绝迹。20世纪90年代，又有少量东方白鹳来到丰冈，栖息在津居山湾畔的田结町H村。东方白鹳的生活习性十分独特，它以稻田中的鱼虾、螃蟹、田螺、蝌蚪青蛙等水生生物为主要食物，属于大食量的食肉鸟类。为了吸引和保护东方白鹳，丰冈市政府农林水产课拨出专款，委托当地的NGO东方白鹳保护组织WACOW一起制订了东方白鹳保护补偿方案。方案的核心目标是推行有利于东方白鹳生长的水稻种植方式：（1）采用有机肥料，少施乃至不施化肥和农药；（2）实行新的水管理，改变过去插秧前灌水的方法，从冬季或初春就提前在田中蓄水，并根据季节调整水位，为水生生物的繁殖生长创造条件；（3）在水田中开挖沟渠，作为鱼类产卵和游动的通道；（4）在田里施放米糠和堆肥，以促进微生物的生长等。经过试验和专业机构的论证，新的稻作方式成效显著，稻田里的水生生物种类和数量大幅增加，为东方白鹳营造了适宜的生长环境，东方白鹳的数量也因此逐年增加，这些都证明该方案在技术上是可行的。然而，新的稻作方式增加了农户的生产成本和管理成本，必须给予农户相应补偿。PES项目组设计了三种补偿方式：一是现金补偿；二是协助社区开展生态旅游；三是创立生态标签，把按照新种植方式生产的大

① 案例资料来源：（1）2015年3月8—11日，暨南大学资源环境与可持续发展研究所与兵库县立大学环境经济研究所在日本丰冈共同举办的环境经济研讨会上从丰冈市农林水产课等日方机构获得的文字和讨论资料，以及对东方白鹳保护区进行实地考察时获得的文字及访谈资料。（2）参见文献Hiroeet等，2017。

米和蔬菜冠名为“东方白鹳之舞”商标，经过专业机构认证，产品以高于普通农产品的价格销售，由当地政府协助建立销售渠道。

在NGO与社区的谈判中，补偿金额的确定进展顺利，但问题却出在补偿对象和补偿方式上。NGO和当地政府原计划把补偿资金按照稻田面积量化分配到参加项目的农户，但却遭到了H村领导机构村役场（以下简称社区领导）的反对。社区领导提出应当把补偿金全部拨付到社区，再由社区平均发放给农户。其理由是：项目所依赖的主要资源——水源和灌溉系统，均属于社区公共财产，其收益理应在社区内按户平均分配而非量化分配给个人。战后农地改革后，日本农村的土地虽然实现了私有化，但水源和灌溉系统等设施仍然保持了自古以来村社所有的传统。由村社集体管理灌溉系统的稻作文化实际上是日本独特的共同体文化的社会根源，已经连绵上千年而不辍。从现状来看，H村灌溉兼消防系统的维护是在规定的日子由每户出一名壮劳力共同作业（俗称“火役”），如果点名时发现哪家没有出役，翌日就会有村干部登门“拜访”。但随着工业化的推进，许多青壮年离乡进城，参加“火役”的大多为妇女与老人，加上由于大米生产过剩，H村的许多水田已经处于抛荒或半抛荒的状态，“火役”对社区的重要性趋于式微，社区的公共规范面临坍塌的危机。

值此背景下，东方白鹳保护计划的出台，对于社区领导来说不失为一个重振社区规范的天赐良机。社区不仅可以获得每年约合8750英镑的补贴，而且可以借此重振“火役”，巩固社区规范，并获得热衷于环保的年轻人的认同。但前提条件是社区必须主导PES计划，市场机制必须服从社区规范，因此补偿金必须由社区来分配，分配原则是有利于集体行动的平均主义而不是市场化的个人激励。如果没有社区的合作，保护东方白鹳计划根本无从实施，为了争取社区参与，当地政府和NGO不得不修改计划，同意按社区领导的方案来分配补偿资金。但此时，村里参加项目的主力——妇女和部分年轻人，却站出来反对社区领导的分配方案。他们认为老规矩已经过时，PES应当实行个人按劳分配。于是，社区规范与市场机制的制度博弈就从社区与NGO之间转到了社区内部。为了调和矛盾，NGO提出一个折中方案：不改变社区分配计划，另外借东方白鹳之名开展生态旅游，以调动妇女和年轻人的积极性。但这一方案也遭到社区领导的否定，因为开展生态旅游的最大受益者是当地的两家旅店，而不巧的是，这两家旅店的老板正好都是社区领导。为了避免假公肥私之嫌和坚持社区规范，他们宁愿牺牲个人利益也要坚守非市场逻辑。为了打破僵局，NGO 综合各方意见，又提出了一个把“火役”改为“白鹳劳动节”，把生态旅游改为创建生态标签计划的修正方案，该修正方案满足了各方面的制度偏好。“白鹳之舞”的商标是一个区域共享品牌，既符合社区的集体主义规范，又能产生经济激励。“白鹳劳动节”比“火役”更能吸引年轻人参与，既可以使项目获得人力资源，又没有放弃社区集体作业的公共传统，故此方案获得各方赞成。至此，通过反复折冲樽俎、寻找平衡，一个权力折中型的制度拼凑过程总算基本完成。其后 PES 项目在 H 村推进顺利，生态效益和经济成效日益显现。

8.4.2 案例Ⅱ：绿水青山带来利益共享——浙江青山村龙坞水库保护项目的成功秘诀①

青山村位于中国浙江杭州西北郊的黄湖镇，三面环山、竹木葱郁。坐落在村北的龙坞水库是青山村等社区近 4000 人的饮用水水源，从前水质优良，达到Ⅰ类标准。青山村共有毛竹林地 8600 多亩，林地确权承包以后，村民们为增产增收和减少用工对毛竹林施用了大量化肥和除草剂，水源受到面源污染，水库的水质逐年变差，社区的饮水安全受到威胁。由于只有水库周边集水区的竹林污染水源，无须禁止所有竹林施用化肥农药，但如果仅仅禁止水库周边的林地使用农药，又显失公平。显然，这是一个社区管理规范长期无法解决的“公地悲剧”。2015 年，非营利自然保护组织“大自然保护协会”（The Nature Conservancy，TNC）联手阿里巴巴公益基金会和万向信托，建立了治理龙坞水库的“善水基金”，与承包了水库周边集水区 500 余亩竹林的 43 户农户分别签订了为期 5 年的使用权信托协议，竹林的经营权被流转到善水基金，基金保证每年支付给农户不低于林地流转前收益的补偿金。善水基金通过严格管理和生态修复，短短数年就使龙坞水库的水质从最初的Ⅲ类至Ⅳ类水重新恢复为Ⅰ类水质，龙坞水库也被政府

---

① 案例资料来源：2019 年 6 月 22 日，暨南大学资环所生态补偿项目组对龙坞水库项目进行了实地调研，通过与各项目参与方的座谈和参加青山自然学校开学典礼所获得的各种类型资料。

列为水源地保护区。不仅如此，善水基金还出资建立企业，通过搭建平台引入外部资源，把村里废弃的礼堂改造为传统手工艺研究图书馆，引进传统材料专业设计公司进驻，培训村民把传统竹编工艺升华为时尚工艺品，不仅产品附加值提高，而且参加了国际手工艺大赛，大大提升了青山村的知名度。基金还利用废弃的村小学建立了公众自然教育基地——青山自然学校，面向青少年普及热爱自然保护环境的意识和知识。发展环境友好型产业带来了可观的收入（这些收入不仅用于支付农户补偿金和水基金日常管理费用，同时还投入水源地保护），并带动了村民的就业，实现了环境保护与生计改善的良性循环。更重要的是，项目打破了社区封闭性，整合内外资源提高社区声誉，中央电视台做了专题报道，访客和游客纷至沓来，带旺了青山村的生态旅游和休闲产业，实现了齐心呵护绿水青山，多方共享金山银山。

青山村的小水源保护项目是成功的，通过信托，集中管理水源地集水区的竹林，有效控制了水源地竹林的农药、化肥使用，让竹林处于最好的水源涵养状态；同时，通过帮助村民和亲环境产业的投资者实现收益最大化，创建了可持续发展机制。那么，青山村成功的秘诀究竟是什么？其模式是否可复制和可推广呢？项目官员说，据专家调查，在浙江，像龙坞水库这样供给人口在1万人以下的小水源地有20397个，供应着2400万人口的饮用水，占浙江总人口的44%。这些小水源地中，70%面临农业污染，而这些水源地又是大江大河的“毛细血管”甚至源头。因此，青山村项目的实践经验总结极具意义。

第一，青山村项目的目标单一、产权清晰、空间范围小，采取社区参与的PES容易取得成功。在产权上，根据《水法》第三条，农村集体经济组织的水塘和由农村集体经济组织修建管理的水库归该农村集体经济组织使用。龙坞水库始建于1971年，所有权属于国家，使用权和管理权属于青山村，是青山村的饮用水水源，水质恶化的受害者是全体村民，即村民既是改善水质的保护者同时也是受益者，只不过后者的数量大于前者，因此才需要补偿保护者，内部化保护行为的外部性。项目的补偿对象仅限于水源积水区的500多亩竹林，原经营者为43户农户，小规模项目的谈判和监管成本低、风险小，是项目成功的重要因素。

第二，项目选择了土地信托的产权交易形式。基于中国农村土地集体所有但由农户承包经营的国情，为了避免产权纠纷，项目在合约中采取了土地信托的产权安排，既明晰了产权边界，又避开了集体产权不能私有化的难题，该制度创新是青山村项目最具推广价值的经验。

第三，多方联合进行“资源拼凑”，发展亲环境产业实现利益共享。青山村项目借鉴国际水基金经验，由企业公益基金出资，环保组织担任科学顾问，负责项目设计和实施，引入信托机构的统一经营模式，以及手工艺设计师的专业技术，再将这些外部资源与社区传统要素有机结合，促进“资源拼凑”。合作伙伴均秉承“公益的心态，商业的手法”的基本理念，优势互补、配合默契，保证了项目的科学设计和顺利实施。同时，项目借助水源保护的生态基础，配合当地政府发展传统手工艺和生态旅游度假，逐渐形成自然保护、传统手工艺文创和生态旅游三大特色产业，在保护环境的同时促进了社区发展，实现了环保和经济的双赢。

第四，借助政府和乡贤力量克服项目的本地合法性危机，完成与社区的利益共享型制度拼凑。自实行市场经济体制以来，中国社会的信任度每况愈下。项目在启动初期，虽然组织者挨家挨户上门说明项目动机，但并未得到社区认同，村民们怀疑项目是要从他们手里“骗走”林地去赚钱。就在一筹莫展之际，项目组幸运地遇到了老村长王某某。老村长德高望重，他热心社区公益，而且独具慧眼，看到了项目的潜在价值，因此及时伸出援手，不仅第一个带头参加竹林信托，而且成功地说服其他相关村民也分批参与了项目，这证明了借助家长式力量是 NGO 获得本地合法性的重要途径。同时，项目还得到当地政府的大力支持。当项目最初的配套产业发展计划受挫时，村委会伸出援手，以象征性的收取租金出借了村里的废旧礼堂和学校，支持项目另辟蹊径，通过发展手工艺文创产业和环境教育产业走出了一条以文化补生态的新路子。在引进外部资源发展亲环境产业的同时，项目也开始致力于本地化转型。2019 年 2 月，由项目负责人牵头组建了“青山同心荟”，该组织集结了各个亲环境产业进入青山村的高端人才和返乡创业人才，成为新的社会阶层人士联谊会在杭州的首个村级分会。该组织就青山村的公共事务和未来发展与政府开展对话，不仅为社区发展建言献策，而且自己也深深融入了社区。基层民主协商机制为村里带来了前所未有的变化，在青山村村民眼中，过去的外乡人成了“我们村里的年轻人”，项目在不知不觉中完成了本地合法性认同的转换，成为乡村振兴和社区治理的生力军。

青山村的经验表明，经过改革开放，中国农村社区的封闭治理模式正在发生蜕变，市场机制的嵌入空间很大。当然，青山村项目的某些成功因素是不可复制的，具有一定的独特性，但该项目的成功也具有普适性。未来，我国将在 NGO 等中介组织的主导下，通过多方合作，以环保项目带动亲环境产业的发展，同时与社区居民共享发展成果。

8.4.3 案例Ⅲ：示范能否奏效？——千岛湖农业面源污染治理项目的挑战[①]

青山村项目取得成功后，TNC 又乘胜追击，把龙坞的水基金信托模式移植到了千岛湖的污染治理中。千岛湖（新安江水库）位于杭州市淳安县境内，有岛屿 1078 个，湖岸线 2500 多千米，湖区面积 573 平方千米。从 2019 年 10 月起，通过千岛湖配水工程，千岛湖正式成为长三角最重要的饮用水水源地，水环境保护任务异常繁重。根据世界银行和 TNC2017 年的调查，整个千岛湖流域可以分为 400 多个小流域，其中 10% 的支流域占据了整个流域 30% 的污染，农业面源污染比较严重，亟待整治。2018 年 2 月，由阿里巴巴公益基金会、民生人寿保险公益基金会共同发起，万向信托作为农地受托人，成立了千岛湖水基金，TNC 担任科学顾问，负责项目方案的设计和实施。千岛湖项目的目标是要解决稻米和茶叶种植过程中因使用化肥和农药所引起的面源污染，技术上的手段是“源头控制、过程拦截、末端治理”。源头控制是通过测土施肥、精准用药、绿肥覆盖等方法来减少化肥农药的用量；过程拦截主要是通过对水泥排灌沟渠的生态化改造，对溪流水质进行生物净化；末端治理是对入湖口的湿地进行生态修复，增强生态净化功能。在经济上，为了抵补成本、增加农户收入，千岛湖项目正在尝试实施大米、茶叶等农产品的绿色品牌计划。在社区融合上，项目组

① 案例资料来源：2019 年 6 月 23—24 日，暨南大学资环所项目组对千岛湖水基金项目的实地考察和座谈所获得的资料，以及从该项目微信公众号上所获得的资料。

开发了环境教育在线课程，创设了“民间河长制”“稻田守望志愿者”等。同时，千岛湖项目也搭建了资源共享平台，与浙江农林大学共建社会实践基地，开展环保科普和志愿者活动。在短短两年时间里，千岛湖水基金项目一步一个脚印，已经初显成效。

但笔者认为，虽然千岛湖项目几乎做了青山村项目所做的所有工作，但该项目在短期内获得成功的前景却较为渺茫。主要原因是两个项目的自然和社会背景差异过于悬殊。

首先，目标对象的空间尺度犹如天壤之别。龙坞只是一个乡村小水库，千岛湖则是中国最大的水库之一，蓄水量可达178亿立方米。龙坞污染源单一，可以在短期内使水质改善。千岛湖则污染源复杂，新安江来水是影响千岛湖水质的最大因素，然后是各种点源污染和面源污染。由于资源有限，千岛湖水基金对400多条入湖支流只能选择两条支流的部分地段作为治污试点，试点对千岛湖水质的影响可以忽略不计，对于支流水质的变化也很难测试。

其次，即使试点取得了可验证的预期结果，如何从试点转到推广也将是一个难以预测的问题。试点推广需要巨额资金，这是千岛湖水基金难以承担的，大范围的推广需要由地方政府去做。淳安是浙江最穷的县，点源治理尚且力不从心，遑论如此分散的面源污染。淳安县安阳乡政府对于TNC的试点持支持态度，提供了办公用房，但缺乏资金支持。

那么，千岛湖可否像青山村那样，通过经济激励和资源拼凑，依靠大量当地社区分别去实施试点推广呢？淳安县与青山村所属的杭州余杭区在经济上还存在较大差距，农村青壮年大多已经外出务工，村里只剩下妇女和老人，转换农业生产方式所需的人力资源将成为试点推广的最大要素障碍。而且，稻米和茶叶是淳安农户的主要收入来源，除非得到足够补偿，农户不会轻易改变生产方式。迄今为止，千岛湖项目尚未找到一种可持续的经济补偿方式，社区农户仍然缺乏参与项目的积极性。根据国外经验，成功的社区PES应当具有小规模、产权清晰、目标与资源相匹配、成果容易显示等特点。但不可否认的是，千岛湖项目为周边地区提供了一个面源污染治理的可操作范例，在培养人才、普及环境保护理念和知识方面功不可没。更重要的是，当地政府可以利用这个项目向上级政府展示面源污染治理的可行性，从而争取到项目推广所需的资源和政策支持。

8.5 社区主导型生态补偿的制度拼凑类型和路径

根据以上案例，使 PES 项目落地社区的制度拼凑至少存在三种类型：权力折中型、利益共享型和示范驱动型。权力折中型是指双方围绕 PES 的主导权（含资源产权、支付对象和支付方式等）展开博弈后达成的一种权力平衡，其实质是缓解基于初始产权和制度逻辑造成的摩擦，为项目实施扫清障碍。利益共享型是围绕项目产出（含补偿金额、经济红利和环境红利）进行博弈后形成的利益分配均衡状态，实质是通过共享社区发展带来的利益，解决项目的本地合法性和可持续性问题。示范驱动型是指在 PES 的资源不足以覆盖全部生态系统的情况下，主要通过局部的 PES 项目为更大范围的区域提供环境红利和经济红利的前景，诱使更多主体参与生态保护，同时通过传播知识和技术，提高社区可持续发展能力。当然，以上三种类型是根据项目的主要特点进行的分类，它们并非互斥关系，相互之间可以产生交集。

无论属于哪一种类型，为了实现“制度拼凑”，基本路径（Approach）大致有三条。第一条路径是主体之间的谈判和协商，这是最基本的路径。PES 项目的倡议者包括各级政府、环保 NGO 和企业等；项目响应者主体包括社区村社领导机构、自然资源使用者和农业合作组织等。政府直接参与社区 PES 容易导致政府征用社区土地（Adhikari 和 Agrawal，2013），以及在制度设计时将社区排除在外的担忧，因此政府与社区之间的谈判在实践中鲜见（Rawlins 和 Westby，2013）。由非政府组织担任中介或者直接设计及实施 PES，有利于促进社区参与 PES 和提高社区能力，因此由 NGO 与社区主体展开谈判就成为一种常见形式（Corbera 等，2007）。双方的谈判主要涉及生态服务提供的内容及条件、产权安排、补偿标准、补偿方式及补偿对象等。一般来说，在双方尚未达成协议和建立信任关系之前，拥有产权和社会资本的社区在谈判中具有优势。为了获取合法性，NGO 需要作出种种让步，尽量使项目更好地反映社区诉求，与社区规范保持一致，甚至可以变更原来的制度逻辑以换取社区对项目的支持（Corbra 等，2007；Clement

等，2010；Sommerville等，2010）。在“制度拼凑”初期，NGO在合约谈判中的让步带有适应性创新的性质，有利于减少利益相关者之间的冲突，促进共识的建立（Adhikari 和 Agrawal，2013）。

第二条路径是先由NGO负责人与社区领导人建立起密切的个人关系，形成能够影响其他社区成员的社会资本。亚洲国家的社区规范重视人际关系，外部NGO要想获得本地合法性，必须先得到社区领导的信任，获得个人合法性（Individual Legitimacy），然后使人际信任进一步扩展为社区内的制度信任（例如青山村），通过“制度拼凑”实现组织合法性。当然，建立在人际关系上的“制度拼凑”存在着双方领导人更换等不确定因素，更多地属于短期机制（Molden等，2017）。

第三条路径是通过显示性成果增强协议的可信度和“制度拼凑”的可持续性。要使社区主导型生态补偿通过“制度拼凑”取得成功，最终需要在“制度拼凑”的基础上实现外部资源和社区资源的有效整合（“资源拼凑”），从而如期兑现合约承诺，既实现生态保护，又促进社区发展。

以上三个案例中，前两个案例由于规模可控，在“制度拼凑+资源拼凑”基础上均取得了可验证的实际成果（Achievement of Demonstrable Practical Outcomes）；案例Ⅲ虽然由于空间尺度较大，很难从技术上验证其实际成果，但从另一角度看，该项目具有更大范围的示范作用和教育功能，为下一阶段政府的全面参与提供了有益的技术示范、社区基础和人才储备。

8.6 结论与启示

本章研究了社区自然资源管理（CBNRM）与生态服务付费（PES）之间的对立统一关系，指出两者虽然代表着不同的制度逻辑：集体产权下的社会规范VS私人产权下的市场机制，但这种矛盾可以通过“制度拼凑”和“资源拼凑”加以克服，从而构建具有混合机制的社区主导型PES，实现我国生态补偿机制的市场化和多元化。通过对中国和日本的典型案例分析，本书总结出“制度拼凑”可能存在三种类型：权力折中型、利益共享型和示范驱动型。这些类型“制度拼凑”的实现路径大致有：通过主体间的谈判协商寻找制度和利益的均衡；建立密切的领导者个人信任关系；通过资源拼凑获取可显示的实际成果，使外来 PES 项目获得本地合法性。

近十多年来，中国在环境保护和生态文明建设领域所取得的成就为世界所瞩目。但由于体制原因，在污染治理和生态文明建设的初期阶段，中国更多地采取了自上而下的命令—控制型手段，大到影响国家生态安全全局的大规模重点生态功能区，小到关系到社区福利的乡村环境治理，统统采取“一刀切”式的纵向生态补偿政策，导致环境财政不堪重负，市场机制和社区治理在美丽乡村建设中未能发挥应有的作用。由于体制机制的局限，政府、市场和社区三种治理模式被分隔在不同的制度场域中，互不关联，难以形成制度协同、资源互补的全民参与保护格局。为了建立可持续的环境治理体系，今后的改革方向应是在大城市和经济发达地区建立政府主导、全民参与的治理模式，而在生态功能区和乡村环境保护中更加倚重民间力量和市场机制，建立社区、企业和 NGO 主导、政府支持的治理模式。形成多元治理体系的关键，是要摆脱原有体制束缚（脱嵌），通过“制度拼凑”和“资源整合”，逐步使政府、市场和社区治理机制相互嵌入、融为一体。

本章强调了“制度拼凑”和“资源拼凑”在形成社区主导型 PES 机制中的适用性和条件性，对于我国构建市场化多元化的生态补偿体系具有重要参考。根据研究结论，只要制度设计恰当，通过“制度拼凑”和“资源拼凑”充分利用农村社区的制度潜力和资源潜力，大力发展环境保护 NGO，充分发挥专业 NGO 在生态补偿中的中介作用，社区主导型的 PES 在中国将具有巨大的发展空间，它将成为生态功能区建立市场化多元化生态补偿体系的重要途径，决策者应当为其发展壮大营造一个更加适宜的制度环境。

第9章
环境产权交易是否可以获得经济红利与节能减排的双赢

——以中国用能权交易为例

9.1 引言

目前，中国经济已经由高速增长阶段转向高质量发展阶段，传统的以能源消耗为代价的增长模式对于经济的拉动已显乏力。众所周知，中国工业是能源的消耗主体，2005年中国工业的能源消耗占全国的64.6%，2014年这一比例增加至69.4%，但中国工业增加值占GDP的比重却在逐渐下降，以六大高能耗行业为例，由2005年的14.3%下降至2014年的7.3%，可见这种能源驱动型的增长方式已面临瓶颈。在巨大的能源消费中，煤炭是主要的消费来源（林伯强和李江龙，2014）。根据国家统计局提供的数据，2014年中国工业煤炭消费量为39.05亿吨，占全国煤炭消费总量的94.87%。这种化石能源主导的能源消费结构不但消耗大量资源，还造成大气污染、雾霾、气候变化等环境问题，严重影响了中国经济的可持续发展和人民的生活质量。为此，党的十九大把绿色发展列入“五位一体”总体布局中，新的发展理念下，高能耗增长模式已经难以为继，选择合理有效的环境政策，在促进经济增长的同时降低能耗，实现经济、能源与环境的协调发展已经成为当前中国发展亟待解决的重大问题（邵帅等，2013）。

一般而言，环境保护政策可分为命令控制型环境政策和基于市场机制的环境政策。长期以来，中国政府主要采取命令控制型环境政策来配置资源、治理环境，比如通过法律和行政手段为不同地区和行业企业制定环境标准和目标，对违反规定的企业叫停和处罚等。自“十五”计划以来，基于市场的环境政策逐步出现，比如二氧化硫排污权交易，碳排放权交易等，这些排放许可证交易主要借鉴发达国家，逐渐对中国的节能减排发挥日益重要的作用。但可以发现，基于市场的交易许可证政策主要都是针对污染排放，即属于末端治理。环境治理除末端治理，还包括源头治理。为了实现节能减排，中国政府不但重视末端排放治理，还注重源头投入治理，“十三五”时期提出了控制能源消费总量和能源强度的“双控”目标。为了实现该目标，中国政府开创性地提出了“用能权交易制度”，在浙江、福建、河南和四川等省份开展用能权有偿使用和交易试点[①]。用能权交易，是指在用能总量控制的前提下，参与主体对依法取得的用能总量指标进行交易的行为。

设定约束性节能目标和实施用能权交易是中国控制工业能耗的两大政策，分别属于命令控制型环境政策和基于市场的环境政策。关于命令控制型环境政策和基于市场机制的环境政策，哪种政策能实现经济增长和节能减排的双赢发展，一直是存在争议的话题。Porter 等学者（1991，1995）认为政府实施严格的环境管制可以促使企业创新，创新带来的利润可以补偿环境保护的额外成本，从而实现经济增长和节能减排的双赢发展。但是，Jaffe 等人（2003）认为命令控制政策具有很高的成本，对环境技术标准的设定还会阻碍企业的技术进步。基于市场的环境政策不但可以在最小成本下达到环境治理目标，还具有技术创新的持续激励，可以带来经济增长与节能减排的双赢发展。理论上来讲，在完全信息的环境下，设定节能目标的命令控制政策与基于市场的许可证交易政策的效果是等价的，但实际中由于信息不对称，且不同生产者之间的发展水平、技术水平、资源禀赋和能耗水平差距较大，命令控制政策没有充分考虑生产者服从管制的成本，可能会损害部分经济主体的利益，从而造成一定的经济损失。而用能权交易这种基于市场的政策则可以通过市场手段解决资源配置无效率的问题，

---

① 用能权交易试点目前并未限定行业，只是在实践中，将超过一定能耗的工业企业纳入交易范围，如浙江省将年综合能耗在1000吨标准煤以上的工业企业纳入考虑。总体而言，实践中用能权交易覆盖的领域包含了工业、建筑、公共机构和交通运输四大高能耗板块。本书将全部工业行业作为用能权交易对象，也是基于并符合实际情况的。

激励经济主体改进生产技术，在释放节能潜力的同时创造经济收益。用能权交易政策作为一项创新性的投入许可证交易政策，对其经济和环境效应的研究，不但对实现中国可持续发展和政策推广具有重要的现实意义，还可以弥补能源经济学关于这一方面研究的不足。基于此，本书将研究对象聚焦在38个工业分行业层面，从整体层面和行业层面对用能权交易政策下中国工业的经济潜力和节能潜力进行探讨①，并试图回答以下两个问题：第一，中国工业用能权交易的经济潜力和节能潜力存在吗？有多大？第二，与严格的命令控制政策相比，基于市场的用能权交易政策对协调经济发展和环境保护是否更加有效？

9.2　文献综述

9.2.1　环境政策的讨论

环境资源是一种不具有排他性但具有竞争性的公共产品，具有严重的外部性，必须依靠环境管制来解决。常见的环境管制政策分为命令控制型环境政策和基于市场的政策。传统的政府干预经济理论认为，由于外部性的内部化无法依靠市场机制实现，政府拥有完全信息，因此命令控制政策在解决环境外部性方面是有效的。基于这一理论，Porter等人（1995）肯定了政府管制对解决环境问题的作用，并且进一步提出严格的管制会诱发企业创新和技术进步，实现经济与环境的双赢，即"波特双赢假说"。Boyd等人（1999，2000）对造纸厂和玻璃厂的实证研究发现，政府严格的环境管制在没有降低企业生产率的情况下使污染减少了2%～8%，支持了"波特双赢假说"。Simon（1976）、Nelson等（1982）、Greenstone和Hanna（2014）、Shapiro和Walker（2015）均做了类似的研究，不同程度地证实了政府严格管制对环境的改善作用。

---

①　与工业分行业的实际总产值和能耗相比，理论模拟的用能权交易产生的是分行业的潜在工业总产值和能耗。根据Färe等（2013），本书定义潜在工业总产值比实际工业总产值增加的比例即为工业的经济潜力，潜在能耗比实际能耗减少的比例即为工业的节能潜力。下文中理论模拟的命令控制政策产生的经济潜力和节能潜力亦遵循相同的定义。

然而，新古典经济理论认为，政府不可能拥有完全信息，而且命令控制型的环境政策通常倾向于对控污主体设定统一的数量标准或技术标准，这违背了等边际原则，既缺乏效率，又不利于技术创新（Stavins，2003）。作为基于市场的环境政策中近年来较流行的一种机制，可交易污染许可证制度则可以通过价格体系，使可交易的污染削减量在控污主体间按照等边际原则分配，最终以最小的成本达到污染控制目标，既灵活有效，又能激励企业技术进步，获得经济红利（Montgomery，1972；Tietenberg，1995；Stavins，2003）。这种可交易许可证机制最早是由 Crocker（1966）和 Dales（1968）基于 Coase（1960）的交易成本理论提出，Montgomery（1972）进一步对排污权交易的成本有效性给出了严格的证明。Farrell 等（1999）考察了美国哥伦比亚地区实施的 NO_x 排放权交易项目，结果发现当实现减排目标时，交易政策比命令控制政策可节约 40% ~47% 的潜在成本。Carlson 等（2000）考察了美国二氧化硫排污权交易，发现比起命令控制政策，排污权交易每年可以节约 10 亿美元。

9.2.2 经济潜力和节能减排潜力的研究

既有的经济理论告诉我们，对于某一生产单位而言，既定要素的投入在给定生产技术下达到的有效产出水平与实际产出水平的差距即为该生产单位的经济潜力或减排潜力。类似地，达到生产边界所需要的要素投入水平与实际要素投入水平的差距则为该生产单位的要素节约潜力，具体到能源则是节能潜力。关于经济潜力、减排潜力和节能潜力的文献有很多，近年来很多学者基于环境政策，如污染物交易政策或强制性节能减排目标，通过反事实模拟或预测，来估计地区层面或行业层面的经济潜力（减排潜力）和节能潜力。

这些文献由于将环境政策和约束目标纳入考虑范围，因此多采用可计算一般均衡模型（CGE）和数据包络（DEA）等方法来考察地区层面或行业层面的经济潜力（减排潜力）和节能潜力。就地区层面而言，任松彦等（2015）通过构建广东省两区域动态模型评估了广东省碳交易政策，发现实施碳交易政策可使广东省到 2015 年完成 20.5% 的碳强度下降目标，同时减少 GDP 损失约 90 亿元，实现经济发展和节能减排的双赢。涂正革和谌仁俊（2015）使用倍差法和 DEA 模型考察了中国二氧化硫排污权交易机制在短期和长期实现的潜在经济红利和环境红利，结果表明无论是短期还是长期，硫排污权交易均无法实现波特效应，但相比于命令控制机制，排污权交易在长期可推动大幅度减排。类似的研究还有魏楚等（2010）、崔连标等（2013）、Wang 等（2016）。就行业层面而言，陈诗一（2010）基于“十一五”规划纲要提出的节能减排约束性目标，对中国 38 个二位数工业 2009—2049 年的节能减排路径进行了模拟，结果表明，节能减排行为初期会造成较大的潜在生产损失，但这种损失长期会低于潜在产出增长，双赢可期。Färe 等（2013）使用 DEA 模型在考虑一种坏产出的前提下，模拟了美国燃煤发电工厂在不同政策情形下的经济潜力，结果发现空间交易和跨期交易具有较大的经济潜力。类似的研究还有郭国锋和王彦彭（2013）、Färe 等（2014）。

综观相关的研究文献可以发现，首先，在关于环境政策的文献中，命令控制政策和基于市场的可交易许可证政策，何种政策能实现经济和环境的双赢这一问题还尚未有统一的认识。其次，在关于经济潜力和节能减排潜力的研究中，文献关注的环境政策多是碳税政策、区域性排放目标约束和污染物排污许可交易政策（碳交易政策、硫排放权交易政策）等，对于用能权交易这一创新性政策，还尚未有文献关注。作为中国经济增长和能源消耗的主体，工业分行业具有不同的生产能力和能耗水平，研究用能权交易下工业分行业的经济效应和环境效应对于开展用能权交易和实现中国可持续发展至关重要，对于弥补能源经济学中关于能源许可证交易政策方面的研究具有重要意义。基于此，本书构建新的方法框架，对中国 38 个二位数工业分行业实施用能权交易政策的经济潜力和节能潜力进行反事实模拟估计，为政策评价提供实证依据。

9.3　模型框架

众所周知，不同的环境治理方式会导致不同的产出结果。与传统的命令控制政策不同，用能权交易刚起步，实际执行效果尚未可知。因此，有必要通过反事实模拟，并基于实际的经济水平和能耗水平，对用能权交易的潜在经济和环境效应进行估计。同时，为了全面评价用能权交易政策，拟对行政命令政策和用能权交易政策的潜在结果进行比较分析。即分别对工业分行业构造两种情形——命令控制情形和用能权交易情形，模拟其各自经济效应和节能效应。基于此，本书主要采用非参数优化模型来模拟上述两种情形。

具体地，本书采用环境生产技术来构造前沿面，给定投入水平 $x = (K, L, E) \in R^+$ 和好产出 y（工业总产值）、坏产出 b（二氧化碳排放量），其中 K 代表资本，L 代表劳动，E 代表能源消费量。则环境生产可行性集合 $P(x)$ 表示为

$$P(x) = \{(y,b): x \text{可以生产}(y,b)\}, x \in R^+ \tag{9-1}$$

根据 Färe 等（2007），为了使 $P(x)$ 表示环境技术，需要增加两个额外的环境公理，分别为零结合公理和弱可处置性公理。零结合公理表示没有坏产出就没有好产出，唯一达到零排放的办法就是停止生产；弱可处置性公理表示好产出和坏产出同比例减少，表示减排是需要成本的。两个公理分别将环境因素和环境管制思想纳入模型中，为模拟命令控制情形和市场交易情形提供了很好的理论准备。

9.3.1 命令控制情形的模型设定

借鉴 Färe 等（2013）的思想，假设在每一时期 $t = 2006$，…，2014，第 $k = 1$，…，38 个行业的投入和产出值为 (x_k^t, y_k^t, b_k^t)，其中 $x_k^t = (K_k^t, L_k^t, E_k^t)$，则对于某一行业 $k'(k' = 1, \cdots, 38)$，其命令控制机制下的非参数优化模型为

$$\begin{aligned}
&\max \tilde{y}_{k'}^{CCt} \\
\text{s. t. } &\sum_{k=1}^{38} z_k^t y_k^t \geqslant \tilde{y}_{k'}^{CCt} \\
&\sum_{k=1}^{38} z_k^t E_k^t \leqslant E_{k'}^t \\
&\sum_{k=1}^{38} z_k^t K_k^t \leqslant K_{k'}^t \\
&\sum_{k=1}^{38} z_k^t L_k^t \leqslant L_{k'}^t \\
&\sum_{k=1}^{38} z_k^t b_k^t \leqslant b_{k'}^t \\
&z_k^t \geqslant 0, k = 1, \cdots, 38
\end{aligned} \tag{9-2}$$

通过线性规划求解式（9－2）得到 k' 行业最优生产技术下的产出 $\tilde{y}_{k'}^{CCt}$，

由 $((\tilde{y}_{k'}^{CCt} - y_{k'}^{t})/y_{k'}^{t})$ 得到 k' 行业的经济潜力，依此类推可得到所有行业的经济潜力。

事实上，对能源实施命令控制政策就是将能源投入量控制在给定的水平，式（9－2）基于不变的分行业能耗水平来寻求每个行业的最大产出，即可被看成是在命令控制状态下寻求各行业的最大产出，所得到的经济潜力即为命令控制情形的经济潜力。通过式（9－2）仅能得到中国工业命令控制情形下的经济潜力，无法得到节能潜力。为了解决这一问题，本书参考林伯强和杜克锐（2013）的思想，考虑通过测算能源效率来推算节能潜力①。在测算能源效率时，本文参考 Zhou 等（2012）的做法，使用基于能源投入的 Shephard 距离函数，并采用超越对数型生产函数。由于能源距离函数是关于 E 的线性齐次方程，有如下性质

$$D_E(K,L,E,Y,B) = ED_E(K,L,1,Y,B) \tag{9-3}$$

因此，将上式两边取对数后，超越对数型生产函数经过移项化简后可以表示如下

$$\begin{aligned}-\ln E = {} & \beta_0 + \beta_k \ln k + \beta_l \ln l + \beta_y \ln y + \beta_b \ln b + \frac{1}{2}\beta_{kk} \ln k \ln k \\ & + \beta_{kl} \ln k \ln l + \beta_{ky} \ln k \ln y + \beta_{kb} \ln k \ln b + \frac{1}{2}\beta_{ll} \ln l \ln l + \beta_{ly} \ln l \ln y + \beta_{lb} \ln l \ln b \\ & + \frac{1}{2}\beta_{yy} \ln y \ln y + \beta_{yb} \ln y \ln b + \frac{1}{2}\beta_{bb} \ln b \ln b + v - u\end{aligned} \tag{9-4}$$

我们采用 Battese 和 Coelli（1995）提出的模型对式（9－4）进行估计。其中，$u = \ln D_E(K,L,E,Y,B) \geqslant 0$，表示各行业生产活动的能源无效率。并且 u 服从在0处截断的正态分布，即 $u \sim N(m,\sigma_u^2)$。$m = z\delta$，z 表示影响能源无效率的因素。此外，$v \sim iid.N(0,\sigma_v^2)$，变异数参数 $\sigma^2 = \sigma_v^2 + \sigma_u^2$，$\gamma = \sigma_u^2/(\sigma_v^2 + \sigma_u^2)$，$\gamma$ 值越大，表示模型误差由技术无效解释的部分越多。为了使模型体现出命令控制的思想，我们在影响能源效率的因素中加入环境规制变量；同时，参考何晓萍（2011）、林伯强和杜克锐（2013）等，选取产

① 式（9－2）测算出的能源效率未将劳动和资本等投入要素的无效率分离出来，无法确切地估计工业生产中能源浪费程度。而基于能源距离函数的 SFA 方法不仅可以测算出真实的能源效率，估计生产活动的节能空间，还可以考察影响能源无效率的因素。

业结构、煤炭消费比重、科技投入比重等变量作为其他影响能源效率的因素。虽然该模型可以分析决策单元的效率影响因素，但是却忽略了不可观测的个体异质性和时间固定效应，为了解决这一问题，我们参考 Färe 等（2006）的做法，在截距项中加入行业和时间的虚拟变量，即式（9－4）中的截距项可以表示为

$$\beta = \beta_0 + \sum_{k=1}^{K-1} \lambda_k S_k + \sum_{t=1}^{T} \tau_t T_t \qquad (9-5)$$

通过式（9－4）和式（9－5）的估计我们可以计算出实际产出的期望与随机前沿期望的比值，进而可以得到各行业各年份的全要素能源效率 TFE_{it}，即

$$TFE_{it} = \exp(-u_{it}) \qquad (9-6)$$

利用实际观测数据和式（9－2）模拟的潜在结果数据，根据式（9－6），我们可以分别计算出各行业各年份命令控制政策下的实际全要素能源效率 TFE_{it}^0 和潜在全要素能源效率 TFE'_{it}，再根据 $(TFE'_{it} - TFE_{it}^0)E_{it}$ 即可得到各行业各年份潜在减少的能源投入量，进而计算出命令控制情形下的工业节能潜力。

9.3.2 用能权交易情形的模型设定

根据 Färe 等（2013），假设在市场有效运行的前提下，各工业行业间能自由进行用能权交易，则对于某一行业 $k'(k' = 1,\cdots,38)$，在每一时期 $t = 2006,\cdots,2014$，其用能权交易机制下的非参数优化模型为

$$\begin{aligned}
&\max \sum_{k'=1}^{38} \tilde{y}_{k'}^{ATt} \\
&\text{s.t.} \sum_{k=1}^{38} z_{kk'}^t y_k^t \geqslant \tilde{y}_{k'}^{ATt} \\
&\sum_{k=1}^{38} z_{kk'}^t E_k^t \leqslant \tilde{E}_{k'}^{ATt} \\
&\sum_{k=1}^{38} z_{kk'}^t K_k^t \leqslant K_{k'}^t \\
&\sum_{k=1}^{38} z_{kk'}^t L_k^t \leqslant L_{k'}^t \\
&\sum_{k=1}^{38} z_{kk'}^t b_k^t \leqslant b_{k'}^t \\
&z_{kk'}^t \geqslant 0, k = 1,\cdots,38
\end{aligned} \qquad (9-7)$$

此外，由于用能权交易允许各行业间的自由交易，因此还需要保证交易后的能源总量不大于初始的能源配额总量，即

$$\sum_{k'=1}^{38} \tilde{E}_{k'}^{ATt} \leqslant \sum_{k'=1}^{38} E_{k'}^{t} \tag{9-8}$$

联合式（9-7）和式（9-8），通过线性规划求解上述模型可得到 k' 行业最优生产技术下的最大产出 $\tilde{y}_{k'}^{ATt}$ 和最优能源消耗量 $\tilde{E}_{k'}^{ATt}$，由 $((\tilde{y}_{k'}^{ATt} - y_{k'}^{t})/y_{k'}^{t})$ 和 $((E_{k'}^{t} - \tilde{E}_{k'}^{ATt})/E_{k'}^{t})$ 可分别得到 k' 行业在跨行业交易情形下的经济潜力和节能潜力。依此类推，可得到所有行业在市场交易情形下的经济潜力和节能潜力。事实上，用能权交易是指在用能总量控制的前提下，交易主体对依法取得的用能总量指标进行交易的制度，式（9-7）中第二个约束条件即表示允许能源在不同交易主体间自由配置，结合式（9-8）对初始能源总量的约束，即是该模型对用能权交易机制的体现。需要说明的是，本书参考 Färe 等（2014），将坏产出的约束条件采用不等号处理，避免了等号设置带来的非单调性问题①。

9.4　变量选取与数据来源

本书以 2006—2014 年中国 38 个二位数工业行业为研究对象，数据主要来源于《中国工业统计年鉴（2006—2015）》《中国能源统计年鉴（2006—2015）》《中国统计年鉴（2006—2015）》《中国固定资产投资统计年鉴（2003—2013、2015）》《中国城市（镇）生活与价格年鉴（2006—2012）》《中国价格统计年鉴（2013—2015）》《中国科技统计年鉴（2006—2015）》等资料。

关于 38 个二位数工业分行业，需要进行一些拆分和归并处理。首先，由于从 2012 年开始，工业统计中将“橡胶制品”和“塑料制品”合二为一，称为“橡胶和塑料制品业”。为了统一，本书将 2012 年以前的两类行

① Chen（2013）指出非参数的环境效率模型由于采取了弱处置假设，将非期望产出和目标值采取等号设定，从而造成环境前沿面右侧的部分违背效率的单调性假设，即造成非期望产出越大，环境效率值反而越高的不合理情况。

业也采用此合并做法。其次，2012 年开始将“其他制造业”从“工艺品及其他制造业”中单列出来，将“工艺美术品制造”列入“文体娱乐用品制造业”，为了统一，本章将 2012 年以后的“工艺美术品制造”从“文体娱乐用品制造业”中剥离出来，与“其他制造业”合并为“工艺品及其他制造业”。再次，将 2012 年之后的“汽车制造业”和“铁路、船舶、航空航天和其他运输设备制造业”合并为“交通设备制造业”。最后，将 2012 年以前的“其他采矿业”和 2012 年新增的“开采辅助活动”“金属制品、机械和设备修理业”归并为“其他工业”。

本章主要涉及的变量及相关处理如下：

1. 劳动投入 (L)。本章选择各工业分行业年末平均从业人员数作为劳动投入变量。

2. 能源投入 (E)。本章选择各工业分行业能源消费总量（标准量）作为能源投入变量。

3. 资本投入 (K)。本章采用永续盘存法估计资本存量，根据钦晓双（2014）和陈诗一（2011），本章选取各行业新增固定资产投资数据（建筑设备工程、设备工器具购置、其他费用三类）作为新增流量，设定三类资本品的折旧率依次为 8%、18.22% 和 14.87%，以 1980 年各行业固定资产净值作为初始资本存量，根据各行业 2006 年的固定资产投资价格指数进行可比价调整，基于式（9－9）计算得到可比价资本存量

$$K(t) = (1 - \delta)K(t - 1) + I(t), t = 1980, \cdots, 2014 \qquad (9-9)$$

4. 工业总产值 (y)。本书选择各工业分行业的工业总产值作为好产出变量。《中国工业统计年鉴》自 2012 年开始不再公布工业总产值这一指标，但 2012 年公布了工业分行业销售产值和产品销售率，因此 2012 年的工业总产值可用工业销售产值除以产品销售率得到。由于 2013 年和 2014 年也不再公布产品销售率，因此本书以工业销售产值近似代替。以 2006 年为基期，其他年份工业总产值均以 2006 年生产者出厂价格指数进行了平减。

5. 二氧化碳排放量 (b)。本文以各工业分行业的二氧化碳排放量作为坏产出变量。关于二氧化碳排放量的计算，本书选取了工业行业消费的主要

能源实物量[①]，包括原煤、洗精煤、其他洗煤、焦炭、焦炉煤气、其他煤气、原油、汽油、煤油、柴油、燃料油、液化石油气、炼厂干气、天然气、热力和电力。对于热力和电力中间转化形成的二氧化碳排放量，本书参考涂正革（2013），采用电（热）碳分摊法来计算。其中，化石能源二氧化碳排放量的计算参考 IPCC（2006）的计算方法来计算[②]。

除上述主要变量外，本书在估计能源效率的随机前沿模型时，还涉及以下四个变量：

1. 产业结构（Industry）。本书以工业总产值占国内生产总值的比重表示。

2. 煤炭消费比重（Coalrate）。本书以各行业煤炭消费量占化石能源消费量的比重表示。

3. 科技投入比重（RDrate）。由于《中国科技统计年鉴》中 2009 年之前仅有各行业科技活动经费投入（除 2004 年为 R&D 经费投入），2009 年之后仅有各行业 R&D 经费投入。因此本书分别以科技活动经费投入和 R&D 经费投入占主营业务收入比重来表示该变量。

4. 环境规制变量（Er）。本书参考涂正革和谌仁俊（2015），以工业废气治理设施本年运行费用占工业总产值的比重来表示该变量。

经过上述的处理，本书为了考察产出与能耗间的关系，将 2006—2014 年各行业平均能耗和平均产出由低到高进行排序，把 38 个工业分行业分成了低能耗组、高能耗组和低产出组、高产出租（每组有 19 个行业）。每组数据的描述性统计见表 9 - 1。

表 9 - 1　　2006—2014 年分组样本的变量描述性统计

变量	均值	标准误	最小值	最大值	均值	标准误	最小值	最大值
	低能耗组				高能耗组			
工业总产值（亿元）	2782.0	1799.4	5.2	6921.3	15384.9	7601.3	1388.3	33077.6

① 此处的能源消费量与上文中的能源投入 E 稍有区别。因为此处为了计算二氧化碳排放量，选择的是各类能源消费的实物量，而上文中能源投入是国家统计局计算的所有能源的折标量。

② 根据 Liu 等（Nature，2015）的研究，IPCC（2006）方法没有区分能源质量，造成排放因子过高，会高估二氧化碳的排放量。

续表

变量	均值	标准误	最小值	最大值	均值	标准误	最小值	最大值
	低能耗组				高能耗组			
二氧化碳排放（万吨）	2450	1729	146.3	6171	30171	43142	3502	205631
劳动投入（万人）	110.74	101.13	0.08	462.19	358.74	191.48	45.27	906.59
资本存量（亿元）	881.9	619.4	0.8	2377.7	5777.1	6466.4	429.4	33673.0
能源消费（万吨标准煤）	811	535	49	2185	11532	14554	1112	69342
	低产出组				高产出组			
工业总产值（亿元）	2512.8	1548.0	5.2	5717.0	15654.0	7186.8	4714.3	33077.6
二氧化碳排放（万吨）	2962	2816	146.3	13638	29659	43409	2013	205631
劳动投入（万人）	90.04	65.78	0.08	303.93	379.45	177.12	76.14	906.59
资本存量（亿元）	911.9	740.0	1.0	2940.4	5747.1	6476.4	1009.4	33673.0
能源消费（万吨标准煤）	978	878	49	4153	11365	14659	623	69342

资料来源：本表根据统计年鉴数据整理而得。

从表9－1可以看到，高能耗组的平均工业总产值、二氧化碳排放量和能源消耗远高于低能耗组，高产出组的能耗水平和排放水平也高于低产出组，这验证了中国工业整体上具有高产出伴随高能耗、高排放的特征。但是，各行业间的产出和能耗具有较大差异。例如，黑色金属加工业2006—2014年平均消费了57015万吨标准煤，是能耗水平最高的行业，该行业的平均工业总产值为28521亿元，是仅次于计算机、电子与通信设备制造业（30056亿元）的第二大产值行业。计算机、电子与通信设备制造业具有最高的工业生产总值，但其平均能耗水平仅为2417万吨标准煤，仅为黑色金属加工业的1/25。除了上述两个行业外，还有一些其他行业（如化学原料及制品业、有色金属加工业、农副食品加工业、通用设备制造业、交通设备制造业等），它们的产出和能耗差异也较大。这些产出和能耗间的差异说明各个行业间具有生产的异质性，意味着实施用能权交易政策，各行业可以通过能源配额的交易对能源投入进行配置，为测算用能权交易政策下各行业经济潜力和节能潜力提供了基础。

9.5　实证分析

正如前文所述，用能权交易刚起步，该交易机制下的工业经济潜力和节能潜力有多大？与严格的命令政策相比，用能权交易政策更有效果吗？本章接下来实证分析部分利用第三小节构建的模型，分别从中国工业整体层面和分行业层面对上述问题进行分析。

由于命令控制政策的节能潜力是利用式（9-5）至式（9-7）估计出效率后进行计算得出的，因此，在分析两种政策下中国工业整体层面和分行业层面的经济潜力和节能潜力之前，我们需要先对式（9-5）至式（9-7）进行回归[①]。回归结果说明，工业占GDP比重越高，越不利于能源效率的提升；治污投入费用占工业总产值比重越高，越有利于改善能源环境状况。科技投入比重和煤炭消费比重对能源效率的影响不显著，说明仍需要加大科技研发力度，改善能源消费结构，提高能源利用技术。基于回归结果，我们估计了中国工业的实际能源效率和潜在能源效率，并根据效率差距测算出命令控制情形下中国工业的节能潜力。至此，中国工业在两种情形下的经济潜力和节能潜力都得到了估计，为我们后面的分析提供了条件。

9.5.1　工业整体层面的经济潜力和节能潜力分析

中国工业自“十一五”以来，能耗水平一直呈现上升趋势，但经济增速放缓，这主要是由产能过剩而需求不足引起的。理论上而言，缩减能耗有利于减少企业生产规模，化解产能过剩问题，通过供给侧调整供需矛盾，进而对工业生产产生积极影响。那么，在模拟的生产技术条件下，工业的

① 限于篇幅，未报告出回归结果，可向作者索要。

平均经济潜力和节能潜力表现如何？能否同时实现产值增加和能耗减少？结果见表9－2①。

表9－2 2006—2014年命令政策和交易政策下中国工业年度平均经济潜力和节能潜力

年份	观测值		命令控制政策		用能权交易政策		命令政策平均经济潜力（%）	命令政策平均节能潜力（%）	交易政策平均经济潜力（%）	交易政策平均节能潜力（%）
	产值	能耗	潜在产值	潜在能耗	潜在产值	潜在能耗				
2006	31.7	17.5	54.8	17.34	54.9	8.0	1.92	0.03	1.93	1.43
2007	32.7	19	55.4	18.95	55.5	8.1	1.83	0.01	1.83	1.51
2008	34.9	20.9	56.7	20.64	56.9	16.7	1.64	0.04	1.66	0.53
2009	32.9	21.9	53.7	21.83	53.9	18.5	1.66	0.01	1.68	0.41
2010	34.7	23.1	57.3	22.6	57.6	20.1	1.71	0.06	1.74	0.34
“十一五”	33.4	20.5	55.6	20.27	55.8	14.3	1.75	0.03	1.76	0.80
2011	37.0	24.6	62.0	24.35	62.7	21.2	1.78	0.03	1.83	0.36
2012	36.3	25.2	61.8	25.04	62.6	22.2	1.85	0.02	1.91	0.31
2013	35.6	29.1	61.9	28.63	62.6	25.1	1.94	0.04	2.00	0.36
2014	34.9	29.6	60.1	29.13	60.7	25.7	1.9	0.04	1.95	0.35
“十二五”	35.9	27.1	61.4	26.79	62.1	23.5	1.87	0.03	1.92	0.35
整体均值	34.5	23.4	58.2	23.17	58.6	18.4	1.81	0.03	1.84	0.57

资料来源：根据模型计算结果整理而得。第二至第七列的产值和能耗为各年份所有行业（38个行业）加总而得，产值的单位是万亿元，能耗的单位是亿吨标准煤。后四列的潜力值均为每年每个行业的平均值，其中命令政策平均经济潜力＝（命令控制政策潜在产值－观测产值）/观测产值×100/38；命令政策平均节能潜力＝（观测能耗值－命令政策潜在能耗值）/观测能耗值×100/38；交易政策平均经济潜力＝（用能权交易政策潜在产值－观测产值）/观测产值×100/38；交易政策平均节能潜力＝（观测能耗值－用能权交易政策潜在能耗值）/观测能耗值×100/38。

从表9－2中可以看到，研究期间内，在两种政策下的中国工业潜在总产值均得到了很大提高。理想型的命令控制政策下所有行业平均每年的潜在工业总产值为581923亿元，平均每年每个行业的潜在产值比实际产值提高了1.81%。这可能是因为实际生产中存在很多导致生产无效率的因素，

① 本文利用bootstrap方法对模型（2）和模型（6）进行非参数统计性检验，从而得到表9－2中各估计值95%置信水平下的区间估计值，由于篇幅所限，具体结果可向作者索要。

如资源的错配。“十二五”之前，过多的人力、资本被投入低端钢铁行业，高端钢铁行业资源不足，这种资源错配会造成实际生产技术无法达到理想的生产技术，进而导致实际产出低于潜在产出。用能权交易政策下所有行业平均每年的潜在工业总产值为585978亿元，每个行业的潜在产值比实际产值高1.84%。这说明消除技术无效和管制无效后，经济潜力得到提升①。两种政策下平均经济潜力的差距为0.03%，即都在理想的情况下，实施用能权交易政策比实施命令控制政策可以额外使所有行业增加4055亿元工业总产值。分时期来看，“十一五”时期命令控制政策和用能权交易政策下的潜在工业总产值均高于实际观测产值，两种政策分别可以产生1.75%和1.76%的平均经济潜力，且依然是用能权交易政策的平均经济潜力高于命令政策的平均经济潜力。“十二五”样本期内两种政策下的工业经济潜力也有类似的结果。总体而言，无论是“十一五”时期还是“十二五”样本期，用能权交易带来的平均经济潜力均高于命令控制政策下的平均经济潜力，这说明完全管制会导致无效率和一定的潜在经济损失。另外，从时间维度来看，“十二五”样本期内两种政策带来的工业平均经济潜力均高于“十一五”时期。理想的命令控制政策下的潜在工业总产值平均比“十一五”多58604亿元，即多增加了0.12%的平均经济潜力；用能权交易政策下的平均经济潜力比“十一五”高0.16%，相当于所有行业在“十二五”时期平均多创造了63708亿元的潜在工业总产值。这一方面与“十二五”加快淘汰落后产能有关，2011—2015年工信部关停和淘汰落后生产线的行业涉及钢铁、水泥、造纸、印染等19个行业，在一定程度上刺激企业引进先进生产设备，采用新生产技术，进而提高了产出潜力。另一方面，与国家加大对工业的研发投入力度分不开，“十二五”时期工业各行业科技研发投入占主营业务收入的比重平均为0.60%，比“十一五”时期高0.4个百分点，这无疑对提高工业生产技术和能源效率，进而对提高工业产出具有促进作用。

我们再来分析工业节能潜力。在样本期内，两种政策下所有行业的潜

---

① 根据Färe等（2013），命令控制情形下的产出高于实际产出是由于消除了技术无效所导致，交易情形下的产出高于命令控制情形下的产出是由于消除了管制无效所导致，因此交易情形下的产出高于实际产出则是由于技术无效和管制无效均被同时消除所导致。

在工业能耗均低于实际能耗，且用能权交易政策的平均节能潜力远高于命令控制政策的平均节能潜力，二者分别产生 0.57% 和 0.03% 的节能潜力，前者比后者多0.54%，相当于使所有行业在样本期内平均多节省 47776 万吨潜在能耗。分时期来看，“十一五”时期理想的命令控制政策和用能权交易政策下所有行业的潜在能耗分别比实际能耗减少 2256 万吨标准煤和 62340 万吨标准煤，即分别创造 0.03% 和 0.80% 的平均节能潜力，用能权交易政策的平均节能潜力明显远高于命令政策的平均节能潜力。同样地，“十二五”样本期内，两种政策的平均节能潜力依然表现为用能权交易政策的平均节能潜力高于命令政策的平均节能潜力。但值得注意的是，“十二五”样本期内，命令控制政策的平均节能潜力整体稳定且趋于增加，但用能权交易政策的平均节能潜力仅为“十一五”时期的一半左右，这可能是因为一方面“十二五”时期命令型的节能政策比“十一五”时期更加严格；另一方面，比起命令控制政策，用能权交易政策更强调市场主体的自主性，即利益最大化是每个参与者最本质的追求。“十二五”中期，我们已经成功完成了国家节能减排目标，这一定程度上会降低部分交易主体的节能动力，导致“十二五”样本期内用能权交易政策的平均节能潜力仅为“十一五”时期的一半，这意味着用能权交易政策节能作用的有效发挥离不开适度的命令管制。

9.5.2 工业分行业层面的经济潜力和节能潜力分析

上述分析结果表明，理想的命令控制政策和用能权交易政策均能产生高于实际水平的潜在工业总产值和低于实际水平的潜在能耗，且与命令控制政策相比，用能权交易政策的平均经济潜力和节能潜力更大，但市场主体逐利的本质暗含着用能权交易政策的有效节能离不开政府的适度管制。那么，对于每个工业分行业而言，上述结论是否依然成立？

从表 9 - 3 我们可以发现，两种政策下平均每个行业在样本期的潜在工业总产值都得到了提高，都有明显的经济潜力。其中，在理想的命令控制政策下，每个行业样本期内工业总产值平均潜在增加 56073 亿元；实行用能权交易政策，每个行业样本期内工业总产值平均潜在增加 57033 亿元，两种政策下平均每个行业每年的潜在工业总产值比实际工业总产值分别增加7.62%和7.75%，用能权交易政策的平均经济潜力比命令控制政策多0.13%。分行业来看，在两种政策下，水的生产和供应业、燃气生产和供应业、煤炭开采和洗选业、造纸和纸制品业、印刷和记录媒介复制业、医药制造业和非金属矿物制品业等7个行业均有较大的平均经济潜力。其中，水的生产和供应业在两种政策下平均每年的潜在工业总产值分别比实际产值增加83.66%和86.84%，是平均经济潜力最大的行业。这可能是因为该行业属于关乎国计民生的基础服务行业，有较多的要素投入，但生产技术条件尚待改进，因此有更大的生产潜力。这些行业中平均经济潜力最小的行业是医药制造业，命令政策和交易政策下分别为13.68%和13.77%。这表明该行业的生产技术趋于完善。所有行业中，烟草加工业和石油加工、炼焦和核燃料加工业在两种政策下均不存在平均经济潜力，这说明这两个行业的生产能力已经达到了目前的生产技术边界。值得注意的是，尽管平均而言，用能权交易政策的经济潜力要高于命令政策的经济潜力，但具体到每个行业，有17个行业在两种政策下的平均经济潜力是相同的。这说明，在现有技术条件下，对这些工业行业而言，用能权交易政策创造的经济潜力与命令控制政策带来的效果没有太大差别，想要通过市场机制政策释放更大的经济潜力，必须整体创新或引进更先进的生产技术。

表9－3　命令政策和交易政策下工业分行业的平均经济潜力和节能潜力①

行业	命令控制政策		用能权交易政策		命令政策平均经济潜力（%）	命令政策平均节能潜力（%）	交易政策平均经济潜力（%）	交易政策平均节能潜力（%）
	潜在产值	潜在能耗	潜在产值	潜在能耗				
煤炭开采	28.6	9.4	28.6	6.7	25.09	0.17	25.09	3.28
石油开采	14.8	3.5	15.2	4.8	8.75	0.14	9.34	－3.74
黑色金属采选	2.9	1.5	2.9	0.6	10.44	0.19	10.44	6.96
有色金属采选	2.8	0.9	2.8	0.7	5.47	0.04	5.48	2.62
非金属采选	2.4	1	2.4	0.5	13.21	0.05	13.21	6.11
烟草制品	3	0.2	3	0.2	0	0.1	0	0

① 由于篇幅所限，本文只列出代表性行业的结果。

续表

行业	命令控制政策		用能权交易政策		命令政策平均经济潜力（%）	命令政策平均节能潜力（%）	交易政策平均经济潜力（%）	交易政策平均节能潜力（%）
	潜在产值	潜在能耗	潜在产值	潜在能耗				
造纸业	12.9	3.4	13.8	6.1	19.4	0.12	21.53	-8.26
印刷业	4.1	0.3	4.1	0.3	17.15	0.03	17.21	-0.14
石油加工	18.1	14.5	18.1	14.6	0	0.07	0	0
化学制品	43.7	30	43.7	22.3	12.89	0.1	12.89	2.92
医药制造	10.9	1.4	11	1.5	13.68	0.27	13.77	-0.45
化学纤维	5.9	1.4	6.3	2.5	10.94	0.1	12.39	-8.6
橡胶塑料制造	16.5	3.2	16.6	3	9.53	0.06	9.62	0.61
非金属制品	32.1	24.9	32.1	10.6	19.3	0.19	19.3	6.44
黑色金属加工	51.8	50.7	51.8	32	11.3	0.13	11.3	4.19
有色金属加工	17.2	11.7	17.2	8.6	4.17	0.05	4.17	3.03
金属制品	11.2	3.2	11.2	1.7	3.98	0.05	3.98	5.16
通用设备制造	18.6	2.8	18.6	2.6	4.81	0.24	4.83	1.07
电力生产	45.8	19.4	46.7	21.8	13.07	0.19	13.57	-1.22
燃气生产	2.9	0.6	2.9	0.5	29.98	0.33	30.03	0.73
水的生产	6.3	0.9	6.6	1.4	83.66	0.06	86.84	-6.84
工艺品制造	3.4	1.3	3.4	0.5	3.63	0.08	3.63	7.01
其他工业	0	0.4	0	0	4.02	0.31	4.02	11.09
全行业均值	13.8	5.5	13.9	4.4	7.62	0.13	7.75	2.4

资料来源：根据模型计算结果整理而得。第二至第七列的产值和能耗为各行业所有年份（9年）加总而得，产值的单位是万亿元，能耗的单位是亿吨标准煤。后四列的潜力值均为每个行业每年的平均值，其中，命令政策平均经济潜力 =（命令控制政策潜在产值 - 观测产值）/观测产值 ×100/9；命令政策平均节能潜力 =（观测能耗值 - 命令政策潜在能耗值）/观测能耗值 ×100/9；交易政策平均经济潜力 =（用能权交易政策潜在产值 - 观测产值）/观测产值 ×100/9；交易政策平均节能潜力 =（观测能耗值 - 用能权交易政策潜在能耗值）/观测能耗值 ×100/9。

从两种政策的节能表现来看，用能权交易政策的平均节能潜力明显高于命令控制政策，前者比后者平均高 2.27 个百分点，相当于每个行业在样本期平均多节约了 11315 万吨潜在能耗。分行业来看，命令控制政策下平均节能潜力较大的行业有燃气生产和供应业、医药制造业、通用设备制造业、其他工业、煤炭开采和洗选业等行业。其中，燃气生产和供应业有较大的平均节能潜力，达到0.33%，这说明燃气的生产和供应消耗了较多的能源，命令控制政策能较大程度控制该行业的能耗。煤炭开采和洗选业在上述行业中有较小的平均节能潜力（1.73%），这是因为该行业近年来技术方面已有较大改进，加之长期以来命令控制政策较为严格，因此节能空间不大。另外，在用能权交易政策下，工艺品及其他制造业、黑色金属矿采选业、非金属矿物制品业、非金属矿采选业、金属制品业、煤炭开采和洗选业、黑色金属冶炼和压延加工业及其他工业等行业有较大的平均节能潜力。除了其他工业外，有最大平均节能潜力的行业是工艺品及其他制造业，达到7.01%，这与该行业制造大量的日用杂品导致其能源需求较高有关，说明该行业在现有技术条件下仍有较大的节能空间。黑色金属冶炼和压延加工业有4.19%的平均节能潜力，在上述几个行业中属于平均节能潜力最小的行业。这说明仍需加大对炼钢、炼铁和钢压延行业的技术改造与创新投资，通过技术创新实现节能减排。综合两种政策下上述不同行业的节能表现，不难发现，命令控制政策下平均节能潜力较高的行业多为基础服务性的工业，用能权交易政策下平均节能潜力较高的行业多为重型工业，这些行业均为实际能耗水平较高的行业，说明能源消耗量越大，节能空间越大。此外，实施用能权交易政策，38个行业中有一些行业的平均节能潜力是负值，即能耗水平较实际情况没有减少反而增加，这是因为在用能权交易政策下，这些行业可以从市场上购买别的行业多余的用能权，通过增加能源投入获得更大的经济利益。比如化纤制造业，用能权交易政策下潜在工业总产值比实际增加33003亿元，但潜在能源消耗比实际能耗增加了10942万吨标准煤，这与市场交易下经济主体逐利的本质是分不开的。尽管如此，经过行业间的用能权交易后，所有行业潜在节约了455479万吨标准煤，相当于所有行业在样本期产生了340.90%的节能潜力。这种部分行业产生负节能潜力的现象再次意味着用能权交易政策节能的有效发挥需要政府的适度管制。综合上述分行业平均经济潜力和平均节能潜力的分析，我们发现不同行业的经济潜力和节能潜力是有差别的，这对行业用能权的初始配额分配无疑是有帮助的。

进一步分析高能耗行业的表现，黑色金属采选和压延加工业、有色金属采选和压延加工业、非金属矿物制品业、石油采选和加工业、化工行业及电力生产和供应业是我国六大高能耗行业，为了考察这六大高能耗行业的经济潜力和节能潜力，我们对除非金属矿物制品业和电力生产供应业的其他四大行业下属的子行业做了一些合并处理（见表9－4）。

表9－4　命令政策和交易政策下六大高能耗行业的平均经济潜力和节能潜力①

行业	命令控制政策		用能权交易政策		命令政策平均经济潜力（%）	命令政策平均节能潜力（%）	交易政策平均经济潜力（%）	交易政策平均节能潜力（%）
	潜在产值	潜在能耗	潜在产值	潜在能耗				
黑色金属	54.7	52.2	54.7	32.5	11.25	0.13	11.25	4.27
有色金属	20	12.6	20	9.3	4.34	0.05	4.34	3
非金属制品	32.1	24.9	32.1	10.6	19.3	0.19	19.3	6.44
石油	32.9	18	33.3	19.3	2.74	0.08	2.93	－0.73
化工	77	36	77.5	29.3	12.03	0.1	12.18	2.14
电力生产	45.8	19.4	46.7	21.8	13.07	0.19	13.57	－1.22
均值	43.8	27.2	44.1	20.5	10.08	0.13	10.23	2.83

资料来源：根据模型计算结果整理而得。第二至第七列的产值和能耗为各行业所有年份（9年）加总而得，产值的单位是万亿元，能耗的单位是亿吨标准煤。后四列的潜力值均为每个行业每年的平均值，其中，命令政策平均经济潜力＝（命令控制政策潜在产值－观测产值）/观测产值×100/9；命令政策平均节能潜力＝（观测能耗值－命令政策潜在能耗值）/观测能耗值×100/9；交易政策平均经济潜力＝（用能权交易政策潜在产值－观测产值）/观测产值×100/9；交易政策平均节能潜力＝（观测能耗值－用能权交易政策潜在能耗值）/观测能耗值×100/9。

为了更直观地分析用能权交易政策对各行业的经济和环境效应，我们将六大高能耗行业与其他各行业在用能权交易下的平均经济潜力和节能潜力分别绘制在图9－1和图9－2中。从图9－1可以看到，其他各行业的平均经济潜力差距很大，有高达86.84%的行业，如水的生产和供应业；也有无经济潜力的行业，如烟草加工业。与之相比，高能耗行业的平均经济潜力差距较小。此外，虽然经济潜力最大的行业不在六大高能耗行业中，但六大高能耗行业的经济潜力占所有行业经济潜力的比重达48.80%，这一比

① 黑色金属行业包括黑色金属矿采选业和黑色金属冶炼和压延加工业，有色金属行业包括有色金属矿采选业和有色金属冶炼和压延加工业，石油行业包括石油和天然气开采业和石油加工、炼焦和核燃料加工业，化工行业包括化学原料和化学制品制造业、医药制造业、化学纤维制造业及橡胶和塑料制造业。

重不容小觑。图9－2表明，各行业用能权交易下的平均节能潜力差距较大，有正有负。事实上，平均节能潜力负值较大的两个行业是造纸和纸制品业和化学纤维制造业，但由于后者归属于高能耗组中的化工行业，其他化工行业的节能潜力为正值，导致化工行业的节能潜力整体表现为正。尽管如此，电力生产供应业和石油行业两个高能耗行业在用能权交易政策下表现出负的节能潜力。由于存在负节能潜力，经过计算，我们发现高能耗行业的整体节能潜力仅占所有行业节能潜力的34%。这说明，高能耗行业的节能发展仍任重道远，节能减排技术、高新技术的引进与研发仍有待加强。

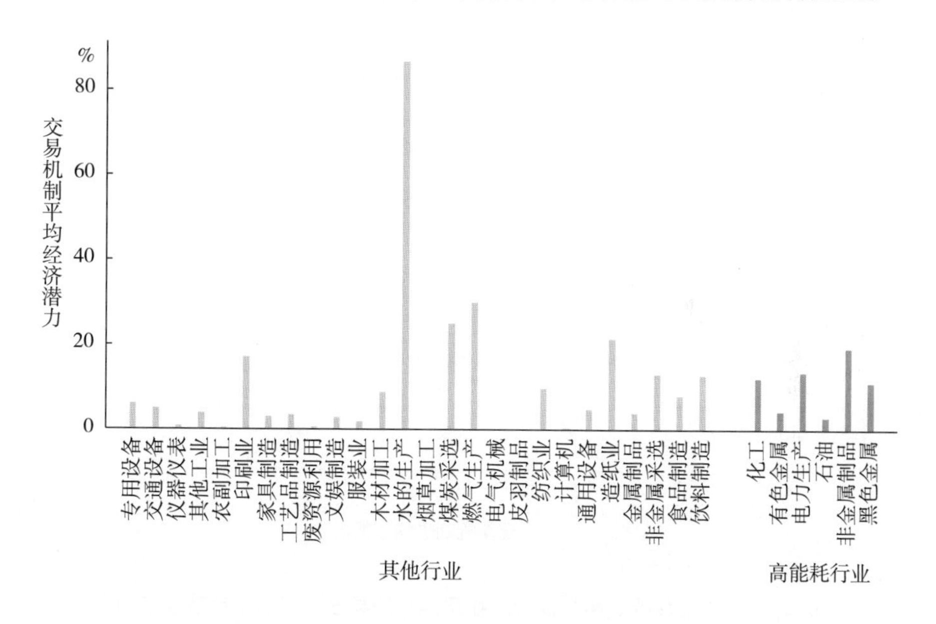

图9－1　高能耗行业和其他行业在用能权交易政策下的平均经济潜力

（资料来源：笔者整理所得）

从表9－4可以看到，六大高能耗行业在两种政策下的潜在经济和节能表现与行业的整体表现是基本一致的。除了黑色金属、有色金属和非金属矿物制品行业在两种政策下的平均经济潜力相同外，其他三个行业在用能权交易政策下的平均经济潜力均高于命令控制政策。电力生产和供应业在两种政策下的平均经济潜力差距最大，达到0.50%，这可能与该行业在交易政策下购买大量用能权促进生产有关，从用能权交易政策下该行业的平均节能潜力为－1.22%就可以看出。除此之外，石油行业也具有负的节能潜

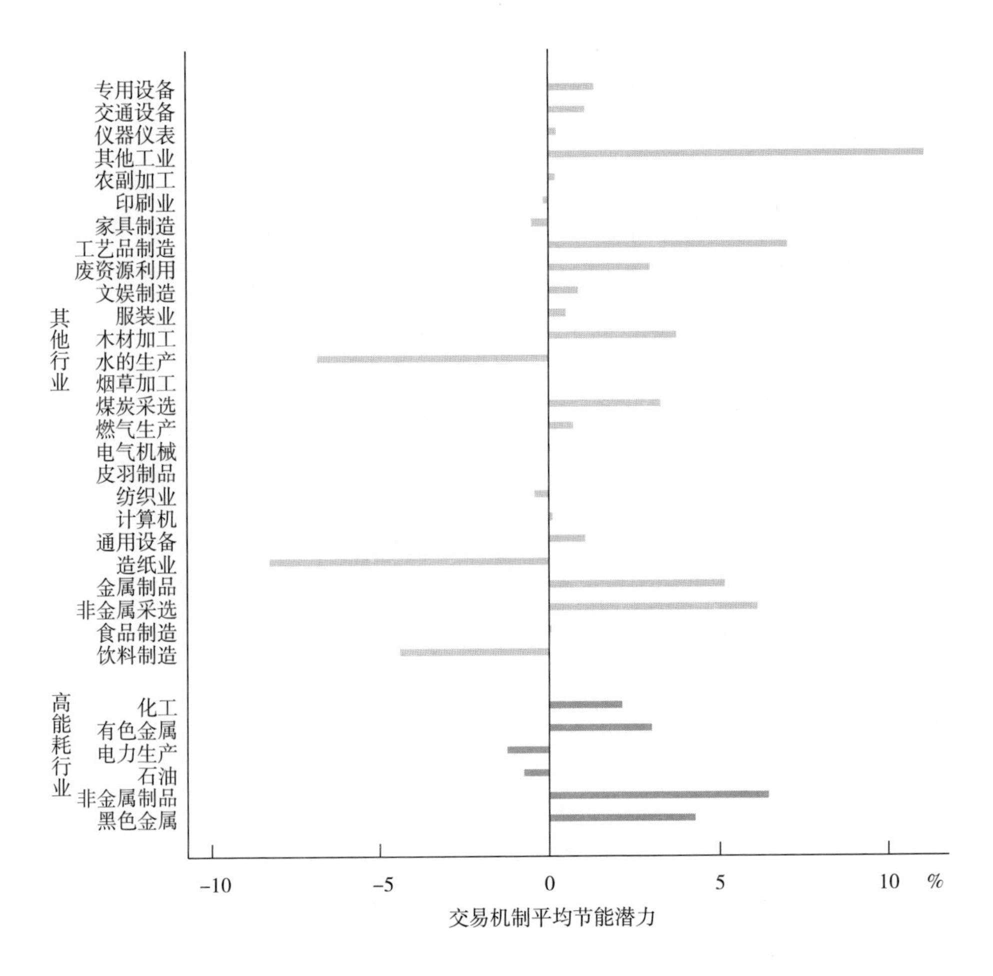

图9-2 高能耗行业和其他行业在用能权交易政策下的平均节能潜力

（资料来源：笔者整理所得）

力（-0.73%）。虽然其他四个行业在样本期都具有明显的节能潜力，依次为非金属矿物制品（146480万吨标准煤）、黑色金属（202710万吨标准煤）、有色金属（34236万吨标准煤）和化工（69752万吨标煤）。六大行业通过用能权交易可以潜在节约419614万吨标准煤，占交易政策总潜在能耗的25.40%，但是负节能潜力的存在还是拉低了高能耗行业的平均节能潜力。这表明用能权交易政策的实施还需要政府适度的管制，如果政府对石油行业的用能设置一定的上限，用能权交易的实施对促进中国高能耗行业的节能发展无疑具有更大的推动作用。

综上所述，用能权交易政策和命令控制政策平均而言都能产生高于实际水平的潜在工业总产值和低于实际水平的潜在能耗。比起命令控制政策，用能权交易政策平均经济潜力和节能潜力均较大，但是由于市场主体逐利的本质，一些行业会为了增加经济利益而过度购买用能权，导致整体节能潜力下降。因此从环境效应方面来讲，政府适度的命令管制不可或缺。要使用能权交易政策更好地实现经济和环境的协调发展，必须将市场交易与政府适度、有针对性的命令控制政策结合起来。

9.5.3 “十三五”时期工业整体层面和分行业层面经济潜力和节能潜力预测

中国在“十三五”规划中提出至2020年能源消费总量控制在50亿吨的目标，那么在实现节能目标的情况下，中国工业在这一时期实施用能权交易政策会产生多少经济潜力和节能潜力？本书采用指数平滑预测法、线性外推法和线性插值法对2015—2020年各主要变量数据进行了预测，并将2015年的预测数据和实际数据进行了相关性检验、配对T检验及两种政策下经济潜力和节能潜力模拟结果的对比检验，所有检验结果都表明预测数据是可靠的[①]。基于预测数据，我们分析了“十三五”时期工业的经济潜力和节能潜力[②]。

就工业整体层面而言，“十三五”时期两种政策下中国工业仍然具有较高的平均经济潜力和节能潜力。用能权交易政策的平均经济潜力依然高于命令控制政策，且二者平均差值也高于“十一五”时期和“十二五”样本期。用能权交易政策的平均节能潜力依然远高于命令控制政策。值得注意的是，命令控制政策的平均节能潜力较2006—2014年有所下降，但是用能权交易政策的平均节能潜力却比2006—2014年大幅提高，这说明命令控制政策的节能潜力稳定而有限，而用能权交易政策的节能作用逐渐显现。从长期来看，2006—2020年中国工业在用能权交易政策下的平均经济潜力（2.01%）和节能潜力（0.63%）也有较大提高，这说明从长期来看，用能

① 由于篇幅所限，未报告出预测方法的具体细节和预测数据的检验结果。

② 由于篇幅所限，未报告出“十三五”时期实证分析的详细结果。

权交易政策不仅可以产生更高的经济潜力，还可以释放更大的节能潜力，这可能与长期用能权交易制度的完善和工业整体生产技术的提高有关。

就工业分行业层面而言，“十三五”时期分行业中水的生产和供应业、燃气生产和供应业、煤炭开采和洗选业、造纸和纸制品业、黑色金属采选业、非金属矿物制品业和黑色金属冶炼和压延加工业等七个行业在两种政策下具有较高的平均经济潜力，这与2006—2014年的结果基本一致，且两种政策的平均经济潜力差距比2006—2014年明显扩大。与2006—2014年相比，有更多的行业同时在命令控制政策和用能权交易政策下有较大的平均节能潜力，如煤炭开采和洗选业、黑色金属冶炼和压延加工业、化学原料和化学品制造业、非金属制品业等，并且依然是能耗越高的行业平均节能潜力越大。进一步地，对六大高能耗行业的分析表明，在用能权交易政策下，六大行业总经济潜力占所有行业的比重较2006—2014年下降了30.4%，这主要是因为其他行业中煤炭开采和洗选业、燃气生产和供应业贡献了较大的经济潜力，导致高耗能行业经济潜力所占份额下降。另一方面，比起命令控制政策稳定且有限的节能效果，用能权交易政策对六大行业平均节能潜力的增加非常显著（7.06%）。这说明“十三五”时期用能权交易政策可以使高能耗行业产生巨大的节能潜力。但同样地，电力行业的节能潜力依然为负，拉低了工业平均节能水平，这再次表明用能权交易政策的实施离不开政府有针对性的适度管制。

9.5.4 用能权交易政策下工业经济潜力和节能潜力的非参数统计检验

上述分析表明，用能权交易政策可有效促进中国工业经济的增长和节能减排，为了检验结论的可靠性，我们对实施用能权交易政策前后的中国工业总产值和能耗水平进行非参数检验（威尔科克森-曼-惠特尼秩和检验，*Wilcoxon-Mann-Whitney rank-sum test*）。该种方法可看成是对两样本均值之差进行非参数检验。具体地，首先将实际观测的工业总产值和能源消费量与交易机制下的工业总产值和能源消费量按照数值大小升序排列，再基于两类样本的等级和计算出曼-惠特尼U值，最后将其与临界值比较并作出判断。检验结果表明工业总产值和能源消耗的P值分别为0.000和0.086，均具有统计显著性。因此，可以认为用能权交易政策下工业总产值和能源消耗显著不同于实际水平。此外，我们还绘制了实际水平和用能权交易水平下工业总产值和能源消耗的核密度图，结果也支持了上述结论。综上所述，用能权交易政策有利于实现中国工业经济增长和节能减排的结论在统计学上是可靠的。

9.6 结论与政策建议

为了促进中国经济转型和生态环境保护，节能降耗已经成为中国可持续发展的必由之路。作为一项市场化的节能新政，“十三五”规划中提出的用能权交易机制对实现我国经济增长和节能减排的影响如何？基于38个二位数工业分行业的投入产出数据，利用环境生产经济理论，分别构建命令控制型和用能权交易型的非参数优化模型，并结合随机前沿模型，对2006—2014年和“十三五”时期两种政策下中国工业整体层面和分行业层面的经济潜力和节能潜力进行了模拟估计和预测。本章的主要结论及政策建议如下：(1) 从工业整体层面来看，用能权交易政策和命令控制政策均能产生高于实际水平的潜在工业总产值和低于实际水平的潜在能耗；两种政策相比，用能权交易政策不仅有更高的平均经济潜力，还有更大的平均节能潜力。(2) 用能权交易政策对关乎国计民生和基础服务的行业有较大的经济潜力诱发作用，如水的生产和供应业、燃气生产和供应业等；对能源需求较高的行业有较大的节能促进作用，如黑色金属矿采选业、非金属矿物制品业、金属制品业、黑色金属冶炼和压延加工业等。不同行业平均经济潜力和节能潜力的差异对用能权交易政策的初始能源配额分配有一定的指导作用，建议对关乎国计民生的行业适当提高能源初始配额，对于高能耗行业适当收紧能源配额的分配。(3) 用能权交易政策下六大高能耗行业的经济潜力占所有行业经济潜力的比重达48.8%，但整体节能潜力仅占所有行业节能潜力的34%，节能发展任重道远。长期来看，用能权交易政策虽然可以使高能耗行业产生更大的节能潜力，但高能耗行业的总经济潜力比重有所下降，说明必须加快高能耗行业的技术创新或引进国外先进技术，才可能让其在交易政策中持续释放更大的经济潜力。(4) 尽管工业整体的节能潜力在用能权交易政策下高于命令控制政策，但具体到各行业，由于市场主体追逐利益的本质，完全市场化的用能权交易政策会使某些行业为了增加经济利益而过度购买用能权，从而会挤出一些节能潜力。因此，为了使用能权交易政策的实施更有效地协调经济增长和节能减排，政府适度的管制也是必不可少的。（5）实证分析还发现，工业在经济结构中占比越低，科技研发投入比重越高，政府对治污的投入比重越高，越有利于提高能源效率。

综上所述，用能权交易政策的实施离不开政府的命令管制，中国政府应该发挥主观能动性，设计出两种适应我国国情的节能减排政策机制。在实施用能权交易政策时，政府可以根据不同行业的经济潜力和节能潜力的差别来控制各行业的能源消费总量。此外，政府还要继续推进经济结构和产业结构的调整，继续淘汰落后产能；增加工业行业的技术投资，尤其是高能耗行业的技术改造和研发投资；加大对污染的治污投资和监管力度，提高工业企业的生产技术和能源利用效率。总之，只有坚持市场交易为主，政府调控为辅，各项措施多管齐下，对症下药，才能实现中国工业经济增长和节能减排的双赢发展。

第10章 环境规制政策与市场化生态补偿机制的互嵌

——河长制再设计：行政问责与横向生态补偿

10.1 前言

2016年12月，中共中央办公厅和国务院办公厅联合印发《关于全面推行河长制的意见》，要求全面建立省、市、县、乡四级河长体系，由各级党委或政府主要负责人分别担任总河长（省级）和河长（省内各级行政区域），负责组织领导辖区内相应河湖的管理和保护工作，对相关部门和下一级河长履职情况进行督导，对目标任务完成情况进行考核，强化问责制度。县级及以上河长设置相应的河长制办公室，承担河长制组织实施具体工作。至此，2007年首创于江苏省无锡市的一项水环境治理行政首长“承包”责任制，就由个别地方自发形成的制度安排推广至全国，从非正式制度上升为国家的正式制度。

近些年来，对于河长制的法理性质及其利弊得失一直存在不同意见，现在中央为这项制度正名并推广之，是否标志着对河长制的质疑可以休矣？柯武刚等（2000）指出，制度变迁是一个不断试错和演化的过程，即使是强制性的新制度也需要建立在诱致性的制度变迁基础之上，否则新制度将流于形式。青木昌彦（2001）提出，制度作为一种博弈规则，实施者怎样才能被驱使去恪尽职守？只有当博弈规则是内在产生的，通过博弈参与人之间的策略互动达成博弈均衡，变得可以自我实施（Self - Enforcing）时，该制度才具有自我强化的效率。本章基于博弈均衡制度观对河长制加以考察，并试图通过二次设计，嵌入制度“补丁”，形成具有互补性和激励兼容的整体性制度安排（Overall Institutional Arrangement）。

10.2 河长制的制度渊源与利弊分析

中国作为东方大河流域农业文明的代表，治水自古以来就是历代中央和地方政府的重要职能，乃至于这一职能被某些西方学者夸大为东方专制主义的经济根源，冠之以“治水专制主义”之名。根据《周礼》记载，在商周王朝的六官体制中，“掌邦事”的司空，其职责范围中已有“修堤梁，通沟浍，行水潦，安水臧，以时决塞”等治水事务。汉成帝在位时，中央行政机构中首次设立专司治水事务的衙司——都水使者衙，但其职级较低。魏晋南北朝和隋唐时期，除了设都水监专司京畿地区的水利外，还在尚书工部设置工部、屯田、虞部、水部四个属衙，水部设水部郎中，总管全国水利事务。唐代在水利事业上的重大举措是形成了“中央总举、地方自营”体制，重大水利工程由中央水部“总举”，一般水事则由地方州县自营自管。唐朝规定州刺史有“劝课农桑”之责，县令则有“敦四人之业”之责，地方治水工程的组织、水利设施的管理被纳入州县长官的职责中。农桑水利事务成为地方官政绩考核的重要内容，有力调动了州县的治水积极性，使唐代的地方水利事业得到蓬勃发展。《新唐书·地理志》记载唐代83州144县248处水利工程，署名主持人共157人，其中为州县官员者共130人，占主持人总数的82.8%。可以说，唐代规模宏大的水利事业正是“中央总举、地方自营”体制取得的成就。此制既立，唐代以降中国历朝治水，除了黄河、淮河、长江、槽渠等关涉全局的治水工程仍由中央直接主持以外，大量地方性水利工程便由州县自办了（张弓，1993）。可以看出，两千年来“中央总举、地方自营”的央地分工体制与当今的河长制有着微妙的传承关系，河长制在一定程度上借鉴了农业社会的官僚科层体制来解决工业社会的水资源、水生态和水环境治理问题，其制度渊源可谓源远流长。

河湖治理是一项复杂的系统工程，涉及上下游、左右岸、不同的部门、行业和行政区域。长期以来，对环境质量的指责或肯定，很大程度上是针对环保部门的。但在事实上，环保部门由于行政权限、技术手段、资源配置等限制，对于涉及面广泛的水环境治理往往力不从心。“河长制”把地方党政领导推到第一责任人的位置，由党政领导担任河长，协调整合各方力量，对断面水质达标负首要责任。可以说，河长制有利于促进水资源保护、水污染防治和水环境治理，是解决我国复杂水问题、维护河湖健康生命的有效举措，是完善水治理体系的制度创新。学术界也认为，河长制至少在短期是有效的，其效率主要来源于以下几点。（1）由党政一把手担任地方水环境治理的第一责任人，权责清晰，有利于统筹协调各部门资源，解决部门权力分割、推诿扯皮的问题，缓解“九龙治水”的体制痼疾。（2）通过科层之间问责压力的逐级传递，可以在一定程度上遏制地方政府热衷于追逐 GDP 而罔顾生态环境的短期行为，加强地方政府对生态环境的监管和治理力度。

但另一方面，对河长制的质疑也不少。有人认为河长制本质上属于命令控制型的手段，不具有长效机制；缺乏法律基础，责任与权利不对等，无法根除委托—代理问题，缺乏激励相容的内生动力；河长制虽然有助于缓解治水中的部门分割问题，但无法解决行政区划分割问题，尤其是对于跨越多个行政区的大流域，河长制无法通过博弈均衡机制来协调地方之间的利益关系，难以形成利害攸关的命运共同体。笔者认为，在以上缺陷中，委托—代理关系中的激励机制和行政区划间的利益协调机制是问题的要害所在。

综上所述，河长制在承袭中国几千年治水经验的基础上，综合考虑了地方权力结构与环境现实，充分利用行政长官的权力来推动地方政府转变职能，初步形成了具有中国特色的水环境治理制度。但在中国的压缩型工业化和城镇化使水危机日趋迫近的形势下，河长制难免具有应急的过渡性。它单纯依靠行政手段来解决错综复杂的环境问题，难以适应现代社会多元化的利益诉求，因此需要在实践中不断进行制度创新和机制改进，更多地引入横向生态补偿等市场机制，增强制度的内生动力，形成多元化和可持续的水环境治理体系。

10.3 把市场机制嵌入河长制的必要性与可行性

在生态环境治理问题上，历来存在着政府与市场之争。在国外，依靠政府解决市场失灵的“庇古税”方案和依靠产权交易来避免政府失灵的科斯方案之间的争议始终存在，此外还有依靠社区自治来解决公共资源管理的奥斯特罗姆方案。在国内，由于体制和文化传统，“经济靠市场、环境靠政府”的二元观也一直占据主导地位。然而，随着生态环境压力的增大，环境治理与经济发展的矛盾日益凸显，单一的政府治理已经不足以解决所有问题，于是人们开始关注在环境治理领域更多地引入市场机制，实现政府与市场的有效融合。

那么，在流域治理领域，在采用了行政主导的河长制以后，是否还有必要引入市场机制？笔者认为答案是肯定的。

（1）河长制虽然缓解了同一辖区内的部门分割问题，但难以解决跨行政区的地区分割问题。例如跨区域交界断面的水质水量考核目标应如何确定？现行制度主要依据不同环境功能区的各类水体标准来制定考核目标，但国家地表水环境质量标准（GB 3838—2002）多达 109 个项目（其中地表水环境质量标准基本项目 24 项，集中式生活饮用水地表水源地补充项目 5 项，集中式生活饮用水地表水源地特定项目 80 项），不仅项目指标林林总总，在丰、平、枯水期指标限值还有变化，这使得确定考核目标的自由裁量空间太大。况且，水功能区是根据保护生态环境的要求而非按照行政区划来划定的，河长制却是以后者为基础建立的，同一地区的河长可能分属于不同的功能区，考核标准应如何制定？据统计，我国流域面积 50 平方千米以上的河流共 45203 条，水质监测断面从国控点、省控点到地方断面难计其数，这些断面的水文条件千差万别，水质亦有云泥之分（水质未达标的断面不在少数），故而中央文件要求河长制立足不同地区不同河湖实际，实行一河一策。这一原则本身没错，但文件未提跨行政区（如跨省）流域的一河一策如何确定。其中，断面考核目标关系到河长制的成败。水质考核目标定得过高，河长无法完成；目标定低又达不到“水更清”的治水初衷。面对纷繁复杂的现状、庞大的信息量和自然及社会的不确定因素，完全由上级主管部门来制定考核目标，能够保证其科学性和公正性吗？下级河长是否会抱怨上级有偏心？在一省之内，下级往往被迫服从上级。但确定跨省之间的断面目标就不那么简单了。例如，江西省和广东省就东江的跨省断面水质标准及其生态补偿问题，断断续续谈了十多年，最后在中央的干预下才达成协议。广东有省际河流 52 条，其中上游在邻省的河流 44 条。难道所有的跨省河流都要由中央来制定断面考核目标吗？以上问题不解决，河长制为跨界治水责任问题可能产生大量矛盾。而要解决以上问题，引入协商谈判的市场机制必不可少。

（2）赋予河长内在动力和必不可少的资源的需要。河长制设计了层级分明的治水委托代理“链条”，但这些链条却单纯依靠行政力量去驱动。由于缺少激励相容机制，使得河长缺乏实现考核目标的内生动力，当与自身的仕途关系更为密切的经济和税收增长目标与治水目标发生冲突时，河长们的天平往往会倒向前者。而且，如果没有足够的资源保障，河长即使想治好水也是有心无力，对于经济落后地区尤其如此。鉴于此，河长制必须与具有较强激励机制的市场手段相结合，尤其是与同级河长之间的横向生态补偿机制相结合，才可能形成有效激励的环境治理制度。

一些国外学者（Muradian 等，2012）在论及不宜把自然资源视为可以任意市场化的商品时指出，大多数环境服务付费（PES）实际上是介于市场和科层之间的混合治理结构，因为它们被不同程度地嵌入了政治程序和各种文化及生态背景，PES 的目标设计通常涉及用户的政治决策和资源基础。那么，中国在水环境治理的领域，是否有可能在河长制中嵌入类似于 PES 的机制，形成一种政府与市场有机结合的混合制度？

首先，前面在分析河长制的制度渊源时提到，中国自古以来在治水上实行的是中央集权和地方分权相结合。我国《环境保护法》第十六条规定地方各级人民政府应当对本辖区的环境质量负责，采取措施改善环境质量。根据历史传统和现行法律，河长在治水上可以代表辖区内大多数居民和企业的利益，河长制意味着该地区的居民自愿[①]或非自愿地把自己拥有的环境治理权委授给河长去行使，因此河长制并不缺乏法理基础。正如美国学者

① 由于我国实行了乡村基层民主制，村长是由选举产生的，他们之中很多人可能担任河长。

科尔（2009）所指出，所有适用于环境保护的方法最终都建立在财产权的基础之上，即使是环境管制也是一种基于财产权的环境保护方法。因此，河长制这种自上而下的制度使得原本虚悬的水资源全民所有制落地成为水资源的属地使用权和地方管护权，初始产权反而变得清晰了（如果产权边界不清晰，将难以追究河长的责任）。因此，根据科斯定理，河长制与环境产权交易在逻辑上是可以自洽的。

其次，河长制与市场机制的嵌套，可以大大节约交易成本。国外的 PES 要么是政府对私人部门（企业、农户和居民）的环境服务购买，要么是私人部门之间的环境产权交易，由于私人部门交易对象众多，信息不对称，监测手段匮乏，交易成本自然不菲。而在河长制下进行产权交易时，可以把一对多和多对多的谈判变成一对一（地区产权代表对地区产权代表），创造出一个双边垄断市场。根据 Robin 等（2010）的研究，这样的市场结构可以极大节约交易成本。正如科尔指出，自科斯 1960 年发表那篇著名的论文以后（指“社会成本问题”），经济学家可以合理地宣称，确立产权的成本，而非缺乏产权安排，才是环境问题的终极原因。

地方政府进行环境产权交易的谈判机制被称为“环境政治市场”（Environmental Political Markets）。河长制与西方国家通过选民投票决定公共品供给的“政治市场”相比具有更大的成本优势，因为这种看似集权的方式不仅减少了选举过程的交易成本，而且可以避免阿罗不可能定理所包含的悖论。在中国现行体制下，地方官员的行为模式本来就已被形塑为像企业的 CEO 一样，河长制对于治水服务的权力集中和问责压力，将驱使河长在环境政治市场上去讨价还价，以获取对本地区更有利的条件和更多的资源。因此，只要制度设计得当，河长们不仅将被赋予参与谈判的动机，环境政治市场在资源配置上还有可能实现帕累托效率。

10.4 跨界断面考核目标的谈判机制设计——两个河长的情景

河长制问责机制的核心是设定跨界断面水质考核目标。由于各地区河流断面情况千差万别，各个考核断面难以按照整齐划一的国家标准对号入座。而且，河长制委托代理链条越长，信息不对称的程度越高，由上级确定考核目标就越容易失真。实现考核目标还涉及履约动力和资源配置问题，如果仅靠上级部门乾纲独断，协议实施往往缺乏动力。从长期来看，解决目标设定和履约动力问题都需要引入谈判协商机制，并辅之以市场化的生态补偿机制。河长制基础上的横向生态补偿是在上级政府的引导和仲裁下，由同级河长进行谈判，最终达成断面水质水量考核目标的协议，同时约定双方履约后的奖罚标准（即补偿/赔偿金额），奖罚金额可以谈判产生，也可以参照排污权价格外生决定，协议由上级政府监督执行。

为了简化问题，需要构建一个基于断面水质标准来实现流域综合社会成本最小化的模型，以证明在信息对称条件下，通过河长之间的谈判，具有帕累托效率的水质标准合约可以被内生决定。

1. 基本假设

A 和 B 分别代表流域上下游地区的河长，双方作为区域产权代表开展双向补偿合约的谈判，谈判的核心是断面水质标准的确定。补偿方向通过预先设计的规则设定为状态依存型（State Contingent）的协议：当上游来水稳定达标时，下游拨付资金补偿上游治水的相关成本，当上游来水水质未达标甚至恶化时，上游拨付资金赔偿下游的相关损失。对照现实，这正是迄今为止我国流域横向生态补偿试点的普遍做法（张捷、傅京燕，2016）。

2. 上游河长 A 的治污成本和机会成本

应当如何约定交界断面的水质标准（含水质等级、污染物种类及其浓度）？假设 C 是单位水资源的污染治理成本（含直接成本和机会成本，以下简称“治污成本”），鉴于流域上游的生态重要性（即环境外部性）远远大于下游，假定该成本由 A 承担。无疑，该成本随着水质标准 S 的提高而递增。河长 A 的成本函数为

$$C = C(s) \tag{10-1}$$

其中，假设该成本函数为凸函数且单调递减，因此有：$c'<0$，$c''>0$。

3. 下游河长 B 的环境损害成本

设 d 为由于水质变化所带来的环境损害成本（健康成本与环境修复成本，以下简称环境成本）。如果上游把污染源尽量设置在靠近下游的边界地带，上游排放的污染物将主要对下游造成环境损害，我们假定环境成本基

本上由下游河长 B 来承担。环境成本将随着协议水质标准趋于严格而递减。设定 B 的环境成本函数为

$$D = D(s) \tag{10-2}$$

其中，假设函数单调递增且凸向原点，因此有：$d' > 0$，$d'' > 0$。

4. 综合社会成本

c 和 d 的叠加即为流域的综合社会成本 CC。c 和 d 之间是一种替代关系，协议水质 S 越好，污染治理成本越高，环境损害成本越低；反之则反是。

$$CC = C(s) + D(s) = CC(s) \tag{10-3}$$

5. 协议水质标准的确定

根据上述分析，流域综合社会成本是协议水质标准的 U 形函数，因此，使得博弈双方净成本最小的水质标准处于与双方的成本均衡点 E 相对应的 S^* 位置上，亦即，在 A 的边际成本与 B 的边际成本绝对值相等地方，存在最优的协议水质标准，可以最小化全流域的综合社会成本。这就证明了在约定双向补偿条件的制度安排下，A 和 B 有可能在流域社会成本最小的水质标准上达成协议（见图 10－1）。

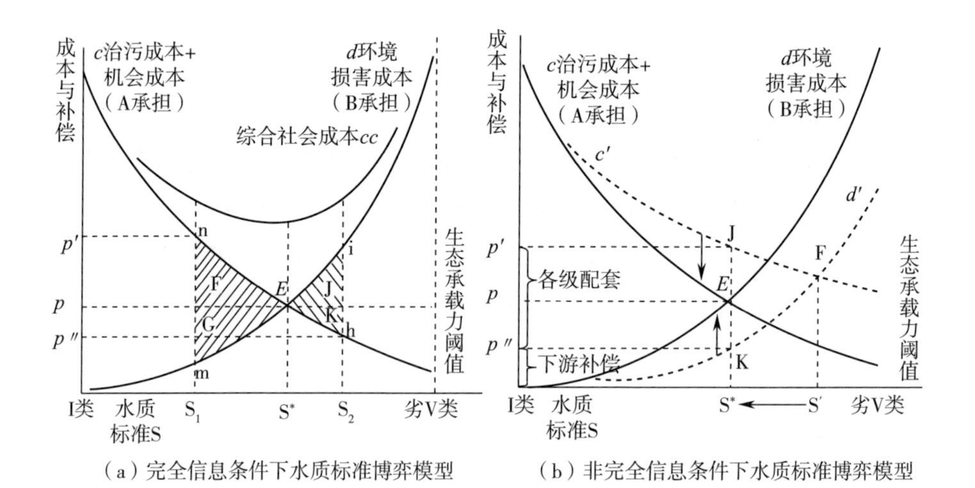

（a）完全信息条件下水质标准博弈模型　　（b）非完全信息条件下水质标准博弈模型

图 10－1　水质标准博弈模型

（资料来源：笔者整理所得）

需要说明的是，位于稳定均衡点的水质标准也可能正好是国家规定的水质标准，也可能不是，但这并非问题的关键。问题的关键是通过谈判达成的协议，使得河长有了执行协议的内在激励，制度的执行成本就会大大降低。正如青木昌彦（2001）所指出，作为博弈规则的制度，是由参与人的策略互动内生的，是由重复博弈演化出来的稳定结果。同时，制度作为一种均衡现象，任何人都不得不正视它的存在，从而对人们的策略选择构成影响。换言之，在跨界断面水质标准这一关键因素中引入谈判机制，使得河长的考核目标在使流域总体水质改善的前提下被内生化，可以同时增强考核目标的可行性和实施动力，提高制度的整体效率。

10.5　存在交易成本的条件下上级政府在双边谈判中的作用

上文的模型有意忽略了科斯定理中的一个重要因素——交易成本问题。科斯定理的精髓在于，它提醒人们只有当交易成本为零时，初始产权如何分配才是无关紧要的，而当交易成本为正时，产权分配状况将对资源配置效率产生重要影响。

在河长制跨界断面的水质标准目标谈判中，交易成本关乎谈判成败。交易成本的重点是谈判涉及的信息成本。如前所述，断面水质标准是状态依存型产权（此处指受偿权）配置的依据，水质达标受偿权划归上游，水质不达标则受偿权划归下游。谈判主体讨价还价的基础是双方的成本—收益分析。完全信息模型的隐含假设是双方不仅了解自己的成本和收益，也知道对方的情况，因此才可能通过连续博弈在均衡点所对应的水质标准上达成妥协。但在现实中，信息对称的情况只可能在小流域（如相邻村庄）的河长之间存在，流域越大越复杂，信息不对称的情况就越严重。信息不对称往往导致河长之间出现“信息鸿沟”（Information Gap），进而转变为谈判中的“价格鸿沟”（双方讨价还价的差距），如果缺乏某种弥合机制，两大鸿沟将削弱双方的信任与交易意愿，最终导致谈判陷入“囚徒困境”。

在中国的流域横向生态补偿试点中，解决信息不对称和价格鸿沟问题主要依靠上级政府的介入。在已经达成的省际流域横向补偿协议中，从合约设计、谈判、签约到执行，中央政府始终参与其间，充当了协调者、仲裁者和监督者的角色。补偿协议除了规定由上下游省份共同出资建立补偿基金以外，中央政府还以高于双方出资之和的配套资金作为奖励，当双方执行协议、使流域水环境获得明显改善时，中央对上游地区的奖励就会到位。在此"纵横交织"的嵌套式合约中，纵向补偿成为横向补偿的诱导和补强机制。

现行河长制并未涉及生态补偿问题，为了使河长制与横向生态补偿机制成功嵌套，有必要引入我国在生态补偿资金筹措上由各级政府层层配套的惯常做法。当同级河长在谈判断面水质标准和补偿金额遇到"价格鸿沟"时，可以引进上级政府的配套资金作为填补，使双方的要价和出价回到均衡水平（见图 10 - 1）。同时，配套资金还将缓解下游河长担心被上游"敲竹杠"的疑虑，从而可以有效降低谈判双方的交易成本。但引入配套资金也有弊端，它可能诱发河长们伸手向上索要"高价"的道德风险，把信息不对称的交易成本由同级河长之间转移至上下级河长之间，因而它并未使该问题得到根本解决。

10.6 流域治水基金区段奖罚制度设计——多个河长的情景

以上断面考核目标谈判机制是建立在将流域按照行政区划简单分为上游和下游两段的基础之上，这种机制设计仅适合于流经行政区数量少的中小河流。当我们面临流经多个行政区的大流域时，如果仍然在每个断面分别沿用两个河长博弈的思路，问题会变得十分复杂，交易成本也将成倍上升。而且，当面临为数众多的两两博弈的"价格鸿沟"时，上级政府作为资金配套者的财力也将变得不敷运用。因此，多河长的大流域不能简单复制两个河长的情景，需要设计一套更具整体性和更有效率的模式，如流域环境保护基金会模式。

如图 10 - 2 所示，对于多河长的跨区大流域，可以在河长制办公室的指导下，设立流域治水基金会，其资金部分来源于流域各地政府的财政出资，以及来自金融机构、社会团体和企业的捐赠，另一部分来自对流域未达标区段的惩戒资金。基金会属于非营利组织（NPO），但参照企业模式独立运作。基金会的资金主要用于两个方面，一是对流域内各区段水质达标或水质改善给予奖励，二是对流域的环保项目在 PPP 或者 BOT 模式下给予资金支持。①

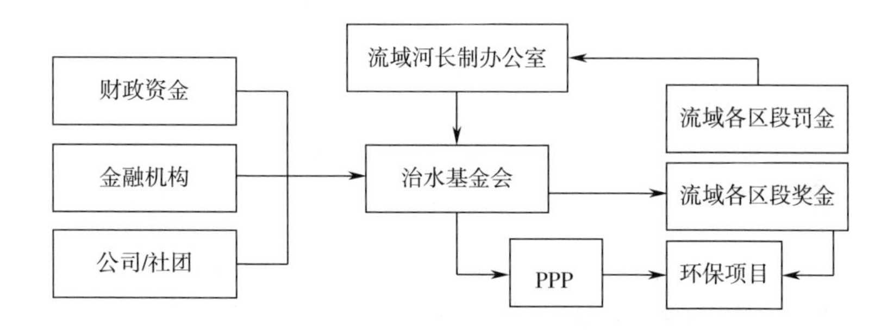

图 10 - 2　流域环境保护基金营运框架

（资料来源：笔者整理所得）

10.6.1　流域治水基金静态考核模式

静态考核模式根据流域水质改善的整体目标为各区段设定一个统一的水质标准，或者针对不同区段情况分设不同等级的水质标准，根据是否达标确定对流域各区段的奖罚。

如图 10 - 3 所示，假设某个流域由 ABCDEF 六个区段构成，其中上游为 AB 区段，中游 CD 区段，下游 EF 区段。上游因为工业化和城市化程度低，水质达到Ⅱ类水标准，中游达到Ⅲ类水标准，下游的工业化和城市化程度高，水质污染较严重，未能达到Ⅲ类水标准。在静态考核模式下，流域的总体水质目标被定为Ⅲ类水，达标河段给予奖励，不达标者缴纳罚金，于是上游和中游河段得到奖励，而下游河段则需要交纳罚款。

这种模式水质治理目标明确，奖惩标准清晰，执行起来较简单，但是在实践中对各区段水质治理的激励效果可能不同。在这种奖惩模式下，上游和下游所承受的压力是有差异的，上游因为生态本底较好，现状水质不

---

① 目前已经有不少地方政府自发开展了环境奖惩基金的探索，其原理和规则大同小异，共同点是各参与地区都需要向上一级财政缴纳保证金和通过上一级财政进行奖罚资金的结转，即这些尝试只能在同一口财政“锅”里吃饭的地区之间进行，无法在财政归属不同的地区之间实行。

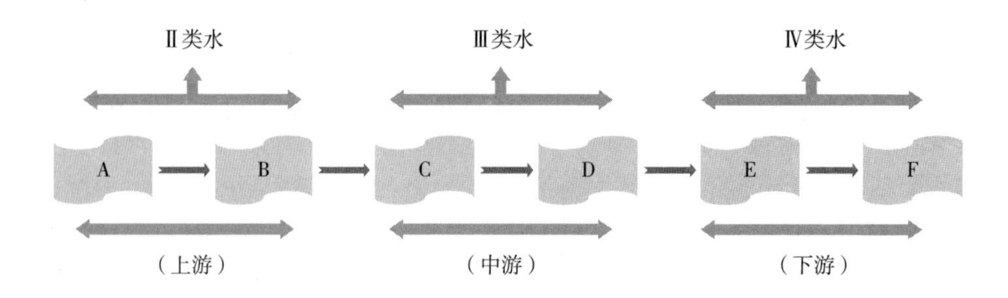

图 10－3　流域各区段示意

（资料来源：笔者整理所得）

但达到且优于流域整体标准。下游一般是开发程度高的地区，污染排放量也相应较大，如果不转变发展方式，该区段的水质将难以达到Ⅲ类水标准。在统一标准考核模式下，只要不劣于Ⅲ类水标准，上游的水质可以有所倒退，其治水动力将有所懈怠；下游即便经过努力部分水质指标有所改善，但只要未达到Ⅲ类水标准则仍须交纳罚款，这可能导致下游破罐子破摔。可见，统一标准考核模式虽然含有生态补偿的意涵，但缺点是难以充分调动各区段持续改善水质的积极性，奖惩机制不够细腻和灵活。

针对该模式的缺陷，可以将流域水质标准进一步细分，根据各区段的生态本底来设定不同等级的水质标准。以图 10－3 为例，可以对水质较好的上游、水质及格的中游和水质较差的下游分设不同的水质考核标准：上游的水质标准定为Ⅱ类水，中游和下游的水质标准定为Ⅲ类水。在这种水质标准下，上游和中游只要能维持原有水质等级就能获得水质达标的奖励，下游则将承受较大的水质改善压力。在这种模式下，上游和中游虽然没有太大动力进一步改善水质，但也不敢掉以轻心，因为如果水质恶化它们将面临处罚。可见，与统一水质标准相比，分段水质标准至少可以防止流域整体水质进一步变差。而且，如果上游和中游为了维持现有水质而控制污染排放，至少不会增加下游的治污成本，有利于下游治污达标。

10.6.2　流域治水基金动态考核模式

动态考核模式无须针对特定区段的出入境断面设立水质标准，仅需从空间和时间两个维度考核各个区段水质的动态变化，即以考核区段入境和出境的水质变化，以及当期与上期的水质变化作为奖罚依据。这里的上期可以根据流域的具体情况选择同比或环比的数据。

在这种模式下，奖惩的重心落在各区段水质的相对变化而非绝对等级上。与静态模式相比，动态模式能够更有效地调动各区段持续保护和改善水质的积极性。但是，动态模式也存在一些不足，其奖惩机制容易产生棘轮效应。对于现状水质较好的区段而言，其水质指标变差很容易，进一步变好的空间却相对有限；相反，对于现状水质很差的区段，其水质指标变好的空间很大，变差的空间则相对较小。因此，动态模式可能带来的一种结果是，现状水质好的区段难以获得奖励而容易遭受惩罚，现状水质差的区段则容易获得奖励而不易遭受惩罚。如果加入流域治水基金属于自愿行为，此时就会出现一个劣币驱逐良币的"柠檬市场"，水质良好的区段因为规则于己不利而选择离开，水质恶劣的区段则会选择留在基金，结果是奖多罚少，基金入不敷出，同时流域的整体水质由于上游疏于治理反而变得更糟。

10.6.3　动静结合的流域治水基金考核模式

下面将静态模式和动态模式结合起来，设计一套更为细致的流域区段水质考核奖惩模式，以期综合两种模式的优点，弥补二者的缺陷。

如图10－4所示，动静结合模式需要先协商确定一个流域整体静态基准（如Ⅲ类水），并相应设定基础奖惩额度，然后再根据各区段水质的动态变化来设定一个绩效奖罚额度；最后对静态（基础）额度和动态（绩效）额度按照一定权重加以分配。在该模式下，水质达标已经获得静态奖励的区段仍然必须持续改善水质，以确保水质动态变化指标为正，否则其获得的静态奖励会被动态罚款所抵消。同样，动态奖励额度的存在使得暂时未达到静态基准的区段在缴纳了静态罚款后，仍有不断改善水质的动力，因为其水质相对上游和上期得到改善后还可以得到动态奖励，这部分奖励可以抵补静态罚款。需要注意的是，动静结合模式下静态部分和动态部分的权重分配会影响不同区段水质改善的动力。当调高静态部分的权重时，各区段持续改善水质的动力会有所下降，但这种效应对于现状水质好、改善空间有限的区段会表现得更加明显；反之，当调高动态部分的权重时，各区段均会产生较强的持续改善水质的动力，且水质未达标区段的动力比达标区段更强。因此，可以考虑对达标区段和未达标区段设置差异化的静态和动态权重，对达标区段适当提高静态奖罚部分的权重，对未达标区段则提高动态奖罚的权重，因为这些区段的水质提升空间较大，提高动态权重可以有效增强其改善水质的动力。

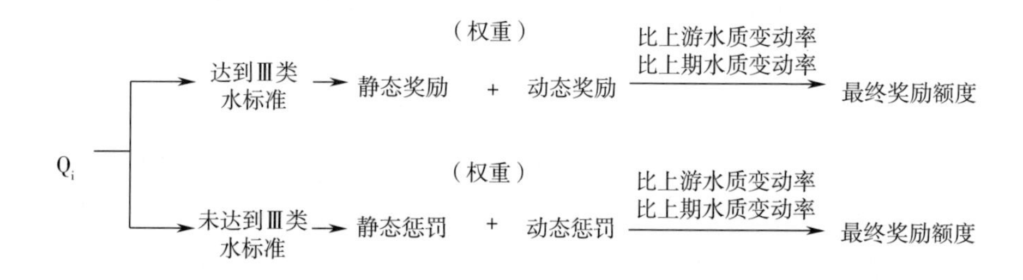

图 10－4　动静结合的流域区段水质考核奖惩机制

（资料来源：笔者整理所得）

流域治水基金奖罚制度的设计，本质上是为了在河长制这种单一的行政问责制度中嵌入具有激励机制的环境政治市场因素，增进河长制的内生动力。这种混合制度有效运行的一个关键，是使基金会成为独立营运的财团法人，流域各区段必须对基金会公平分摊捐款①，但法律上基金会法人一旦成立便与捐助者脱离了关系，捐助者不再对基金财产享有支配权。基金依据章程独立运行，仅对本流域提供治水支持及其奖惩服务，类似于向会员提供俱乐部产品②。因此，基金会可以被视为一个特殊的“河长俱乐部”，是一个向为数不多的俱乐部成员提供具有对外排他性的集体产品，兼具互益性和公益性的非营利组织。这类具有半强制性的社团性组织在一定程度上既可以避免政府失灵，同时又能够克服市场失灵。

---

① 试验表明，公平分摊将对不愿捐款者构成强大压力，消除可能的搭便车行为。在公平分摊机制上，流域各区段河长对基金会的捐资可以根据河段的长度与流量来确定，也可以根据河段的排污量来确定。

② 俱乐部产品介于纯粹公共产品和私人产品之间，具有对外排他性和一定程度的拥挤性，而且可以通过选择性激励（Selective Incentive）和社会压力克服搭便车行为。布坎南和图洛克通过模型证明，对于规模有限的决策集团，俱乐部产品可以产生让成员自愿接受强制规则的效果。

10.7　结论与政策建议

河长制起源于地方政府在水环境治理中的基层探索，通过自下而上再自上而下的演化过程，正在成为源于中国治水传统并适合现实国情的一项新型环境治理制度。然而，制度创新永无止境，河长制作为命令控制型的手段，侧重于强调政府在环境治理中的作用，制度实施的激励机制和内在动力显得不足，亟待加以改进和完善。由于河长制根据属地管辖原则赋予了地方行政首长以治水权利和责任，有助于消除多头治水的局面，客观上明晰了水环境服务的产权边界和治理主体，因此有助于在此基础上引入环境政治市场的谈判协商机制，形成政府与市场有机结合的混合治理制度。本书提出了在河长制基础上引入横向生态补偿机制、建立流域环境政治市场的必要性和可行性，并通过构建模型进行了若干制度设计。在此基础上进一步提出以下政策建议。

第一，正确看待和处理好政府与市场在环境治理中的关系。由于环境治理具有较强的外部性，市场失灵成为常态，因而人们往往倾向于认为环境治理只能依靠政府，把行政规制和市场机制看作是一种互斥（Trade Off）关系，看不到其互补的一面。但实际上在环境治理中政府与市场关系要复杂得多，有些行政手段可能是排斥市场的，有些行政手段却可以与市场并行不悖乃至有利于“创造”市场。如政府对各种排放物的总量限制，就成为配额与交易（Cap and Trade）市场形成的前提。仍以流域水环境为例，在水资源全民所有制下，“九龙治水”的多头管理使得水环境的产权变得模糊和碎片化，不仅加大了治理难度，而且使市场机制几无立锥之地。河长制的创立部分改变了这种局面。从责权利对等的角度来看，河长制实际上提高了水资源和水环境在管理与使用上的属地权限，而降低了其部门权限。由于划分行政区域的边界比划分行政事权的边界更加容易，因此河长制对于明晰流域环境产权无疑是一个进步，而这一进步对于在流域治理中引入市场机制、构筑政府+市场+社区的多元治理结构在客观上是有利的，引入市场机制也有助于为河长制补充动力机制，促使该制度长效化。

第二，在河长制中引入市场机制，最可行的路径就是使河长制与横向生态补偿机制耦合起来。这一路径的可行性，首先来自两种制度的互补性。流域横向生态补偿已经有了多年的试点经验，有了多个成功或较为成功的案例，而河长制目前尚未找到有效解决地区间跨界水环境考核目标的衔接机制，在此正好可以借鉴流域跨界生态补偿的经验和做法并加以创新。其次，该路径的可行性来自成本的有效性。科斯定理是建立在私有产权基础上的，产权界定的成本过高，在中国缺乏法律可行性。但河长制使地方政府对其辖区内的环境容量拥有了事实上的属地（公共）产权，由流域各河段的河长充当生态补偿的谈判代表，不仅将赋予河长很强的参与动机，而且省去了大量利益相关者之间的直接谈判，无疑是一种节约交易成本的制度安排。据笔者的调研，一些地方的基层河长已经在自发地尝试用谈判来协商解决交界断面的考核目标问题。对于这种动向，中央和省级政府应当给予鼓励和引导。

第三，以水质标准谈判取代补偿价值谈判是一种更加节约交易成本的方案。迄今为止的流域生态补偿谈判，基本上都是采用水质技术标准外生决定，补偿价值标准谈判产生的模式。但由于生态服务的估值方法五花八门，各种估值方法结果相差悬殊，在信息不对称的情况下，补偿价值标准就成为谈判的最大难点。如果新的河长制把交界断面的水质技术标准作为主要的谈判对象，价值标准随技术标准外生形成，在补偿 + 赔偿的规则下，这种制度安排所需要的信息量将大幅度降低。因为在补偿 + 赔偿规则下各方用于奖罚的出资是对等的，每一方只要知道自己在某一水质标准上的损益即可，无须考虑他方的损益（向他方索要高价等于自己须出高价，反之亦然），这将极大地节约交易成本。此外，由于利益连带性加上问责制的双重效应，让河长们去谈判断面水质标准不会产生“筑底竞争”、水质变差的结果，因为筑底竞争会危及中下游河长的利益乃至其仕途。研究证明，只要制度设计合理，由当事方谈判产生的水质标准可能比自上而下规定的水质标准更具有帕累托效率和可行性。

中国的环境治理还有很长的路要走，其中制度创新和机制设计是解决环境保护与经济发展的矛盾、协调各种复杂利益关系的不二法门。而制度创新的核心，是要正确处理政府与市场在环境治理中的关系及作用。在此问题上，过分推崇市场环境主义或者简单地认为政府能够搞定一切的观点，都将失之偏颇。在具有较强外部性的区域环境治理领域，政府+市场+社团的混合治理模式可能更加行之有效。本书认为，如果把河长制与环境政治市场的若干元素融为一体，可以降低制度实施成本和提高治理效率。总之，河长制的建立并非一劳永逸地结束了在水环境治理上的改革进程，它仍然需要在实践中不断探索和完善。

第11章 基于“生态元”核算的长江流域横向生态补偿机制及实施方案研究

长江是中华民族的生命河，也是中华民族发展的重要支撑。习近平总书记在2018年召开的推动长江经济带发展座谈会上提出了“共抓大保护，不搞大开发”的大政方针，明确了长江经济带发展的战略定位必须坚持生态优先、绿色发展，长江流域各地区在转变发展方式的同时必须将治理与修复长江生态环境摆在压倒性的位置。

11.1 研究综述

大流域的生态治理和生态补偿是一个复杂的系统工程，涉及多元社会主体的利益和区域间的利益协调。中国大流域的上游均为经济欠发达地区，这些地区被划为以水源涵养和保护为主要功能的重点生态功能区，经济开发受到限制乃至禁止（如青海三江源地区），导致流域生态保护和地区经济发展不平衡的矛盾十分突出。长江流域开展跨区域环境治理需以更深层次的治理复杂性来应对问题的复杂性。其中，建立不同区域和城市之间分担治理成本的横向生态补偿机制不可或缺（戴胜利和李迎春，2018）。钟茂初（2018）考察了长江经济带生态功能区生态保护的责任分担与生态补偿的机理，得出了生态功能区的保护责任应基于“生态价值分享指数”，由本地区及周边地区城市分担的结论。总之，除了增加纵向补偿以外，下游受益区向上游生态区提供合理的横向补偿将成为解决流域社会经济失衡和建立长效保护机制的重要手段，这已经成为政策制定的共识，但如何根据流域的生态—社会—经济系统设计科学可行的补偿标准和补偿机制，在理论和实践上仍是亟待解决的问题。

三十年前许多环保人士认为政府分配污染排放权不恰当地使污染排放合法化，由于市场工具受到很多质疑，当时的环境法规几乎都是命令—控制型的。今天人们认识到，由于减排成本会发生变化，命令控制型方法的成本可能大大高于基于市场定价方法。在理论上，建立在总量和交易（Cap and Trade）基础上的市场机制可以以最小成本达到污染总量控制的目标（Schmalensee 和 Stavins，2017）。要建立流域的排放限额和交易市场，界定和分配环境初始产权是不可或缺的前提。但对于具有外部性和公共产品属性的环境产权进行分配并非易事。解决公地悲剧的普遍方案是创建私有产权，但资源使用者可能不愿意遵循会导致不公平结果的产权制度安排（Leibbrandt 和 Lynham，2018）。国外的实验研究表明，产权的执行范围及其分配方式将对资源提取的合规性产生重大影响，最受欢迎的配置方式是次优的，即产权分配以不强制执行为基调，配额是相等或者可逆的，而非按照需求比例来分配（Ostrom，2000；Fehr 和 Leibbrandt，2011）。总之，产权配置的公平性对于解决公地悲剧十分重要。

要建立以市场为基础的生态补偿机制，如何为生态资源和生态服务估值定价成为一个绕不开的难题。经过多年研究和探讨，关于为生态环境付费已经成为共识，但如何付费、如何为生态环境服务定价，相关研究尚不能满足实际操作的需要（肖庆文，2019）。尤其是森林、水、空气、土壤、湿地等不同生态服务价值如何比较和衡量，至今仍难以形成共识，也难以设计出有效的政策工具。生态资本核算已成为学术研究的热点和难点，需要构建相互关联的生物物理模型和社会经济模型来加以解决（Ferrini 和 Schaafsma，2015）。特别是在进行国家层面的大尺度分析时，评估将包含多种生态系统服务，生态、社会经济或气候变化等因素均将影响生态系统服务的价值，而生态服务的异质性及其变化将使其价值转移变得更加复杂。有文献提出，基于太阳能值单位可以将各类生态资源的数量以“生态元”为单位计算出来，并建立各区域的生态元数据库。该方法以各类生态资源提供生态服务所需的太阳能值为纽带，分别计算林地、灌木、高/中/低覆盖度草地、河流、湖泊、水库和湿地等各类生态资源拥有的生态服务价值，最后统一用“生态元”为单位加以表达（刘世锦和刘耕源，2019）。这种方法对于空间大尺度和生态多样化的大流域横向生态补偿的估值不无借鉴价值。

11.2 长江干流流域经济增长和生态资源差距分析

长江干流横跨我国东中西部11个省市自治区，上游从长江源头至宜昌，占干流全长约70%，包含青海、西藏、四川、云南、重庆等西部省域，经济发展水平相对落后，2018年五省人均GDP为48251元[①]。中游从宜昌至江西湖口，主要包括湖北、湖南、安徽和江西四个中部省域，经济发展水平处于快速提升阶段，2018年四省人均GDP为53720元。下游自湖口至出海口，即扬子江，覆盖了江苏和上海两地，此区域属我国东部沿海发达地区，人均GDP达到119600元。

表11-1　　2017年长江干流省域典型生态资源总量

		林地（万 hm^2）	湿地（万 hm^2）	草原（万 hm^2）	水资源（亿 m^3）
上游	青海	808.04	814.36	3636.98	785.70
	西藏	1783.64	652.90	8205.19	4749.90
	四川	2328.26	174.78	2038.04	2467.10
	云南	2501.04	56.35	1530.84	2202.60
	重庆	406.28	20.72	215.84	656.10
合计		7827.26	1719.11	15626.89	10861.40
中游	湖北	849.85	144.50	635.22	1248.80
	湖南	1252.78	101.97	637.27	1912.40
	安徽	443.18	104.18	166.32	784.90
	江西	1069.66	91.01	444.23	1655.10
合计		3615.47	441.66	1883.04	5601.20
下游	江苏	178.70	282.28	41.27	392.90
	上海	7.73	46.46	7.33	34.00
合计		186.43	328.74	48.6	426.90

资料来源：根据《2018年长江年鉴》计算而得。

① 如果剔除直辖市重庆，长江干流上游地区2018年的人均GDP仅为44428元/人。

长江流域上、中、下游地区除了经济发展差距明显外，其生态资源的分布也极不均匀。表 11 - 1 显示，上游、中游和下游以林地、湿地、草原和水资源为代表的生态资源总量呈现西高东低的分布特征。上游各类生态资源对长江干流水源涵养、水质维系、水土保持以及生物多样性维护等方面都起着重要作用。

表 11 - 2　　2017 年长江干流省域主要类型生态资源人均数量

		林地（平方公顷/人）	湿地（平方公顷/人）	草原（平方公顷/人）	人均水资源（平方公顷/人）
上游	青海	1.35	1.36	6.08	13188.86
	西藏	2.98	1.09	13.71	142311.30
	四川	3.89	0.29	3.41	2978.87
	云南	4.18	0.09	2.56	4602.41
	重庆	0.68	0.03	0.36	2142.92
平均		2.62	0.57	5.22	33044.87
中游	湖北	1.42	0.24	1.06	2118.94
	湖南	2.09	0.17	1.06	2795.46
	安徽	0.74	0.17	0.28	1260.83
	江西	1.79	0.15	0.74	3592.47
平均		1.51	0.18	0.79	2441.93
下游	江苏	0.30	0.47	0.07	490.27
	上海	0.01	0.08	0.01	140.56
平均		0.16	0.27	0.04	315.42

资料来源：根据《2018 年长江年鉴》数据计算而得。

从人均水平来看（见表 11 - 2），上游人均林地面积是下游的 16 倍，人均湿地面积为下游的 2 倍，人均草原面积为下游的 128 倍，人均水资源量则为下游的 105 倍。

11.3　长江流域生态修复和生态补偿情况

近年来中央高度重视长江流域的生态修复和保护，提出了“共抓大保护、不搞大开发”和高质量发展的要求。中央和地方财政对长江生态修复和保护投入的资金不断增加，以三江源国家公园为例，自 2005 年起，中央在青海省三江源保护区实施三江源生态保护和建设一期、二期工程，至 2019 年已累计完成超过 180 亿元的投资。2003 年批准设立了三江源国家级自然保护区，2020 年起进入国家公园正式运行阶段（刘峥延等，2019）。经过数年努力，三江源生态系统退化趋势得到初步遏制，水源涵养量增加到每年约 409 亿立方米，植被覆盖率和产草量分别比 10 年前提高了 11% 和 30% 以上，生物多样性也显著增强，藏羚羊的数量从 20 世纪 80 年代的不足两万只恢复至七万多只。

针对长江流域生态修复的举措都是由中央政府牵头采取的专项行动，资金来源于中央财政转移支付。这些举措短期力度强、见效快，但是受制于财政预算的制约和投入稳定性，存在激励机制弱、监管成本高、可持续性较差等问题。2016 年 5 月，国务院在《关于健全生态保护补偿机制的意见》中，提出需建立生态环境损害赔偿、生态产品市场交易与生态保护补偿协同推进生态环境保护的新机制。2018 年 12 月，自然资源部、国家发改委等九部门联合印发《建立市场化、多元化生态保护补偿机制行动计划》，提出了建设市场化、多元化生态补偿机制的九种主要形式。

继 2011 年新安江流域实施跨省生态补偿试点以来，其后汀江、韩江、九洲江、滦河、赤水河等也先后实施了跨省流域横向生态补偿，这些试点均取得了良好的成效。中央财政拟于 2017—2020 年通过水污染防治专项资金投入 180 亿元用于长江经济带 11 省市的生态补偿，奖励率先建立流域横向生态补偿机制并取得显著成效的省域（张捷和傅京燕，2016）。在中央的政策导向下，四川、贵州、云南、重庆、湖北、湖南、安徽、浙江、江西、江苏、上海等省市先后签订了跨省或省内的流域横向生态补偿协议。这些生态补偿协议的实施机制都类似于新安江模式，跨省流域由中央财政资金牵头、上下游省市拿出部分资金，省内流域则由省财政资金牵头、上下游地市拿出部分资金建立基金，待生态补偿机制成熟之后，中央和省财政资金逐步退出，由上下游区域自行开展生态补偿，实现生态补偿的市场化过渡。资金的支付主要从水量和水质两方面来考核，水质标准不可低于国家划定的标准，按“月核算、年交清”的形式落实补偿协议。

上述流域生态补偿模式存在三个问题。第一，这些跨省和省内流域横向生态补偿都是在相邻的上下游省域或地区之间达成补偿协议，对于横贯11个省区的我国第一大流域长江来说，由各上下游相邻省区进行两两之间的谈判，不仅耗时费力、交易成本高昂，而且即使达成了协议，也只能形成一个碎片化的补偿体系，难以对流域整体进行系统化的生态修复和保护。第二，现有生态补偿的客体主要是水量和水质两类指标，这类补偿只能针对长江流域的水资源开展生态修复和保护，而对流域的其他类型生态系统，包括森林、草地、湿地、生物多样性等，却缺乏生态补偿。理想的做法是对流域内的各类生态资源展开系统性的综合补偿。但如何将不同类型的生态资源和生态服务单位归一化，用一个统一的量纲估算出相应的经济价值以确立补偿标准，是一个令人困扰的难题。只有对流域各种类型的生态资源进行分类和跨类别的合并统计，构建一个具有统一量纲的生态资源数据库，才能建立基准判断某个区域的生态环境是改善还是恶化，并以此为基础设计构建覆盖整个长江流域多种生态资源的横向生态补偿机制。第三，现有的流域横向生态补偿的参与方主要是各级政府，补偿方的资金来源于中央和地方政府的财政资金，作为受偿方的当地政府再决定补偿资金的去向。这种补偿机制并没有微观组织参与的空间，更谈不上充分调动微观主体的参与积极性，难以形成市场导向、多方参与的横向生态补偿机制。

11.4　长江流域草原生态系统能值核算方法

长江流域包括草原、林地、水域等生态系统，不同类型的生态系统具有不同的生态系统服务功能。如何计算生态系统服务价值一直是一个充满争议的问题。针对生态产品负外部性的生态补偿计算方法主要包括三类：一是恢复成本法，二是生态足迹法，三是虚拟资源法（王恒博等，2018）。这三种方法都是针对生态资源服务价值的流量变化进行补偿。针对生态产品正外部性的生态补偿计算标准也可以归为三类：一是生态系统服务功能的价值评估，二是支付意愿调查法和选择实验法，三是成本核算法。这三种方法，第一种是针对生态服务价值存量进行补偿，其余的都是针对生态资源的流量进行补偿。

生态系统的服务功能主要包括支持功能、供给功能、文化功能和生态调节功能（何思源等，2019）。存量生态系统服务价值估算的技术主要是根据生态系统服务的市场价格来计算。这种方法计算出来的实际上是人类从生态系统获取的农业产品、淡水产品、木材、旅游服务等产品或服务的经济价值。这些产品或服务通常有比较成熟的交易市场，其价值可以参照市场价格进行估算。若生态系统服务的市场价格难以确定，常用替代市场来决定其价值，或者根据因失去生态系统服务所遭受的损失来换算生态系统服务价值。以上方法计算的实质上是生态产品供给功能价值和文化功能价值。

针对生态服务价值估算这个难题，刘世锦、刘耕源（2019）提出以“生态元”作为计算生态系统服务价值的通用单位。理由是根据生态学理论，太阳能被植物吸收产生化学能储藏在叶绿素的有机物中，并通过食物链将该能量在生态系统中层层传导，期间伴随着植物性生产和动物性生产。该方法以各类生态资源提供生态服务所需的太阳能值为纽带，将林地、灌木、高/中/低覆盖度草地、河流、湖泊、水库坑塘和沼泽地等各类生态资源拥有的10种生态服务①所产生的价值分别计算出来，最后统一用“生态元”单位表示，每生态元等于1010太阳能焦耳。限于文章篇幅，下面仅选择生态服务功能计算过程相对简单的草原生态系统为例，介绍生态元核算方法。

11.4.1 流域草原生态系统的能值估算思路

草原的主要生态服务功能包括固碳释氧、构建土壤、补给地下水、净化空气、净化土壤、减少水土流失、调节局地小气候和调节气候。每项功能都可以通过计算求出其对应的年度太阳能值总量，然后将草原生态系统各项生态服务功能对应的太阳能值量加总即可获得该生态系统的年度生态元总量。草原各项生态系统功能的能值计算方法如下。

11.4.1.1 固碳释氧

植物将大气中的二氧化碳通过光合作用转化为二氧化碳并以有机碳的

① 包括固碳释氧、构建土壤、补给地下水、净化水质、净化空气、净化土壤、物质运移、减少水土流失、调节局地小气候和调节气候等10种生态服务，不同类型的生态资源包含了其中若干项生态服务。

形式固定到植物内部。草原生态系统年度固碳释氧所需能值总量计算公式为

$$Em_{CS} = \frac{C}{T} \times S \times UEV_{cs} \quad (11-1)$$

其中，Em_{CS}为生态系统固碳每年需要的能值总量（焦耳/年）；C为该草原生态系统的每单位面积固碳量（克/平方米/年）；T为碳库草原生态系统的平均周转时间（年）；S为草原生态系统的面积（平方米）；UEV_{cs}是草原生态系统固碳过程的能值转换效率（焦耳/克）。

11.4.1.2　构建土壤

草原生态系统可以构建土壤的无机矿物质和有机质，前者主要来源于植物的自然凋落，后者主要来自岩石的风化作用。基于两类物质的不同形成机制，可以计算出草原生态系统构建两类土壤物质所对应的年度能值总量。

①构建土壤无机矿物质对应的年度能值总量公式为

$$Em_{MIN} = \sum_{i=1}^{n} [(P_{mi} \times BD \times D \times S \times R \times 10000)/T_i] \times UEV_{mi} \quad (11-2)$$

其中，Em_{MIN}是构建土壤无机矿物质每年所需的总能值（焦耳/年）；P_{mi}为土壤中矿物质i类型占总矿物质的比重（%）；BD是草原生态系统的土壤容重（克/立方厘米）；D是草原生态系统的土壤厚度（厘米）；S为草原生态系统的面积（平方米）；R为土壤矿物质占总土壤重量的比重（%）；10000为平方米转为平方厘米的单位转换系数；T_i为矿物质i的周转期（年）；UEV_{mi}为矿物质i的能值转换率（焦耳/克）。

②构建土壤有机物质对应的年度能值总量公式为

$$Em_{OM} = Em_{re} \times k_1 \times k_2 = Em_{NPP} \times k_1 \times k_2 \quad (11-3)$$

其中，Em_{OM}为土壤构建有机物质所需的年能值总量（焦耳/年）；Em_{re}为草原生态系统的年度可更新能值（焦耳/年）；k_1为草原生态系统中植被凋落物占总生物量的比重（%）；k_2为植物凋落物中的碳含量占比（%）。

于是，构建土壤服务的总公式为

$$Em_{SB} = Em_{MIN} + Em_{OM} \quad (11-4)$$

11.4.1.3　补给地下水

草原生态系统在地表的覆盖也是地下水补给的重要来源。年度地下水

补给量对应的太阳能值可按如下方法计算

$$Em_{GR} = P \times S \times \rho \times k \times 1000 \times G_w \times UEV_w \quad (11-5)$$

其中，Em_{GR}是草原生态系统补给地下水每年所需的能值总量（焦耳/年）；P为草原生态系统的年降水量（米/年）；S是草原生态系统的面积（平方米）；ρ为水的密度（千克/立方米）；k为草原生态系统的降水渗透系数（%）；1000为千克和克的单位转换系数；G_w为水的吉布斯自由能（吉布斯焦耳/克）；UEV_w是水渗入地下的能值转换效率（焦耳/吉布斯焦耳）。

11.4.1.4 净化大气

草原生态系统还具有净化大气的作用，主要表现为减少SO_2、氟化物、NO_x、CO、O_3、$PM_{2.5}$和PM_{10}等。净化大气的生态作用主要体现在减少人体健康损失与减少生态系统质量损失两方面。净化大气功能对应的年度能值总量计算方法如下。

①减少人体健康损失作用对应的年度能值总量

$$Em_{HH} = \sum_{i=1}^{n} (M_i \times S \times DALY_i) \times \tau_H \quad (11-6)$$

其中，Em_{HH}为草原生态系统通过净化大气减少人体健康损失所需的年度能值总量（焦耳/年）；M_i是草原生态系统对大气污染物i的净化能力（千克/公顷/年）；S为草原生态系统的面积（公顷）；$DALY_i$是大气污染物i引起的失能生命调整年[①]（人·年/千克）；τ_H是研究区域的人均能值（焦耳/人）。

②减少生态系统质量损失对应的年度能值总量

$$Em_{EQ} = \sum_{i=1}^{n} (M_i \times PDF_i \times Em_{sp}) = \sum_{i=1}^{n} [M_i \times PDF_i \times MAX(R)] \quad (11-7)$$

其中，Em_{EQ}是为了减少生态系统质量损失一年所需能值总量（焦耳/年）；M_i是草原生态系统对大气污染物i的净化能力（千克/公顷/年）；PDF_i为大气污染物i引起的潜在物种灭绝比例（%）；Em_{sp}是草原生态系统生物多样性维系一年所需能值（焦耳/年），也即是草原生态系统可更新资源对应

① 指在某种不良健康状态下，衡量人们健康改善和疾病的经济负担的复合健康评价指标。它同时考虑了早亡所损失的寿命年和病后失能状态下（特定的失能严重程度和失能持续时间）生存期间的失能寿命损失年。

的年度能值总量 $MAX(R)$（焦耳/年）。

于是，草原生态系统净化大气功能的年度所需能值总量应为

$$Em_{AP} = Em_{HH} + Em_{EQ} \tag{11-8}$$

11.4.1.5　净化土壤

土壤的主要污染物为重金属，如锌、铜、铅、锰、铬、镍、镉等元素。草原的净化土壤功能对应年度能值总量的计算公式和净化大气功能的计算式（11-6）与式（11-7）一样，仅需将 M_i 设置为草原生态系统对土壤污染物 i 的净化能力（千克/公顷/年）即可。该部分的能值总量可用 Em_{LP} 表示。

11.4.1.6　减少水土流失

草原生态系统的根系可以起到固着土壤、减少水土流失的作用。其对应的年度能值总量为

$$Em_{RSE} = G \times r_{om} \times 10^6 \times k_{r1} \times k_{r2} \times UEV_{sl} \tag{11-9}$$

其中，

$$G = (G_P - G_R) \times S_i \tag{11-10}$$

式（11-9）中，Em_{RSE} 为草原生态系统减少水土流失所需年度能值总量（焦耳/年）；G 为草原生态系统覆盖的固土量（吨/年）；r_{om} 为草原生态系统土壤的有机质含量（%）；10^6 是吨和克的单位转换系数（克/吨）；k_{r1} 为克到热量单位千卡的转换系数（千卡/克）；k_{r2} 是千卡到吉布斯能值的转换系数（吉布斯焦耳/千卡）；UEV_{sl} 为土壤的能值转换效率（焦耳/吉布斯焦耳）。式（11-10）中，G_P 为草原生态系统的潜在土壤侵蚀系数（吨/平方千米/年）；G_R 为草原生态系统的现实侵蚀系数（吨/平方千米/年）；S 为草原生态系统的面积（平方千米）。

11.4.1.7　调节局地小气候

草原生态系统还可以通过降温增湿来调节当地小气候。草原水分蒸散发过程中吸收的能量即相当于草原生态系统降温增湿的能量，可以据此结合草原的蒸散发特征来计算草原生态系统调节局地小气候的年度能值总量。

$$Em_{mr} = E_e \times S \times \rho_w \times 1000 \times (1 - \alpha) \times G_w \times UEV_{we} \tag{11-11}$$

其中，Em_{mr} 为草原生态系统调节局地小气候年度能值总量（焦耳/年）；E_e 是草原生态系统的蒸散发量（米/年）；S 为草原生态系统的面积（平方

米）；ρ_w 是水的密度（千克/立方米）；1000 是千克到克的转换系数；α_i 为蒸散发过程中光合作用用水量占比（%）；G_w 是水的吉布斯自由能（吉布斯焦耳/克）；UEV_{we}为草原水分蒸发的能值转换率（焦耳/吉布斯焦耳）。

11.4.1.8　调节气候

草原生态系统也可以通过碳汇功能减少温室气体排放，从而起到调节气候的功能。其计算公式为

$$Em_{cr1} = \sum C_i \times 0.001 \times \frac{DALY_i}{T_i} \times S \times \tau_H \qquad (11-12)$$

$$Em_{cr2} = \sum C_i \times 0.001 \times \frac{PDF_i}{T_i} \times Em_{spj} \qquad (11-13)$$

其中，Em_{cr1}为草原生态系统因改善气候减少人体健康损害所对应的年度能值总量（焦耳/年）；Em_{cr2}为草原生态系统因改善气候而减少生态系统损失所对应的年度能值总量（焦耳/年）；C_i 为草原生态系统对温室气体 i[①] 的固定能力（克/平方米/年）；0.001 是克到千克的转换系数；$DALY_i$ 为温室气体 i 造成的失能生命调整年（人·年/千克）；T_i 为温室气体 i 的存在周期（年）；S 是草原生态系统的面积；τ_H 为人均能值（焦耳/人）；PDF_i 为温室气体 i 造成的潜在物种灭绝比例（%）；Em_{spj}为草原生态系统维持生物多样性现状所需能值，即当地的可更新资源能值。

于是，草原生态系统调节气候服务对应的年度能值总量为

$$Em_{cr} = Em_{cr1} + Em_{cr2} \qquad (11-14)$$

综上所述，将草原生态系统八项生态服务功能的年度能值总量加总即可得到草原生态系统总能值 Em_{GL}，并转换为生态元单位。

$$Em_{GL} = Em_{cs} + Em_{SB} + Em_{GR} + Em_{AP} + Em_{LP} + Em_{RSE} + Em_{mr} + Em_{cr} \qquad (11-15)$$

$$Em_T = Em_{GL} + Em_{TL} + Em_{WL} \qquad (11-16)$$

类似地，可以对林地、湿地、水流等各类生态系统的主要生态服务功能的能值进行估算，并加总估算出生态元总量，如表达式（11－16）所示。省域生态元总量则是将域内各类生态系统的生态元总量汇总而得。若要计

① 这里温室气体主要包括水汽、二氧化碳、臭氧、甲烷。

算基于县（区）域行政区划的长江流域的生态元总量，可以把各省的长江流域控制面积占该省面积的比重作为调节系数，利用长江流经的省域生态元数据大致估算出长江流域分布于各省的生态元总量。考虑到生态系统的“生态元”总量还会受环境污染或者生态环境修复所带来的负面或正面影响，在实际的计算过程中，还需要根据生态系统的质量设置调节系数对基于式（11－1）至式（11－16）计算出的生态元初始值进行调整，进而得到更接近现实的生态系统“生态元”总量。

$$Em_T{}^* = (Em_{GL} \times q_{GL} + Em_{TL} \times q_{TL} + Em_{WL} \times q_{WL}) \times s \tag{11-17}$$

其中，$Em_T{}^*$表示经过系数调整后的省域“生态元”总量。q_{GL}为草原生态系统的质量调节系数，Em_{TL}为省域林地的生态元总量，q_{TL}为林地生态系统质量调节系数，Em_{WL}为省域水域的生态元总量，q_{WL}为水域生态系统质量调节系数，s是流域面积占比，即长江流域在某省的面积占该省总面积之比。

11.4.2 长江流域生态系统服务价值估算和分析

根据《长江年鉴》中的长江流域行政区划表，再结合《中国县域统计年鉴》的县（区）域面积数据，先统计长江流域在各省的面积，然后算出表达式（11－17）中的流域面积占比 s。这样就可以依据刘世锦、刘耕源（2019）在《基于“生态元”的全国省市生态资本服务价值核算排序评估报告》中的部分数据，估算出长江流域分布于11个省域的各类生态系统服务价值总额。如表11－3所示，从2000—2015年各省的生态元总量都有不同程度的增长，但上中下游区域的生态资源服务价值总额差异很大，上游服务价值总额为中游的2倍以上，是下游的100倍左右。单位面积生态元的情况则相反，下游比中游高，中游又比上游高，主要原因可能有两个，一是城市化、工业化的发展使得中下游省域的生态系统面积缩小，同时，中下游地区尤其是经济发达地区近年投入大量资金和技术用于修复生态环境，人工拓展高质量草地、湖泊的面积，提高了单位面积生态系统的服务价值。二是生态系统服务价值中净化大气和净化水质两项功能的生态元计算涉及人群健康损失的减少，中下游人口密度高于上游，生态系统的社会影响更为显著，这一因素也会提高中下游单位流域面积的生态元水平。

下面逐一考察分布于11个省市的长江流域生态系统价值。西藏自治区从2000年起曾出现过生态系统服务价值总额下降，这主要是因为2000—2015年西藏自治区的各类生态系统总面积减少了27%，其中高、中覆盖度的草地和有林地面积减少较为明显。2010年后由于单位面积生态元显著增加，带动了生态元总量增长。青海省从2005年起各类生态系统面积在此期间增加了9%，生态系统服务价值总量和单位面积生态元却双双下降，草原的过度放牧与林地的过度开发应该是其主要原因。四川省、云南省和重庆市的生态元总量和单位面积生态元在这15年间是逐步提高的，增长幅度则以重庆最高。作为人口密度高，工业化、城市化都高度发展的城市，重庆市2000—2015年生态资源总面积减少了1%，其中中/低覆盖度草地的面积减少了44%，水库/坑塘面积增长了47%。重庆市生态元总值的提高主要源自单位面积生态元提高，单位面积生态元的提高则主要得益于资金、技术集约化的生态修复。

表11-3　长江流域生态系统服务价值总量和单位面积价值量估算

单位：万亿生态元，生态元/平方米，%

省份	总量	平均	总量	平均	总量	平均	总量	平均	总量增幅	平均增幅
青海	0.5931	6.14	0.7285	7.26	0.6655	6.62	0.6748	6.39	13.78	4.07
西藏	2.2729	4.66	2.0750	4.19	1.9520	3.94	2.4547	6.91	8.00	48.28
四川	3.1052	10.84	3.3533	11.64	3.3441	11.6	3.5829	12.43	15.38	14.67
云南	1.1787	16.87	1.2342	18.63	1.2342	18.63	1.3175	20.15	11.78	19.44
重庆	0.1946	12.55	0.2183	13.91	0.2136	13.51	0.2515	16.31	29.27	29.96
上游综合	7.3445	10.21	7.6094	11.13	7.4094	10.86	8.2815	12.44	12.76	21.84
湖北	0.9797	13.59	1.0160	13.86	0.9887	13.58	1.0704	14.65	9.26	7.80
湖南	1.2401	12.23	1.2577	12.73	1.2313	12.52	1.3017	13.53	4.96	10.63
安徽	0.2610	13.46	0.2694	13.85	0.2652	13.69	0.2821	14.55	8.06	8.10
江西	1.0726	12.8	1.1155	13.64	1.0984	13.46	1.1584	14.26	8.00	11.41
中游综合	3.5534	13.02	3.6586	13.52	3.5836	13.31	3.8125	14.25	7.29	9.45
江苏	0.0350	14.63	0.0350	13.94	0.0350	14.35	0.0367	14.19	4.76	-3.01
上海	0.0300	19.56	0.0400	22.83	0.0400	24.5	0.0600	21.22	100.00	8.49
下游综合	0.0650	17.10	0.0750	18.39	0.0750	19.43	0.0967	17.71	48.70	3.57

资料来源：根据刘世锦和刘耕源（2019）评估报告部分数据计算而得。

中游地区的湖南省 2000—2015 年生态元总量和单位面积生态元均有小幅度增加。通过查询其生态资源面积数据发现，该省生态资源总面积减少了 5%，其中高中低覆盖度草地共缩减了 23%，湖泊面积收缩了 23%，沼泽地的面积则增加了 33%，显示出该省近年在湿地保护方面做出了显著成绩。湖南省生态元总量的增加主要也是来自单位面积生态元的提升，增幅达 10.63%。与湖南省不同，湖北省的生态资源总面积在 15 年间增加了 9.26%，但其单位面积生态元的增加幅度低于生态元总量的增幅，说明湖北省在生态资源集约化修复方面的表现略逊于湖南省。再拿安徽省和江西省的情况作比较，15 年来安徽省的生态资源总面积增加 8.06%，江西省增幅接近安徽省，而江西省的单位面积生态元增幅为 11.41%，高于安徽省的 8.1%，说明江西省在集约化修复生态环境方面比安徽省做得更为出色。

下游地区的江苏省和上海市的具体情况则大相径庭。江苏省的生态元总量在 15 年里增加了 4.76%，单位面积生态元却下降了 3.01%，这说明前者的上升并非来源于单位面积生态元的提高。事实上该省的生态资源总面积在这 15 年中增加了 7%，覆盖了生态元总量增加幅度与单位面积生态元减少幅度之间的差额。值得注意的是，15 年中江苏省生态资源面积的变化过程伴随着各类林地、灌木和草地的面积大幅减少，水库/坑塘却大幅度增加，生态系统的结构发生了显著改变。上海市这 15 年间生态元总量大幅提高，增幅达 100%，单位面积生态元的增幅相对较小，只有 8.49%，说明前者的增长并非主要来自后者。通过查阅数据我们发现，上海市的生态系统面积在 15 年里增加了 57%，主要来自高覆盖度草地与湖泊面积的增长，这和上海市近年来投入大量资金增加高覆盖度草地面积，扩容或者新建人工湖的情况相吻合。

运用生态元的计算方法，可以核算长江流域各类生态资源的存量，并对各省的生态资源增减数据进行定期更新，编制流域生态资源会计报表，监测各省生态元总量和单位面积生态元的变化情况。这些前期工作将为构建适用于长江流域横向生态补偿机制奠定可量化的基础。

11.5　长江流域市场化、多元化横向生态补偿机制设计

本部分将以生态元作为量化各类生态系统的基础，尝试构建不同层面

的生态元缓解银行机制，实现长江干流省域市场化多元化的综合横向生态补偿机制。

11.5.1 生态元缓解银行的相关概念

11.5.1.1 流域生态元总量下限

确立流域生态元的总量下限是流域各主体展开市场化横向生态补偿的前提。流域各区域的生态资源会因为土地利用类型调整和人类的生产、生活活动而不断发生变化，故区域的生态元水平在不断波动（姚瑞华等，2018）。可以基于生态元核算方法，对长江流域生态元总量进行计算，将计算期前三年平均值设定为长江流域的生态元下限（Lower Limit）。无论生态元通过横向生态补偿在流域内不同区域间如何流转，流域生态元总量不可低于下限，这是流域生态元流转的第一个约束条件。

11.5.1.2 流域内各省域的生态元下限及限制参与生态元购买的区域

流域内各省的生态元下限也可以根据“祖父法则”（刘明明，2012），按照计算期前三年的平均值来设定。但需注意，各省的生态元下限确定后，并非所有的区域在其生态元下降至下限以下时都可以通过购买生态元来弥补其缺口。受到国家现有关于土地利用相关制度规制的某些地区不能参与生态元的购买，这些地区主要包括国家/省级主体功能区规划中划定的禁止和限制开发区、各省近年发布的生态保护红线区（姚岚等，2019）和各省的耕地红线区。以上区域虽然不能参与生态元的购买，但在其生态元存量高于下限时，可以参与生态元的出售，这构成了生态元流转的第二个约束条件。

11.5.1.3 生态元缓解银行

生态元缓解银行是一种基于污染者付费原则（李涛等，2018）的准市场化生态补偿制度，它为生态资源的供给方和需求方提供跨区域流动和补偿服务平台，在确保生态水平不下降的前提下令土地开发者支付尽可能少的生态补偿成本。从服务范围来划分，生态元缓解银行包括为整个大流域服务的流域生态元缓解银行以及为流域内小范围区域服务的地区性生态元缓解银行。

生态元缓解银行制度的建立可以有效地将生态元的供给方与需求方相

分离，让专业的生态元供给机构进行生态系统的创建、修复、增强和维持工作。这种模式要比让生态元的需求方在破坏生态系统后进行自我补救的行为更加有效。

有了生态元缓解银行，生态元的需求者可以选择是在破坏生态资源之前或者之后进行生态补偿，即生态元的事前补偿和事后补偿（柳荻等，2018）。事前补偿要求生态元需求方在从事土地开发活动之前先请第三方评估机构对拟破坏的生态资源进行生态元评估，并到生态元缓解银行购买相应的生态信用（含加成比例），然后才可以进行开发活动。事后补偿方式下，生态元需求方可以先从事土地开发，之后请第三方评估机构对开发过程中破坏的生态资源进行生态元核算，并从生态元缓解银行购买生态信用。

11.5.1.4 生态元缓解银行的资产负债表

生态元缓解银行的资产负债表主要由资产、负债两部分构成。生态元缓解银行的生态元负债主要来源于生态元的供给方通过创建、修复、增强或维持方式得到的生态元增量，即缓解银行生态元的来源。生态元的需求方可以从该银行购买或者借贷所需数量的生态元，并对生态银行支付一定的利息。如果生态元的需求方采取事前补偿模式，它就只能在生态元缓解银行提供的现存生态元资产中购买所需的生态元；如果采取事后补偿模式，生态缓解银行可以通过生态信用创造为其提供生态信用，在生态元需求方开始土地开发后的一定年限内完成生态元的补偿（严金明等，2019）。

生态信用（Ecological Credit）是指生态建设主体通过创建、修复、增强或者维持某类生态资源累积达到的生态调节功能，以生态元为单位，它是生态元缓解银行的生态元资产。例如，当生态元需求方因为房地产开发、生态用地转作农业开发等原因需要占用一定数量的生态资源时，须由第三方生态资源审计机构对破坏的生态资源进行生态元核算，然后按照一定的加成比例由需求方向生态缓解银行购买生态信用，这一加成比例即为生态信用利息。生态元缓解银行提供的生态信用价格按照创建、修复、增强或者维持生态信用所需的成本来确定，其成本主要受地价、生态生产劳动力价格、生态生产技术等因素影响。

11.5.1.5 生态元补偿比率

生态元补偿比率是生态元需求方购买的生态元总量与破坏的生态元总

量之比，二者之差额即生态信用的利息。生态信用的利息与需求方破坏的生态元总量之比即为生态信用的利率。该利率由生态元基准补偿率和超额补偿率两部分构成。基准补偿率受生态调控政策的影响，超出基准补偿率的部分主要由生态元的供应和需求决定。管理部门可以根据生态目标调节生态元补偿基准率。超额补偿率的影响因素主要包括：生态元补偿方式（创建、修复、增强或维持）、生态元补偿成功的概率、补偿生态元与破坏生态元之间的功能差异、生态元破坏地点与补偿地点的距离等。

11.5.2 生态元缓解银行的参与方

11.5.2.1 生态元供给方

生态元供给方可以是政府、机构、非营利性组织、公司或者公私合营模式，但无论是何种身份，最重要的是拥有生态资源建设的技术、人才和专业设备，能够确保生态资源补偿的有效性，并对所建设的生态资源进行长期管护。

按照生态元来源划分，生态元供给方主要为林地、草地、各种类型湿地（河流/湖泊湿地、沼泽湿地、森林湿地等）的生态修复者。不同类型的生态元供给者擅长于某种特定类型的生态资源。按照地理分布划分，生态元的供应方包括服务于整个流域和服务于较小区域两类。由于在不同海拔、气候类型和生态环境下，生态资源建设技术和专业知识存在很大差异，同时为了确保生态资源建设的规模效应和聚集效应，供应商重点服务于某个特定区域的生态元需求会更有效率。

土地、资本、劳动力和技术是生态元供给方在生态元生产过程中的主要生产要素。按照生态元生产要素密集度来划分，分为土地密集型、资本密集型、劳动密集型生态元供给方。例如，流域下游发达地区的生态元供给方多为资本或技术密集型的，而地广人稀的上游重点生态功能区多为土地密集型的，劳动力丰富但经济较落后地区多为劳动密集型的。

现阶段我国各种类型生态资源的增加主要依靠政府主导的模式，也有企业和个人建立的民间公益组织参与生态保护和建设，这些公益机构即是生态元缓解银行生态信用的潜在供给方。蚂蚁森林就是一个以碳减排和生态保护为目的的公益类网上平台（见图11-1）。蚂蚁森林一方面将个人通过低碳生活和出行方式积攒能量完成的虚拟植树或者认领的生态保护区数量记录下来，另一方面通过一些公益基金和企业捐款筹集资金对个人的虚拟生态保护行为进行匹配（即游戏中的“认领”行为），最后借助专业生态保护组织实施植树和重要生态地区的保护（阴丽佳等，2017）。该游戏平台有效地将微观虚拟生态保护行为和真实场景的生态保护行为对应起来，给人较强的生态保护行为代入感。

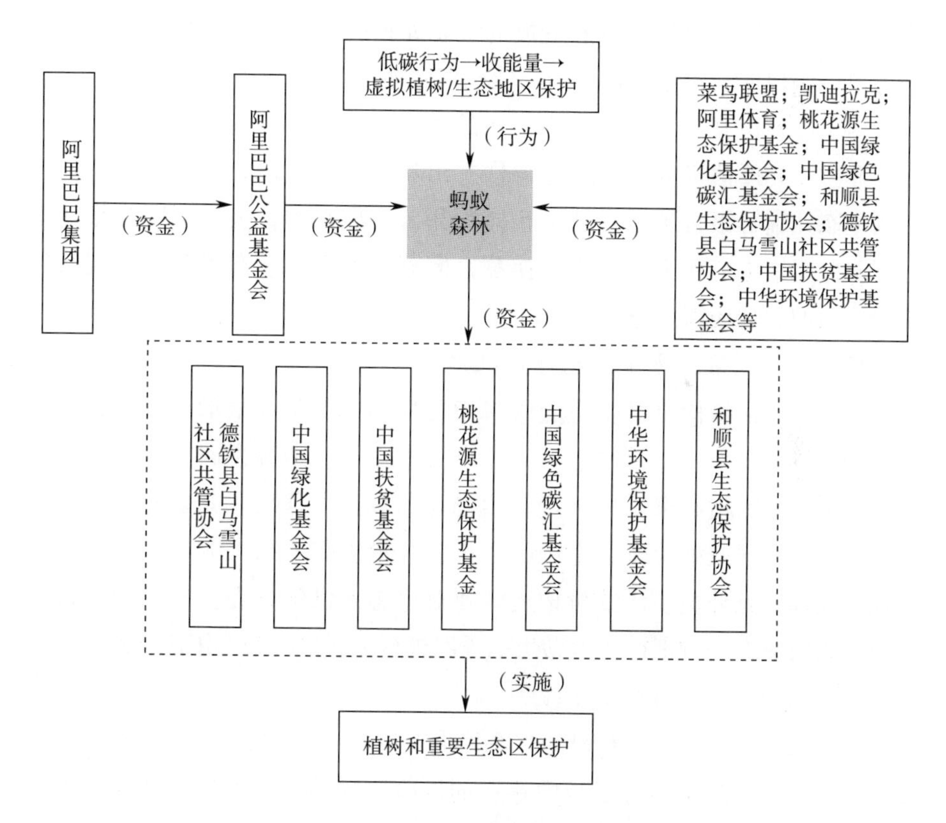

图11-1　蚂蚁森林生态保护实施模式

（资料来源：笔者整理所得）

待生态元缓解银行补偿机制形成后，蚂蚁森林平台背后的生态保护组织将利用自身的生态保护专业技术、人力资源优势以及渠道顺理成章地转型为生态元供应方。届时，这些生态保护组织将不再是纯粹的公益组织，其实施生态保护行为的资金来源也不再局限于个人或企业的捐赠，生态元需求方购买生态元所支付的对价将逐步成为其主要资金来源。蚂蚁森林则可以转型为生态元缓解银行，利用平台之前累积的用户资源、信息优势以及资金渠道，为生态元的供给方和需求方构筑交易平台。

11.5.2.2 生态元需求方

生态元需求方是指在流域和地区性生态元总量约束下，为了发展农业、工业或房地产业进行土地开发已经或将要产生的林地、草地或者湿地等生态资源损害，需要购买生态元对这种损害进行生态补偿的主体。生态元需求方在土地开发之前须就可能造成的生态元损失向生态环境主管部门进行许可申请，根据其要求采取事前补偿或事后补偿。

为了准确核算拟开发土地生态元的损害数量，须由生态环境主管部门或专业生态元评估机构对其进行评估并出具报告，土地开发企业再凭此报告到生态元缓解银行选择合适的生态信用。一般来讲，虽然不同类型的生态资源可以用生态元为单位进行换算，但对不同类型生态资源进行交叉补偿会产生的影响还需要进一步探讨。

11.5.2.3 第三方生态元评估机构

生态元评估机构也是生态元缓解银行机制中不可或缺的参与方，它将在两个环节发挥作用。一是生态元需求方拟进行土地开发时，需要评估机构对可能产生的生态资源破坏进行生态元估算。二是生态元供给方采用创建、修复、增强或维持模式生产的生态元数量也需要第三方生态元评估机构进行核算。此外，该评估机构还需要对生态元供给方在生态元生产过程中所投入的成本进行审计，协助生态缓解银行为该笔生态信用定价。

11.5.2.4 生态元审计机构

为了确保流域生态元总量的零净损失（Zero - Net - Loss）或增量目标，及时发现生态元缓解银行运行中存在的风险和问题，由生态环境管理部门牵头组建的生态元审计机构的参与很有必要（刘西友和李莎莎，2015）。

审计对象包括生态元的需求方、供给方和生态元缓解银行。首先，为了避免第三方生态元评估机构低估生态元需求方在土地开发中破坏的生态资源总量，需要引入生态元审计机构对评估报告进行审计。其次，生态元被生产出来后可能还需要进行后续维护，生态元评估机构对生态元供给方的生态元生产只是在某个时间完成一次性的评估，难以保证新增生态元的质量，此时可以引入生态元审计机构在评估完成的较长时间后再进行审计，确认新增生态元的数量和质量，以避免生态元建设中的短期行为。最后，审计机构需要就生态元缓解银行的借贷进行审计，比如对补偿类型是否严格匹配、是否根据不同补偿模式按照生态元补偿比率实施、补偿模式是否符合相关规定以及事后补偿模式下生态元的供应方有无按约定完成生态元的建设任务等。

11.5.3 生态元补偿的可选模式

11.5.3.1 生态资源修复（Restoration）

新增生态元的第一种可选模式为生态资源修复。针对已经因人类生态破坏行为退化或正在退化的生态资源，采用物理、生物、化学修复或者其他工程技术修复措施，再现退化前的生态资源原貌、结构和生态调节功能。如陕西毛乌素沙漠的草原和林地修复、宁夏中卫的草原生态修复，山东威海的矿山生态修复等。

11.5.3.2 生态资源创建（Creation）

新增生态元的第二种可选模式为生态资源创建，即在一块基本没有生态资源的土地利用各种物理、生物或化学技术建造人工生态资源，主要包括人工林、人工草地和人工湿地这三种类型。以上两种模式的生态元补偿均会增加生态资源的覆盖面积。

11.5.3.3 生态资源增强（Enhancement）

生态资源增强是新增生态元的第三种可选模式。其具体做法是在一块现存某类生态资源的土地上通过物理、生物或化学技术增加其生态元总量及其生态调节功能，但生态资源的面积并不发生改变。比如针对一块草地类型的生态资源土地，可以在不破坏草地植被的前提下，通过一些农艺措施引入适宜当地气候土壤条件的天然或驯化草种，改善天然草群的成分，提高草地植被的密度和生物多样性，增加其生态元总量。这种生态元补偿模式不会新增生态资源的覆盖面积。

11.5.3.4 生态资源维持（Preservation）

最后一种新增生态元的可选模式为生态资源维持。在一块成熟的生态资源区域，针对其面临的生态退化的外部压力，通过一系列的生态保护措施，维持其生态元总量和生态调节功能现状。这种生态补偿模式不会带来生态资源覆盖面积新增，也不会引起生态元总量的增加。该模式下新增生态元数量需要从机会成本的角度来计算，即如果不采取维持措施，生态元数量会减少。流域生态元缓解银行运行机制见图 11－2。

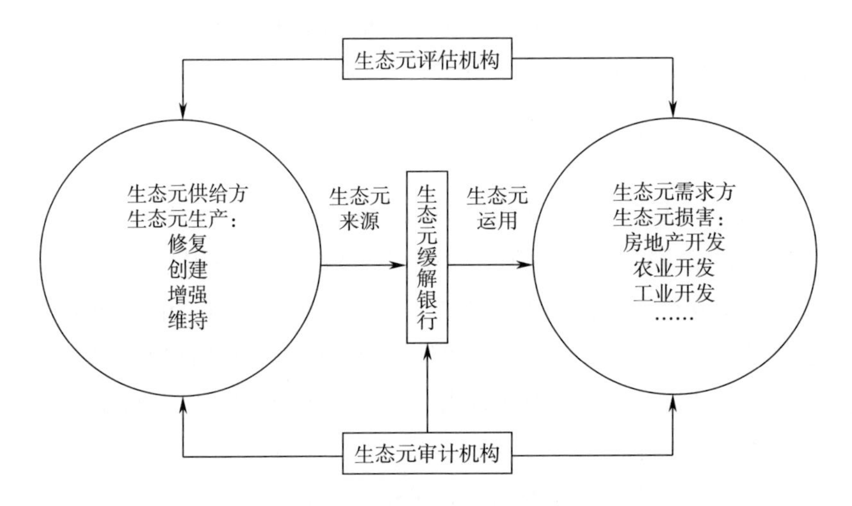

图 11－2　流域生态元缓解银行运行机制示意

（资料来源：笔者整理所得）

11.5.4　生态元缓解银行机制中需要明确的问题

11.5.4.1　生态元补偿额度的计算

当生态元需求方因土地开发行为破坏了生态资源需要进行生态补偿时，其生态元补偿额度的计算方法为

$$cp = c(1+p)x(1+r) \tag{11-18}$$

$$c = f(R,w,T),p \geqslant 0$$

其中，cp 表示破坏一单位生态元需要补偿的生态元额度。c 为单位生态元生产成本，它取决于流域各地区的地价（R）、工资（w）和技术水平（T）。p 是生态元补偿数量的加成率，它取决于流域生态元的总量目标，当目标确立为零净损失时，加成率为零。r 是单位生态元成本的利润加成，即生态信用利率，它取决于生态元的供求关系，生态元缓解银行可以自行决定利率水平。

就长江流域而言，上游、中游和下游地区的地价、工资和技术水平总体来说存在东高西低的分布特征，在流域所属各省中，重点生态功能区的地价、工资和技术水平低于优化开发和重点开发区域。这种要素分布特征会引导生态元需求方优先购买单位生产成本较低地区的生态元，即地价、工资和技术相对落后地区，如重点生态功能区的生态元。这样，生态元缓解银行机制不仅能够利用市场机制保障全流域的生态元目标，还能对流域内不同地区的经济差距进行调节，让生态功能区的“绿水青山”真正转化为“金山银山”。

11.5.4.2 生态元缓解银行机制下生态资源的迁移方向和影响

生态元缓解银行机制会引导资金从生态元需求方转移到生态元供给方，与之相对的则是生态资源的地理迁徙。生态元的供给方如果采取创建或修复模式进行生态元生产，会优先考虑在地价、劳动力相对便宜的西部地区或者生态脆弱类型的生态功能区进行；如果采取增强或者维持模式进行生态元生产，会优先考虑在现有生态本底还不错的重点生态功能区进行。结果，四种生态元生产模式都会导致生态资源的规模化建设趋势，零散分布的生态资源通过这种补偿机制逐渐走向集中连片，相对发达地区的生态环境在较长一段时间内则可能会恶化。

针对生态缓解银行机制的这种“副作用”，地方生态环境主管部门可以加以干预，通过确立区域性的生态元下限水平来约束生态元的过度迁徙。

11.5.4.3 征信系统和信用评级机制

银行在接受生态供给方的新增生态元存款时，需要对其信用资质进行审查，降低信用风险。对此，各生态缓解银行可以共同创建一个征信平台，公布生态元供给方过去所做的生态元建设项目的审计报告，通过信息披露机制筛选出信用良好的生态供给方。

此外，随着各地区各种生态供给方数量逐渐增多，生态缓解银行还可以设计一个指标体系为它们进行信用评级，为生态元需求方选购生态元产品提供参考依据。

11.5.4.4 新增生态元的确权问题

从零净损失这一最低生态元总量控制目标出发，流域各地区存量生态元的确权问题不在本文考察范围之内。这是因为存量生态元主要源于两种途径，一是财政资金支持下的行政命令型生态元建设行为，二是捐助资金支持下的公益性生态元建设行为。前一类生态元存量已经获得财政资金的给付对价，后一类则获得了捐助资金的给付对价。生态缓解银行机制是针对流域内不同地区新增生态元这一增量部分设计的准市场化补偿机制。为了让该机制得以实现，需要对生态元供给方通过各种方式对新增生态元进行确权，以便通过生态缓解银行将生态元出售给需求方。

增量生态元确权的基本原则是谁生产谁受益（韩英夫和佟彤，2019）。生态元的供给方通过增加面积创建和修复，或者通过不增加面积的增强和维持模式新增生态元的所有权归其所有，可以通过生态缓解银行将其出售给生态元需求者。

11.6 小结

长江流域生态环境退化表现在多个方面，如水质恶化、鱼类资源减少、水量补给不足等。为了修复长江流域生态环境，扭转生态环境持续恶化的局面，多地已经开始尝试在长江流域局部支流开展由政府主导的环境治理和建立生态补偿制度。但现有措施的资金来源主要为财政转移支付，渠道单一、数量不足和支付不稳定，尚未形成生态补偿的长效机制。

为了弥补中央财政资金的不足和缩小长江上、中、下游地区的经济收入差距，长江流域许多省域模仿新安江模式，于近年开始实施流域横向生态补偿机制。但这种流域横向生态补偿模式主要存在三个问题：一是相邻省区之间进行两两谈判，只能形成一个碎片化的补偿体系，难以匹配长江流域的空间尺度；二是补偿额度的计算依据局限于水质和水量指标，没有综合考虑流域生态系统的其他生态指标；三是现有省域横向生态补偿模式仍然由政府主导，微观主体难以参与。

本书提出基于生态元核算方法，构建能够覆盖各类生态系统功能的市场化综合横向生态补偿机制，主要步骤如下。首先，利用生态元的核算方法构建长江干流各省各类生态资源的本底数据库，测算各省生态元总量和单位面积生态元的变化情况。其次，基于生态元核算方法从概念、参与主体、补偿模式和实施效果等方面探讨了创建流域生态缓解银行的构思及其实施机制。虽然还有很多细节问题需要深入研究，但相信基于生态元的流域缓解银行方案有助于构建长江流域的综合生态补偿机制。这种补偿模式设计能够充分调动微观主体的积极性，使民间主体通过扮演生态元供给者、需求者、缓解银行和审计方等角色，按照一定的游戏规则参与到大保护活动中来，形成多层次的生态元交易市场，让市场机制这个“看不见的手”去调节生态元的供求，以期达到生态元总量只增不减，长江流域生态环境持续改善、各类主体功能区共享绿色收益的效果。

第12章 生态功能区生态补偿改革应该如何处理政府与市场的关系

——代结束语

党的十八届三中全会在《中共中央关于全面深化改革若干重大问题的决定》中明确提出发展环保市场，推行节能量、碳排放权、排污权、水权交易制度，建立吸引社会资本投入生态环境保护的市场化机制，推行环境污染第三方治理。不难看出，运用市场手段解决生态保护补偿问题是未来我国生态文明制度建设的一个重要方向。不过，由于存在生态环境保护/破坏的外部性问题，在生态补偿中运用市场机制绝非易事。正如本书的研究指出，科斯范式和庇古范式是解决生态环境外部性问题的两种主要手段，前者强调市场机制，后者强调政府作用。但在具体机制设计中，由于生态环境、社会经济和补偿过程的复杂性和长期性，如果只强调某一方面，就会造成“政府失灵”或者“市场失灵”，使得生态补偿不可持续。可见，处理好政府与市场的关系是生态补偿能否同时实现效率与公平的核心。

12.1 不同生态补偿模式中行政手段与市场工具的组合

目前国内政界和学界关于生态补偿中政府与市场关系的主流观点是，必须坚持以政府为主、市场为辅（张劲松，2013）。即在坚持政府主导的同时，充分发挥市场机制的作用。这种观点虽然总体上没有错，但未免失之粗疏。之所以这样说，是因为由于地理空间、生态服务系统、经济发展水平乃至环境外部性的千差万别，生态补偿的类型应当是多种多样的，而对于各种不同类型的生态补偿，其机制中政府与市场的关系也应当是各有主从，两者关系的远近亲疏不尽相同，不宜笼统地提谁为主、谁为辅，而应当根据实际情况分门别类地加以分析。

图 2 -1 中列出了主要按照资金来源和实施方式划分的生态补偿类型。在图 2 -2 中又构建了一个双维度四象限的生态补偿分类框架。对于大范围且具有很强公共外部性的生态服务，适宜于由政府作为全体用户的代表，采用庇古范式的转移支付模式。对于生态外部性的影响局限在小范围，且受益/受害对象明确、产权清晰的生态服务，则可以采取市场化的科斯范式产权交易模式。介于两者之间，具有较大范围但外部性对象明确的生态服务——如流域上游地区对下游地区的水生态服务，可以通过地方政府间的谈判达成横向生态补偿协议；而在许多生态服务的私人产权难以清晰界定的小规模社区，则应当采取由社区 + NGO 主导的准市场化生态补偿模式。

除了以上分类，本报告再提出一种根据行政手段与市场工具两种政策工具的功能特征的分类方法。如图 12 -1 所示，在生态补偿机制中，行政手段与市场工具在功能特征上各自具有长处和短处。例如，行政手段的生态补偿模式长于公平（如纵向补偿侧重于实现基本公共服务的均等化）但短于效率（缺乏生态保护的内生激励）；侧重公域（提供公共产品）而忽略私

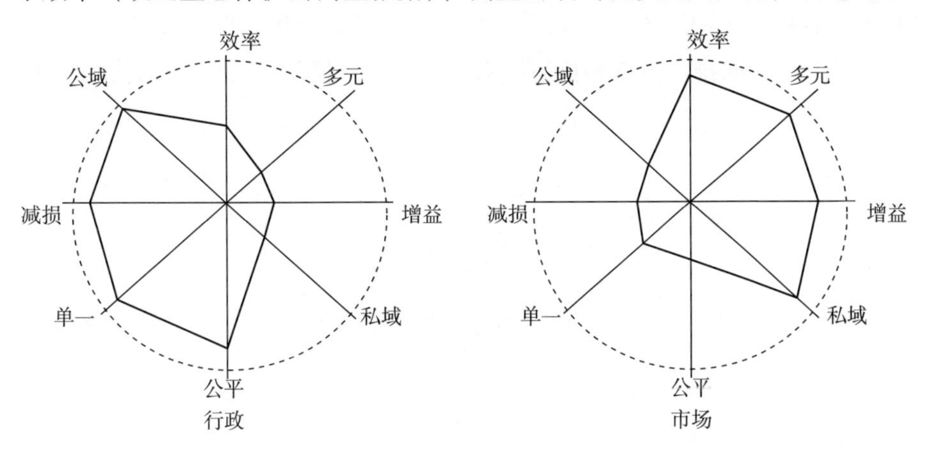

图 12 -1　行政手段与市场工具在生态补偿机制中的功能特征

（资料来源：笔者整理所得）

域（个体利益）；注重减少环境负外部性（减损）而拙于增加生态正外部性（增益）；资金来源和实施手段单一，缺乏多元化的融资渠道。与此相反，市场工具长于效率而忽视公平，擅长于私域而无力于公域，适宜于生态增益而拙于环境减损，市场主体多元化但缺少纵向的行政权威等。

根据常识和典型事例，用蛛网图绘制出行政手段和市场工具的功能（绩效）特征，然后根据不同种类生态补偿所要达到的主要目标，选择功能不同的政策工具，以实现分类施策、扬长避短的政策设计初衷。例如，对于少数空间尺度大、影响范围广、生态退化和环境恶化可能造成巨大损害的生态系统补偿（如大型流域治理、二氧化碳减排等），适宜于采用行政手段为主、市场工具为辅的生态补偿模式；对于散布各地、空间尺度和影响范围小、生态服务和环境增益对象明确的生态系统，则应当采用以市场工具为主、行政手段为辅的补偿模式。还应注意一个往往被人们所忽略的问题，即无论是政府主导、市场补充的模式，还是市场为主、政府引导的模式，都必须考虑行政手段与市场工具的组合关系究竟是互补型的还是替代型的。如果两者属于互补关系，可以相互嵌入、互为支撑，政策组合将在社会福利上产生一加一大于二的叠加效应；但若两者是替代关系，相互摩擦抵消，则可能产生一加一小于二的冲突效应。

如图 12 -2 所示，设采用行政手段的社会福利为 A + C，采用市场工具的社会福利为 B + C，C 为行政手段与市场工具的交集，即两种政策工具的共同着力点（如排污收费和排污权交易都是针对排污行为）。如果行政手段

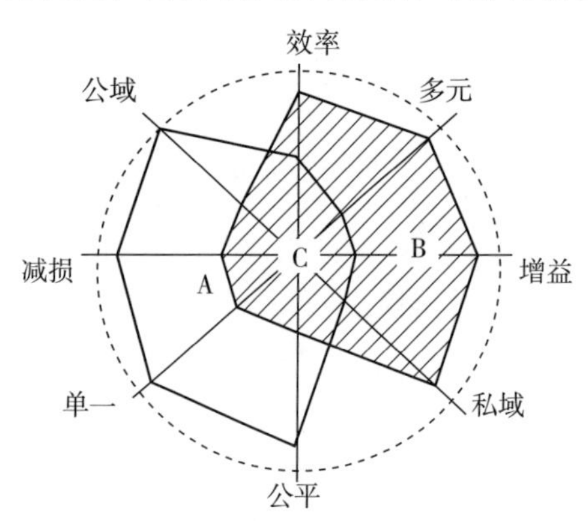

图 12 -2　行政手段与市场工具组合的社会福利

（资料来源：笔者整理所得）

与市场工具是兼容互补的，则行政手段与市场工具的组合所得到的社会总福利为 A + B + C，但如果行政手段与市场工具是相互抵消的，产生政策冗余，则两者组合所得到的社会总福利为 A + B - C，与前者相比，后者出现了明显的福利损失 C。为了避免这种福利损失，在选择政策工具组合时必须充分考虑不同政策工具之间的适配性，尽量提高政策组合的耦合度，使之相互取长补短、相得益彰。

12.2　重点生态功能区运用市场化生态补偿机制的适用原则

前面提出，对重点生态功能区的生态补偿不宜一刀切，需要采取多元化混合型的补偿模式。本章需要解决的主要问题是，在设计补偿模式时，为了避免社会福利损失，应当如何选择政策工具，以及行政手段与市场工具应当怎样优化组合。下面从市场机制适用性的视角，根据理论逻辑和实践经验推导出选择市场化生态补偿工具的一些适用原则。

12.2.1　人口与区位

第一，越是人口密度大、区位相对好的地区，越应当提高市场机制在生态补偿中的比重，反之则反是。生态补偿政策是调节保护/使用生态系统服务人群的成本与收益的社会经济政策，重点生态功能区的人口密度和地理位置必然成为政策制定时重要的考量因素。对于那些地广人稀、生态脆弱、交通不便，几乎没有经济开发价值的生态功能区（如藏西北羌塘高原荒漠生态功能区、藏东南高原边缘森林生态功能区、阿尔金草原荒漠化防治生态功能区等），就无须考虑市场化工具，通过行政手段设置禁止开发区，配备管护人员，再辅之以生态移民和财政转移支付即可。这种做法不仅成本低，也符合生态恢复的自然规律。而在人口密度较大、交通相对方便、具有开发基础的重点生态功能区，环境保护与经济发展的矛盾更加突出，单一的政府转移支付难以满足当地居民的发展需求，需要通过市场机制加以补充，将绿水青山转化为金山银山。同时，在人口密度较大的地区，对生态服务的需求也会更大，有利于运用生态补偿的市场工具，实现生态服务的价值转化。

第二，居民生计越是依赖自然资源的地区，越应当重视市场机制的作用。在一些少数民族聚居的重点生态功能区（如三江源草原草甸湿地生态功能区、若尔盖草原湿地生态功能区、呼伦贝尔草原生态区等），原住民的生产和生活方式对当地生态资源的依赖性很强，生态移民对原住民的生计影响极大，需要慎重对待。这些生态功能区由于限制畜牧和其他形式的开发，政府必须通过转移支付补偿牧民，但单一财政转移支付不足以使当地居民脱贫致富，还需要辅之以市场机制，增加牧民的收入和生态保护积极性。例如，牧民保护草原的传统方式是转场放牧，使草场得到轮休。但自从草场承包到户以后，可以转场的空间不复存在，草原的平均载畜量迅速增加，导致草原沙化。这是典型的自然资源产权变更导致了生态退化。在被划为禁止开发区以后，牧民对草场的使用权被施加了更多限制，产权再次变更，牧民以牺牲生计换来防止“公地悲剧”发生，激励机制必然缺失。如果在设计生态补偿模式时，引进“公司加农户”的市场机制，允许牧民建立合作社，把彼此分隔的草场重新合并起来，富裕家庭以牲畜入股，贫困家庭以劳动力入股，在草畜平衡基础上重新恢复转场放牧传统。政府可以通过优惠政策吸引企业与牧业合作社合作，企业提供优良品种，按绿色生态产品价格收购牛羊，市场差价由政府补贴，这样一来，既可以通过转场来修复草原的生态系统，牧民收入也得以增加，政府把部分纵向转移资金用于补贴企业与合作社，撬动绿色产业的发展，由输血式生态补偿转向造血式生态补偿。

第三，越是生态环境关联紧密的相邻地区，越是需要采用市场化的生态补偿方式。前面关于流域横向生态补偿的章节已有论述，在此不再赘述。

12.2.2 生态环境特性

（1）生态环境的空间因素。曾云敏和赵细康（2016）指出，若生态环境污染/保护的影响在空间上的分布较为均匀，适合采取产权交易方式，而如果一种污染物对不同地区的影响存在很大差异，它们之间就很难进行对等的交易。当资源使用和污染排放出现时间空间集聚的“热点”（Hot－Spot）现象时，生态环境的产权交易将受到严格限制。

（2）生态环境的经济因素。首先是生态环境的稀缺性。如果某种生态环境服务是无限供给的，没有稀缺性，也就不需要界定排他性的产权，对其定价和交易都毫无意义，因为它没有价值。而一种生态系统服务的稀缺程度越大，对其需求越强烈，政府就越容易通过对其使用总量及各类主体的使用配额进行限制和分配（产权初始配置），创造出生态环境的产权交易市场。当然，当某种生态服务变得过度稀缺，连基本的生态系统循环和人类的最低生存需求都难以保障时，也将停止市场交易而采用行政手段配置。

（3）生态服务确权和计量的难易程度。由于许多生态服务（如空气、海洋、水流等）都具有不可分性（Indivisibility）、难以排他性等自然属性，对其分割、确权和计量的成本都过高，会阻碍市场交易体系的建立。但现代法律制度的进步和监测技术的发展，可以逐步克服生态服务确权和计量上的困难，尤其在污染物排放权的分配和监测计量上，近年已经取得了很大进展，这使得排污权和碳排放权等产权交易得到发展。

12.2.3　社会结构因素

（1）信息不对称。信息不对称造成的交易成本是决定能否采用科斯范式市场交易的主要因素之一。生态服务产权交易的好处是使得监管部门只用关注管制对象直接的资源使用和污染排放情况，降低了对管制对象信息的依赖。但是，这实际上是建立在管制部门获取管制对象的生态环境信息成本更低的假设基础之上的，如果情况相反，环境产权市场就没有比较优势。有研究者认为，行政手段在环境政策中大量存在的原因在于管制部门明确知道自己无法精确计量减排量，所以只能通过检查地区/企业是否按要求安装了治污设施并正常运转来实施规制（Driesen，1998）。

（2）市场结构。生态环境市场工具，特别是集中式产权交易，需要依靠一个运行良好的市场，但在以下情况下，市场机制可能运行不畅，导致市场失灵。

一是交易体系覆盖的对象过少，市场供需过于“稀薄”，交易不活跃，难以形成有效的定价机制。

二是市场出现垄断结构，少数大型交易者的市场势力导致市场价格扭曲（Hahn，1984）。

三是中小企业和居民用户被证明不适合独立参与公开产权交易市场，主要原因是他们虽然数量众多，但交易量太小，交易成本过高。对于这类小微主体的管理需要创造新的市场工具，如我国广东等地正在试点中的碳普惠制①。

由于命令控制型政策在实践中绩效不彰，运用市场工具解决生态保护补偿问题已经成为各界的共识。市场工具提供了传统的行政手段所不具备的弹性、灵活性和经济激励，从而节约了成本，提高了行为主体保护生态环境的积极性。但也不能认为，市场工具具有了相对于其他政策工具的绝对优势。市场工具在实践中是否适用，能否奏效，取决于许多限制性条件，只有在满足了这些条件，针对具体情况设计出有效的市场化机制的情况下，市场工具才可能有效运作，发挥其相对优势。而且，即便在市场工具得以运用的情况下，行政手段和社区治理的支持配合依然不可或缺。

12.3 从单一纵向补偿到以市场为主、政府为辅的政策体系构建——以流域生态补偿为例

一般来说，建立市场化生态补偿机制的难度要远远高于采用行政手段实施生态补偿的难度，因此，由单一行政手段向市场机制的过渡是一个渐进的动态过程，其间还可能经历半行政手段（受市场机制影响的行政手段）、半市场机制（受行政手段影响的市场机制）等若干中间形态，而且这些中间形态可能与单一行政手段长期共存，演变为混合型生态补偿机制的主体形态。

在中国，由于政府超强的行政控制能力和对区域生态环境的监控能力不足两个因素并存，对重点生态功能区的生态补偿主要采用了庇古范式的纵向补偿模式。

---

① 碳普惠制是为市民和小微企业的节能减碳行为赋予价值而推行的一种公众低碳激励机制，它依托碳普惠平台，与公共机构数据对接，量化公众的低碳行为减碳量，给予其相应的碳币。公众用碳币可在碳普惠平台上换取商业优惠、兑换公共服务，也可进行碳抵消或进入碳交易市场抵消控排企业碳排放配额。碳普惠制利用市场机制达到公众积极参与节能减排的目的，同时通过消费端促进生产端技术创新、低碳生产。碳普惠制由广东省首创，首批碳普惠制工作试点为广州、东莞、中山、河源、惠州、韶关六个地市。

图12－3反映了迄今为止我国实施主体功能规划时对大多数重点生态功能区的生态补偿模式，中央政府和省级政府从优化开发区和重点开发区取得税收，然后通过纵向转移支付补偿重点生态功能区的环保成本和机会成本。这种模式既缺乏生态环境效率（李潇，2018），也无法有效遏制生态功能区与优化及重点开发区经济发展差距扩大的趋势（谌莹等，2020），对其改革势在必行。

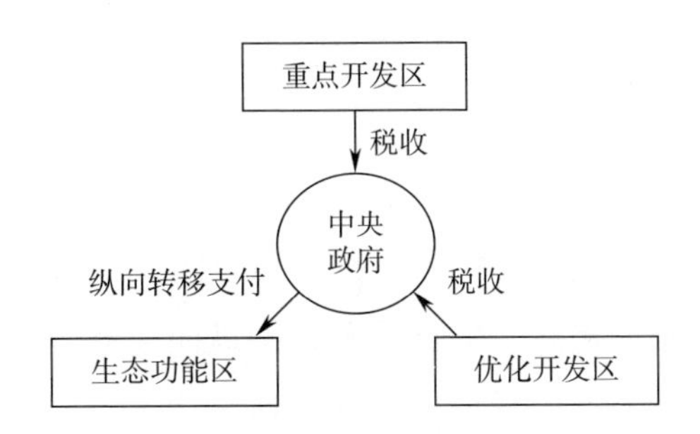

图12－3　重点生态功能区纵向生态补偿示意

（资料来源：笔者整理所得）

改革的突破口出现在生态环境保护/破坏的行为者与受益/受损对象均很清晰的流域上下游横向生态补偿领域。2012年，全国首个跨省流域横向生态补偿试点在皖浙两省的新安江启动，在试点取得初步成效后，跨省流域横向生态补偿又相继在粤桂九洲江、粤赣东江、粤闽汀江—韩江、京津冀潮白河—滦河、云贵川赤水河、湘渝酉水河等全国十多个省份的多个流域展开。

上下游横向生态补偿的基本原则是成本共担、收益共享、区际公平、权责对等。即上游为下游提供更加优质的水质和丰富的水源，下游对上游改善生态环境付出的努力给予补偿；上游因努力不够或责任事故而造成对下游的环境损害，上游应对下游作出赔偿。由于在中国国情下，地方政府之间的谈判存在诸多困难，因此在省际横向生态补偿中，中央政府的引导和出资配套往往不可或缺，但总体上看，流域横向生态补偿的实施主体是地方政府，生态补偿协议是由流域上下游的地方政府谈判签订，中央政府只是给予引导和资金支持，因此它属于以地方为主、中央为辅、志愿为主、行政为辅的一种准市场机制。

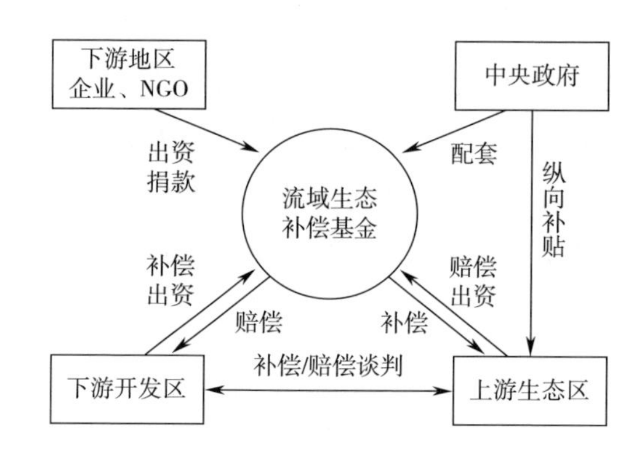

图 12－4 跨省流域横向生态补偿示意

（资料来源：笔者整理所得）

在中国，跨省横向生态补偿打破了单一纵向生态补偿的格局，迈出了多元化生态补偿的第一步。横向生态补偿通过让生态服务的供需双方直接谈判来解决生态服务的购买和赔付问题，节约了纵向补偿中来自中央与地方的委托代理关系和信息不对称所产生的交易成本，使当事人双方对水环境和水生态治理有了更强的连带感，机会主义动机有所弱化，可以称得上是中国式生态补偿的一大创举。然而，现有的跨省横向生态补偿是以地方政府作为本地生态服务的供应者/需求者的代表来开展谈判的，除少数个案外，资金也主要来自地方政府的财政转移支付，因此它最多是一个政府间的环境权益交易。由于政府的环境治理目标函数是多元的，而且往往政治因素（彰显政绩、职务晋升、逃避问责等）大于经济因素，因此横向生态补偿的市场化色彩十分淡薄，行政手段的制度逻辑仍然占据着主导地位，双方在谈判过程中往往并不在乎生态服务/环境损害的真实价值，而更加关注协议中生态环境考核标准的制定（张捷和莫扬，2018）。

目前跨省流域横向生态补偿模式还存在空间尺度和制度结构上的两大局限。一是它的适用性局限于流经两个省份的中小流域或者大流域的某一局部区段，对于流经多省区的大流域全域，邻省之间的两两谈判，不仅交易成本极高，而且由于省情和水情差异大，两两谈判形成的补偿体系将是一个碎片化的体系，难以实现对流域整体的系统综合治理，且执行效率低下。二是省级政府之间签订的生态补偿协议，要真正落地还需要通过市县乡镇层层贯彻，最后将环保责任和补偿资金落实到企业和农户才算走完“最后一公里”，由此将经历很长的委托—代理链条，产生高昂的代理成本。

以上两大“短板”的补齐需要通过市场化多元化途径进一步推动生态补偿机制的改革和创新。后一块短板即如何走完“最后一公里”的问题，在本书第八章已经做了详细分析，地区间补偿向下落地应当主要通过 NGO 参与的社区主导型市场化生态补偿机制来解决，因此不再赘述。在此主要分析多省区大流域的生态补偿问题。在中国，中央和省级财政之间实行分税制，大部分中央的财政转移支付必须通过省级财政，才能到达市级及市级以下地方政府，因此省级财政具有相对大的独立性，成为央地关系、地地关系中利益和权力博弈的焦点，也是构建多省区大流域生态补偿机制的最大难点。所幸的是，实践总是走在理论的前面。2018 年初，云南、四川、贵州三省共同签署了《赤水河流域横向生态保护补偿协议》，这是在全国率先建立的多省区流域横向生态补偿机制。根据这份协议，云南、贵州、四川三省共同出资 2 亿元设立赤水河流域水环境横向补偿基金，三省的出资比例为 1:5:4，补偿资金在三省间分配比例为 3:4:3，补偿资金主要用于流域生态环境保护、治理等水污染防治工作。三省依据各段补偿权重以及协议确定的考核断面水质达标情况进行分段清算。水质达到考核目标要求的地区，全额享受补偿资金；部分达到目标的地区，根据水质水量折算享受补偿资金的额度，适当扣减补偿资金；完全未达到目标的地区，全部扣减补偿资金。所扣减的资金原则用于补偿给签订协议的下游省份。同时，三省搭建合作共治的政策平台，实行流域环境保护统一规划、统一标准、统一环评、统一监测、统一执法，形成赤水河流域上下联动大保护格局，共同提升赤水河流域环境保护整体水平。更为可喜的是，贵州茅台酒股份有限公司每年捐资 5000 万元用作赤水河流域的水污染防治，这是企业向政府间的生态补偿协议出资的首个范例，开辟了社会资本参与流域横向生态补偿的先河。

图 12－5 描绘了多省区大流域混合生态补偿模式的基本框架。大流域的生态补偿首先应当按照国际惯例建立一个筹资来源多元化的水基金。水基金不仅是融资平台，也是一个多元主体的合作平台。大流域水基金除了来自中下游省区的财政资金和中央政府的配套资金外，还包括企业、NGO、国际组织的投资及捐赠等社会资金。上游生态功能区的保护活动除了获得纵

向转移支付外，水质水量达标时还可以获得来自水基金的补偿资金，反之，未达标时亦须对中下游地区做出赔付。作为生态补偿的理想形式，位于下游的优化开发区还可以将一些劳动密集型的亲环境产业转移到上游生态功能区，以补偿后者因为限制开发而丧失的财政收入和就业机会。

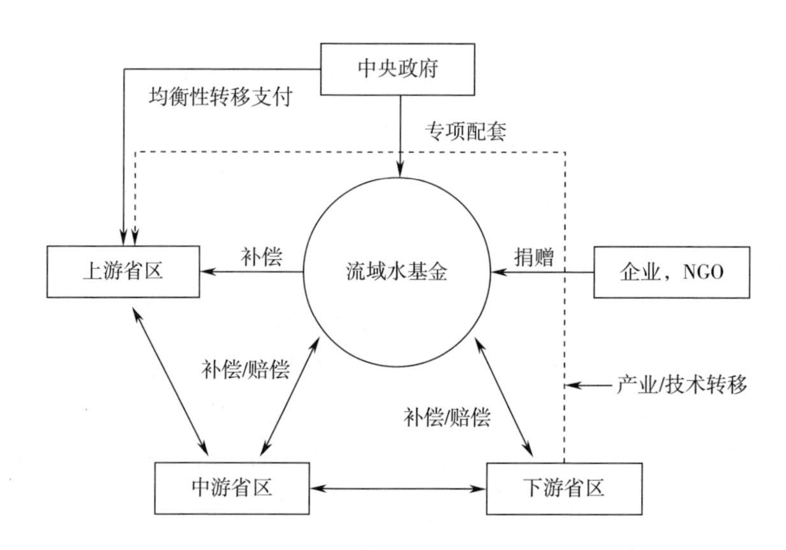

图 12－5　多省区大流域混合生态补偿模式

（资料来源：笔者整理所得）

如果说大流域的水基金由于涉及范围广，所需资金量大，需要由政府来主导和协调的话，那么中小流域的水基金则可以由民间来主导和运作。这类水基金主要来自捐赠、投资、政府资助、国际援助，基金里还包括了信托、公益策划、社区管理、公私合作业务。民间水基金是一个开放创新的平台，不同的产权主体通过项目组成一套合理、合法、合规的资金流转机制和法律机制。这套机制更看重各主体背后的社会资源，而不仅仅是捐资数额。

至此，流域生态补偿已经由单一的政府出资补贴演变为以市场机制为主、政府支持为辅的市场化多元化生态补偿模式。

图 12－6 描绘了市场主导、政府支持的生态补偿框架。生态环境市场可以分为三种类型：一是地方政府间环境市场，从事区域横向生态补偿；二是环境权益公开市场，从事排污权、水权、碳排放权等生态服务的产权交

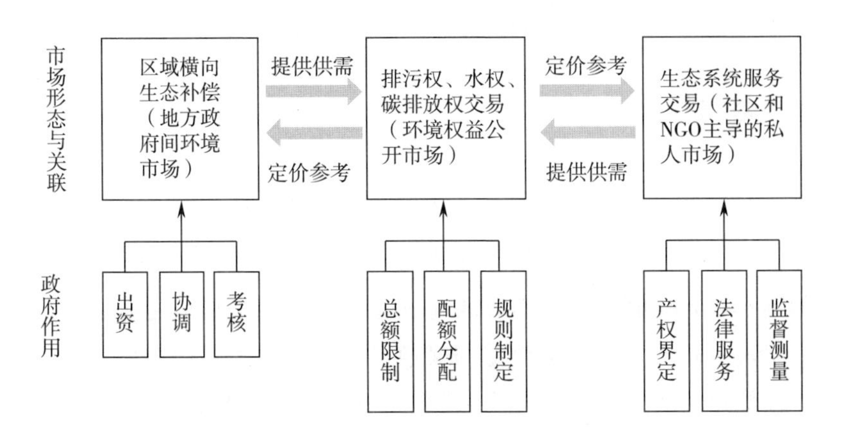

图 12-6　市场主导、政府支持的生态补偿模式示意

（资料来源：笔者整理所得）

易；三是社区和 NGO 主导的私人交易市场，主要从事生态系统服务项目的买卖（PES）。政府间环境市场和社区主导的私人市场都是一对一或者一对多的谈判交易，只有排污权和水权等环境权益市场采取的是多对多的集中竞价交易，定价功能较为强大。因此，政府间市场和私人市场可以为集中交易市场不断输送在履约过程中产生的对生态服务的需求和供给，同时，集中交易市场则可以为前两类市场提供定价参考功能，三类市场形成各司其职、相辅相成的多层次市场体系。而政府作为出资人、所有者、环境规制制定者、市场创造者和交易仲裁者，分别为三类市场提供出资、协调、考核，总量限制、配额分配、规则制定，产权界定、法律服务和监督测量等支持性服务，在市场化过程中起着不可或缺的重要作用。当然，政府作用的重要性在各种生态补偿模式中存在差异，不过都适用一个共同原则——适时和适度原则。在地区间谈判或者产权交易市场创建初期，政府在生态资源初始产权的界定与分配、生态服务质量标准制定、交易规则、法律仲裁、监测计量和市场监管等软性基础设施建设方面负有不可推卸的责任，但这些职责随着市场机制的逐渐形成和臻于完善而逐步减弱，某些职责可以委托给第三方专业机构去履行，政府除了法律服务以外，在其他方面可以逐步淡出，让市场机制去发挥更大的作用。如果政府始终把权力攥在手里甚至不断强化，市场机制发挥作用的空间就会日趋缩小乃至最后成为摆设，市场化多元化生态补偿机制也就无从谈起。

12.4 经验与启示

综上所述，重点生态功能区市场化生态补偿的核心是形成生态保护的可交换价值，并且创造一个平等竞争的环境，使具有生态保护需求与供给能力的买卖双方能够进行谈判或匹配，并在此基础上形成生态服务的交易价格，实现生态效益和经济效益的交换。近年来，国际国内生态补偿的多元化和市场化实践，为完善我国生态保护补偿机制提供了以下经验和借鉴。

12.4.1 根据生态属性和社会特征，建立多种类型生态补偿的市场化途径

基于政府与市场关系的视角，根据国外经验，生态补偿市场机制的创建路径大致可以分为三种类型（吴健和袁甜，2019）。

第一类：政府引入市场型。即在以政府为主的生态补偿项目中引入市场机制。例如在流域生态保护补偿中引入生态系统服务付费，以实现较大规模、强生态关联区域间的生态系统保护。中国的跨省流域横向生态补偿；哥斯达黎加的森林保护和再造林项目（PSA），通过全国性的征税 + 补偿建立起生态服务提供者和受益者之间的支付关系；美国的环保休耕项目（CRP）使用公共财政资金，在项目设计中引入竞标机制，实现特定保护目标下对补偿对象的精准识别和差异化补偿。这些项目虽然都接近庇古范式的补偿思路，但利用市场机制为生态保护提供激励，提高了资金的使用效率，也提高了项目的灵活性。

第二类：政府创建市场型。包括美国的湿地缓解银行、生境保护银行；各国的排污权、水权和碳汇交易等，其共同之处都在于通过法律和行政规制创造了生态服务的稀缺性和“保护信用”，将生态保护的产权赋予保护者并赋予他们进行交易的权利，同时规定开发者的保护义务，从而创造供给与需求，释放了市场活力。在机制设计上，信用审批制通过缓解或保护信用的主动申请加审批的方式，大大减少了信息不对称，降低了交易成本，行政机构能够根据服务效益决定信用批准数量，提高生态服务的生产效率。

第三类：政府培育市场型。包括使用者付费（PES）、生态标签以及生态旅游等项目，这些项目更多关注对生态系统使用价值的开发，结合人们对自然舒适性等生态产品和服务的需求，将生态系统的使用价值转化为经济价值，反过来用生态系统创造的经济价值维护其生态价值。它们适用于零散、孤立又具有一定生态价值的对象保护。人们对于生态系统服务使用价值的享有是私人物品，因此其市场化的关键在于将人们对自然舒适性的需求与这类服务供给相匹配。通过设计合理的机制，解决消费者与生产者之间的信息不对称问题，提高支付意愿，打通市场渠道，降低交易成本，形成合理的生态服务价格，促进市场交易，激励生态保护。可以看到，使用者付费、生态旅游、生态标签是购买者为追求良好的生态舒适性而自发产生的个体需求，这类需求处于人类需求中较高的层次，随着生活水平和生态舒适性稀缺度的提高而自然增长。相比之下，前两类模式下购买者的需求并不是自发产生的，主要来自合规动机或集体行动的要求，是法律规制的结果。综上所述，生态保护是一个多维问题，仅仅依靠一种政策工具很难应对其高度的复杂性和多变性。因此，对于不同的生态环境问题，在实践中可采取不同的补偿模式，相互补充，取长补短，可以最大限度地提高生态保护的效益。

12.4.2　政府主动转变职能以适应生态补偿市场化的需要

生态补偿市场机制的建立，并不代表着政府职能的消失，而是意味着政府必须转变职能，由控制型政府转变为服务型政府，为形成生态产品与服务的市场化供给模式提供必不可少的服务。例如，政府通过招投标为环境公共物品的供给提供价格激励；政府通过制定法律法规，确保创建生态市场所需的产权基础，以及为消除信息不对称而提供必要条件。第一，无论政府的财政补贴、转移支付，还是政府创建信用和生态产品市场的活动，其核心目标都是通过形成生态产品与服务的合理价格体系，为生态服务供给者提供参与激励。第二，政府通过生态服务合同拍卖，以及生态标签的推广等，更好地为生态服务定价，实际上对政府部门的管理职能和角色定位提出了更高的要求。第三，对于市场模式暂时无法解决的生态环境问题，政府仍应承担起主导角色，只有政府主导和市场机制有机结合，才能保证生态保护的效率和质量，同时降低市场风险。第四，对于较为复杂的缓解银行、保护银行等，政府需要做好信用量化和审批、监督等指导工作；对于自主性较强的使用者付费、生态标签、生态旅游等，政府的作用则是宣传教育、维护市场秩序、加强市场监管。建立健全生态保护补偿市场机制，需要政府从直接出资转变到引导市场、创建市场、维护市场秩序；同时，优化政府职能设置，给市场留出足够的发展空间，提高执行效率，切实履行好生态补偿市场化对政府提出的快速响应、及时审批、全面监管等要求，指导并配合生态补偿市场化机制的行政实践。

12.4.3 生态功能区建立生态补偿市场机制的重点领域

探索建立重点生态功能区生态补偿的市场机制，核心是做好体制改革和机制设计，通过解决产权不明和生态服务不确定性的问题，进而解决影响市场形成的信息不对称和搭便车问题，降低交易成本，探索激励相容的生态服务合同设计，确保生态产品和服务的可持续供给。

12.4.3.1 建立健全生态补偿市场机制的法律体系

综观国外的最佳实践，完备的法律法规为生态保护提供了实践指导和法律依据。如美国《清洁水法》404 条款通过明文规定和限制开发明确了湿地保护价值，提升了资源的稀缺性，为湿地缓解银行的建立和发展奠定了基础；随后出台的《湿地保护法》明确提出了湿地保护的补偿要求，同时发布具体的操作指导，在实践中建立了较为完善的湿地缓解制度。目前我国对于生态补偿市场机制的法律体系建设滞后，对于在哪些领域实施市场化补偿，实施何种形式的市场化补偿，怎样实施等还没有明确的政策指导和法律条款。因此，结合当前生态补偿市场化的理论与实践，应尽快制定与出台我国生态补偿市场化的法律或行政法规，对生态保护补偿市场化的概念、主体、对象、规则、形式和管理要求等相关问题做出统一、明确的规定，使建立生态补偿市场机制有所遵循，提高生态保护补偿效率。

12.4.3.2 政策重心下移，使顶层设计与基层创新有机结合

目前我国在生态环境治理领域仍处于偿还旧债、遏制恶化趋势的阶段，绝大部分政策都是自上而下设计和实施的，自下而上的基层创新犹如凤毛麟角，这是生态补偿市场机制推进迟缓的一个重要原因。市场机制的创建

不仅需要顶层设计，更加需要来自基层的创新和试验。习近平总书记在中央全面深化改革委员会第十四次会议重要讲话中指出，“改革创新最大的活力蕴藏在基层和群众中间，对待新事物新做法，要加强鼓励和引导”。在生态补偿领域，后疫情时代中央和地方财政都在过紧日子，很难持续加大投入，而在现有体制下，通过所谓公私伙伴关系（PPP）来引导民间资本进入生态补偿领域也困难重重，因为民间资本的剩余索取权无法得到有效保障。要诱导企业、NGO 及民众志愿参与生态保护补偿，必须从产权制度、合同设计、利益分享和风险分担等方面进行大胆创新，使民间资本承担的风险（变化性）、责任与他们享受的权利（主要是剩余索取权）相对称。而要做到这一点，由民间主体自发创新形成的制度安排不可或缺。如本书第 8 章中提到的善水基金的土地信托制度就是一个很好的范例。该制度创新既明晰了产权边界，避免了产权纠纷，又使得 PES 项目能够将分散的污染源土地集中起来，实施规模化的集中治理，使水源地的生境迅速得到改善，保证了项目获得成功。而且，水基金搭建的平台集中了各种社会要素资源，促进了制度拼凑与资源拼凑，实现了项目与社区共享绿色发展利益的双赢格局。

12.4.3.3　区域之间的生态保护成本分担和绿色利益共享

我国生态保护补偿的市场机制在不同区域之间的发育程度明显不均衡。东部发达地区的市场化生态补偿进展领先于中西部地区，而分布着诸多重点生态功能区的中西部地区则在生态补偿市场机制的发育上明显滞后。其主要原因在于，目前多元化市场化生态补偿尚处于各地区分散试点的阶段，我国东部地区人口稠密、经济发达，不仅对生态系统服务的社会需求大，而且购买能力强。而中西部地区虽然生态资源丰富，但人均收入较低，对生态服务的支付意愿和支付能力都较弱，西部重点生态功能区更是地广人稀，不可能产生对本区域生态服务的强烈市场需求。此外，在生态观念上，中西部地区尚处于“环保归政府，地方靠中央”的启蒙前阶段，生态保护的市场意识和生态服务价值转化能力均显薄弱。加上我国实行的自然资源国有产权制度，使得东部受益地区几乎可以免费享受中西部生态功能区提供的生态服务而不必支付对价。因此，如果缺乏跨区域的全国性生态服务市场，就无法按照“受益者补偿”原则通过等价交换让受益地区分担生态功能区的保护成本，造成地区之间的生态利益鸿沟。

从宏观视野看，水、空气、水土保持、生物多样性等生态系统服务不仅是人类生存的必需品，同时也是经济发展不可须臾缺少的生产要素。因此，在生态服务变得日益稀缺的当下，亟待建立一种新的要素市场——生态要素市场。与土地、资本、劳动和技术等生产要素一样，生态要素也必须通过交换来获得，地区之间可以按照比较优势进行分工，生态功能区提供生态产品及其服务（部分生态功能区也提供农产品），各类开发地区则提供工业品及其服务，然后通过市场进行等价交换，实现分摊生态保护成本和共享绿色发展利益的区域可持续发展。

12.4.3.4　因地制宜构建生态产品和服务的估值定价机制

生态产品和服务的估值定价既是制定生态补偿标准的前提，也是生态补偿市场机制遇到的最大难点之一。生态产品及服务的估值方法林林总总，差异甚大，尚未达成学界共识和通用标准。生态产品估值核算主要包括实物资产价值与生态服务资产价值两个方面。实物资产是核算各类自然资源总量的市场价值，主要采用市场价值法对土地、矿产、森林和水资源等进行核算，同时对资源可持续发展进行必要的赋值，核算出较为可靠的实物资产价值。其目的是核算某区域实物资产价值，对其因保护生态环境无法开发造成所在区域的直接成本和机会成本，受益方应给予一定的补偿。生态服务资产是核算各类自然资源在生态服务方面发挥的功能性价值，主要核算某区域对生态环境保护和修复产生的直接成本和放弃发展的机会成本，以及提高生态环境满意度及增强区域间补偿能动性等方面产生的其他成本等，这方面的核算难度更大，是生态补偿的价值上限。功能性价值的核算的复杂性在于如何妥善处理市场价值与机会成本、条件价值的叠加，避免其核算过程中的争议性。其目的在于较为客观地核算生态服务资产价值，为制定更加规范的资产核算指标体系与评估方法提供参考。通过实物资产价值和生态服务资产价值的核算，以生态保护和修复成本作为补偿下限、流域生态服务正外部效益作为上限，充分结合地区实际付出和受益地区实际效益等实际情况，尊重受益者和供给者之间的协商，确定较为合理的生态补偿标准。

由于生态产品和生态服务存在或正或负的外部性，而外部性的影响和估值都非常困难，外部性再叠加机会成本的估值就更加难上加难。因此，对生态产品和服务的估值，需要遵循以下原则：首先，对自然资源实物资产的价值进行核算，主要采用市场价值法对土地、矿产、森林和水资源等进行资产核算，这部分实物资产核算可以暂不考虑外部性问题。其次，对于涉及外部性的生态服务功能，如果存在产权交易市场（水权、排污权、二氧化碳排放权等市场），估值时应优先参照产权交易市场的价格。最后，如果补偿所涉及的生态服务功能不存在产权交易市场，则应当通过生态服务供给方（如流域上游水生态区、森林碳汇所有者或林农等）与生态服务需求方（如下游用水地区、工业碳排放超额企业等）之间的购买协议（PES）来估值定价，为了防止估值定价过程中的短期行为（仅考虑当代人而忽略后代人利益），购买协议须经第三方专业机构审核公证。通过谈判协商来为生态服务定价的好处是，生态服务（包括污染消纳）的价格关涉双方的切身利益，一般情况下双方都不会产生机会主义动机，更不会串谋。缺点在于由于信息不对称和参与意愿不对称，这种讨价还价可能旷日持久以至最后以失败告终。因此，除特殊情况外，通过 PES 来为生态服务估值定价需要有专业中介机构的参与，最好还有政府的财政补贴（庇古范式）作为协议达成和实施的激励措施，以提高谈判成功的概率。

中国全面建成小康社会以后，还需要继续奋斗，完成两个百年的民族复兴大业，其中通过生态文明建设建成美丽中国是宏图大业中的最美丽篇章，而占国土面积近 60% 的重点生态功能区能否成为国家的生态安全屏障，并与全国人民共享绿色幸福，将成为中国乃至人类命运共同体能否成功建成生态文明社会的重中之重。

参考文献

［1］H. 戴利，J. 弗蕾著，徐中民等译．生态经济学——原理与应用［M］．郑州：黄河水利出版社，2007.

［2］Jacques Derrida，余碧平译．多重立场［M］．北京：三联书店，2004.

［3］薄文广，安虎森，李杰．主体功能区建设与区域协调发展：促进亦或冒进［J］．中国人口·资源与环境，2011，21（10）：121－128.

［4］蔡昉．中国改革成功经验的逻辑［J］．中国社会科学，2018（1）：29－44.

［5］曾云敏，赵细康．资源环境产权交易：理论基础和前沿问题［M］．北京：中国出版集团，2016.

［6］陈冰波．主体功能区生态补偿［M］．北京：社会科学文献出版社，2009.

［7］陈诗一．节能减排与中国工业的双赢发展：2009—2049［J］．经济研究，2010（3）：131－145.

［8］陈诗一．能源消耗、二氧化碳排放与中国工业的可持续发展［J］．经济研究，2009（4）：41－55.

［9］陈诗一．中国工业分行业统计数据估算：1980—2008［J］．经济学（季刊），2011（3）：6－47.

［10］谌莹，张捷，石柳．主体功能区政策对区域经济增长差距的影响研究［J］．中国软科学，2020（4）：97－108.

［11］崔连标，范英，朱磊，毕清华，张毅．碳排放交易对实现我国

“十二五”减排目标的成本节约效应研究［J］. 中国管理科学，2013（1）：37－46.

［12］戴胜利，李迎春. 基于复杂性机理的长江流域水污染动态适应治理模式研究［J］. 环境保护，2018，46（15）：35－40.

［13］丹尼尔·H. 科尔. 污染与财产权——环境保护的所有权制度比较研究［M］. 北京：北京大学出版社，2009.

［14］丹尼尔·W. 布罗姆利. 经济利益与经济制度——公共政策的理论基础［M］. 上海：上海三联书店、上海人民出版社，2006.

［15］德姆塞茨. 一个研究所有制的框架，载于 R. 科斯、A. 阿尔钦、D. 诺斯. 财产权利与制度变迁——产权学派与新制度学派译文集［M］. 上海：上海三联书店、上海人民出版社，1994.

［16］杜辉. 环境治理的制度逻辑与模式转变［D］. 重庆：重庆大学，2012.

［17］方精云，郭兆迪，朴世龙，等. 1981—2000 年中国陆地植被碳汇的估算［J］. 中国科学（D 辑：地球科学），2007（6）：804－812.

［18］郭彬. 循环经济评价和激励机制设计［D］. 天津：天津大学，2005.

［19］郭国峰，王彦彭. “十二五”时期工业节能潜力与目标分析［J］. 中国工业经济，2013（3）：48－60.

［20］国家发展改革委国土开发与地区经济研究所课题组. 地区间建立横向生态补偿制度研究［J］. 宏观经济研究，2015（3）：13－23.

［21］韩英夫，佟彤. 自然资源统一确权登记制度的嵌套式构造［J］. 资源科学，2019（12）：2216－2226.

［22］何思源，苏杨，王蕾，等. 国家公园游憩功能的实现——武夷山国家公园试点区游客生态系统服务需求和支付意愿［J］. 自然资源学报，2019，34（1）：40－53.

［23］何晓萍. 中国工业的节能潜力及影响因素［J］. 金融研究，2011（10）：38－50.

［24］黄玖立，吴敏，包群. 经济特区、契约制度与比较优势［J］. 管理世界，2013（11）：28－38.

［25］姜莉．非正式约束与区域经济发展机制研究——主体功能区建设的理论探索［J］．河北经贸大学学报，2013，34（1）：72－76.

［26］杰弗里·希尔．生态价值链：在自然与市场中建构［M］．北京：中信出版社（掌阅科技电子版），2006.

［27］金祥荣，谭立力．环境政策差异与区域产业转移——一个新经济地理学视角的理论分析［J］．浙江大学学报（人文社会科学版），2012，42（5）：51.

［28］靳乐山，左文娟．环境政策工具箱中的生态补偿［J］．探索，2010（5）：140－145.

［29］柯武刚，史漫非．制度经济学——社会秩序与公共政策［M］．北京：商务印书馆，2000.

［30］李顺龙．森林碳汇经济问题研究［D］．哈尔滨：东北林业大学，2005.

［31］李涛，杨喆，马中，等．公共政策视角下官厅水库流域水环境保护规划评估［J］．干旱区资源与环境，2018，32（1）：62－69.

［32］李潇．基于生态补偿的国家重点生态功能区转移支付制度改革研究［M］．北京：中国财经出版传媒集团，2018.

［33］李永友，沈坤荣．我国污染控制政策的减排效果——基于省际工业污染数据的实证分析［J］．管理世界，2008（7）：7－17.

［34］李远，彭晓春，周丽旋，等．流域生态补偿、污染赔偿政策与机制探索——以东江流域为例［M］．北京：经济管理出版社，2012.

［35］李志生，陈晨，林秉旋．卖空机制提高了中国股票市场的定价效率吗？——基于自然实验的证据［J］．经济研究，2015（4）：165－177.

［36］梁平汉，高楠．人事变更、法制环境和地方环境污染［J］．管理世界，2014（6）：65－78.

［37］林伯强，李江龙．基于随机动态递归的中国可再生能源政策量化评价［J］．经济研究，2014（4）：91－105.

［38］林伯强，杜克锐．要素市场扭曲对能源效率的影响［J］．经济研究，2013（9）：125－136.

［39］林毅夫，向为，余淼杰．区域型产业政策与企业生产率［J］．经

济学（季刊），2018（2）：781－800.

［40］刘明明．论温室气体排放配额的初始分配［J］．国际贸易问题，2012（8）：121－127.

［41］刘某承，李文华，谢高地．基于净初级生产力的中国生态足迹产量因子测算［J］．生态学杂志，2010（3）：592－597.

［42］刘啟仁，黄建忠．企业税负如何影响资源配置效率［J］．世界经济，2018（1）：78－100.

［43］刘瑞翔．探寻中国经济增长源泉：要素投入、生产率与环境消耗［J］．世界经济，2013（10）：123－141.

［44］刘世锦，刘耕源．基于“生态元”的全国省市生态资本服务价值核算排序评估报告［R］．深圳腾景大数据应用科技研究院，2019. 8.

［45］刘世锦，刘培林，何建武．我国未来生产率提升潜力与经济增长前景［J］．管理世界，2015（3）：1－5.

［46］刘西友，李莎莎．国家审计在生态文明建设中的作用研究［J］．管理世界，2015（1）：173－175.

［47］刘震．基于生态足迹方法的中国森林碳汇效益研究［D］．北京：北京林业大学，2013.

［48］刘峥延，李忠，张庆杰．三江源国家公园生态产品价值的实现与启示［J］．宏观经济管理，2019，422（2）：68－72.

［49］柳荻，胡振通，靳乐山．美国湿地缓解银行实践与中国启示：市场创建和市场运行［J］．中国土地科学，2018，32（1）：65－72.

［50］罗党论，佘国满，陈杰．经济增长业绩与地方官员晋升的关联性再审视——新理论和基于地级市数据的新证据［J］．经济研究，2015（3）：1146－1172.

［51］毛显强，钟瑜，张胜．生态补偿的理论探讨［J］．中国人口·资源与环境，2002，12（4）：40－43.

［52］齐绍洲，付坤．低碳经济转型中省级碳排放核算方法比较分析［J］．武汉大学学报（哲学社会科学版），2013（2）：85－92，129.

［53］乔·B. 史蒂文斯．集体选择经济学［M］．上海：上海三联书店、上海人民出版社，1999.

[54] 钦晓双，孙成浩．中国工业行业资本存量测算 [J]．产业经济评论，2014 (2)：54－72.

[55] 秦剑．基于创业管理视角的创业拼凑理论发展及其实证应用研究 [J]．管理评论，2012 (9)：94－102.

[56] 青木昌彦著，周黎安译．比较制度分析 [M]．上海：上海远东出版社，2001.

[57] 任剑涛．论公共领域与私人领域的均衡态势 [J]．山东大学学报（哲学社会科学版），2011 (4)：9－14.

[58] 任曙明，吕镯．融资约束、政府补贴与全要素生产率——来自中国装备制造企业的实证研究 [J]．管理世界，2014 (11)：10－23.

[59] 任松彦，戴瀚程，汪鹏，等．碳交易政策的经济影响：以广东省为例 [J]．气候变化研究进展，2015 (1)：61－67.

[60] 阮荣平，郑风田，刘力．信仰的力量：宗教有利于创业吗？[J]．经济研究，2014 (3)：171－184.

[61] 邵帅，杨莉莉，黄涛．能源回弹效应的理论模型与中国经验 [J]．经济研究，2013 (2)：97－110.

[62] 施震凯，邵军，浦正宁．交通基础设施改善与生产率增长：来自铁路大提速的证据 [J]．世界经济，2018 (6)：127－151.

[63] 施祖麟，比亮亮．我国跨行政区河流域水污染治理管理机制的研究 [J]．中国人口·资源与环境，2007 (3)：3－9.

[64] 宋马林，金培振．地方保护、资源错配与环境福利绩效 [J]．经济研究，2016 (12)：49－63.

[65] 孙鳌．外部性的类型、庇古解、科斯解和非内部化 [J]．华东经济管理，2006 (9)：156－160.

[66] 涂正革，谌仁俊．工业化、城镇化的动态边际碳排放量研究——基于LMDI“两层完全分解法”的分析框架 [J]．中国工业经济，2013 (9)：31－43.

[67] 涂正革，谌仁俊．排污权交易机制在中国能否实现波特效应？[J]．经济研究，2015 (7)：162－175.

[68] 王斌斌，李晓燕．生态补偿的制度建构：政府和市场有效融合

[J]. 政治学研究，2015（5）：69－83.

[69] 王恒博，姚顺波，郭亚军，等. 基于生态足迹——服务价值法的生态承载力时空演化 [J]. 长江流域资源与环境，2018，27（10）：2316－2327.

[70] 王家庭，曹清峰. 京津冀区域生态协同治理：由政府行为与市场机制引申 [J]. 改革，2014（5）：116－123.

[71] 王圣云，马仁锋，沈玉芳. 中国区域发展范式转向与主体功能区规划理论响应 [J]. 地域研究与开发，2012，31（6）：7－11.

[72] 王贤彬，徐现祥. 地方官员来源、去向、任期与经济增长——来自中国省长省委书记的证据 [J]. 管理世界，2008（3）：16－26.

[73] 王效科，冯宗炜，欧阳志云. 中国森林生态系统的植物碳储量和碳密度研究 [J]. 应用生态报，2001（1）：13－16.

[74] 王昱. 区域生态补偿的基础理论与实践问题研究 [D]. 长春：东北师范大学，2009.

[75] 魏楚，杜立民，沈满洪. 中国能否实现节能减排目标：基于 DEA 方法的评价与模拟 [J]. 世界经济，2010（3）：141－160.

[76] 温思美，黄冠佳，李天成. 现代契约理论的演进及其现实意义——2016 年诺贝尔经济学奖评介 [J]. 产经评论，2016（6）：5－11.

[77] 吴健，郭雅楠. 生态补偿：概念演进、辨析与几点思考 [J]. 环境保护，2018（5）：51－55.

[78] 吴健，袁甜. 生态保护补偿市场机制的国际实践与启示 [J]. 中国国土资源经济，2019（7）：4－11.

[79] 肖庆文. 长江经济带生态补偿机制深化研究 [J]. 科学发展，2019，126（5）：74－85.

[80] 谢鸿宇，陈贤生，林凯荣，等. 基于碳循环的化石能源及电力生态足迹 [J]. 生态学报，2008（4）：1729－1735.

[81] 许丽丽，等. 基于生态系统服务价值评估的我国集中连片重点贫困区生态补偿研究 [J]. 地球信息科学学报，2016（3）：286－297.

[82] 雅克·德里达. 多重立场 [M]. 余碧平，译. 北京：三联书店，2004.

[83] 严金明，张东昇，夏方舟. 自然资源资产管理：理论逻辑与改革导向 [J]. 中国土地科学，2019，33 (4)：1 -8.

[84] 杨谨夫. 我国生态补偿的财政政策研究 [D]. 财政部财政科学研究所，2015.

[85] 姚岚，丁庆龙，俞振宁，等. 生态保护红线研究评述及框架体系构建 [J]. 中国土地科学，2019，33 (7)：11 -18.

[86] 姚瑞华，李赞，孙宏亮，等. 全流域多方位生态补偿政策为长江保护修复攻坚战提供保障——《关于建立健全长江经济带生态补偿与保护长效机制的指导意见》解读 [J]. 环境保护，2018，46 (9)：20 -23.

[87] 阴丽佳，贠晓哲，刘莹莹. 绿色金融产品消费者使用意愿研究——以支付宝蚂蚁森林为例 [J]. 当代经济，2017 (28)：20 -23.

[88] 余光英. 中国碳汇林业可持续发展及博弈机制研究 [D]. 武汉：华中农业大学，2010.

[89] 虞伟. 五水共治：水环境治理的浙江实践 [J]. 环境保护，2017 (z1)：104 -106.

[90] 原国家环保总局. 关于开展生态补偿试点工作的指导意见，2007，环发〔2007〕130 号.

[91] 约瑟夫·费尔德. 科斯定理 1 -2 -3 [J]. 经济社会体制比较，2002 (5)：73 -80.

[92] 张弓. 中国古代的治水与水利农业文明——评魏特夫的“治水专制主义”论 [J]. 史学理论研究，1993 (4)：17 -31.

[93] 张化楠，葛颜祥，接玉梅. 主体功能区的流域生态补偿机制研究 [J]. 现代经济探索，2017 (4)：83 -87.

[94] 张捷，谌莹. 河长制再设计：行政问责与横向生态补偿 [J]. 财经智库，2018 (2)：69 -85，143 -144.

[95] 张捷，傅京燕. 我国流域省际横向生态补偿机制初探——以九洲江和汀江—韩江流域为例 [J]. 中国环境管理，2016 (6)：19 -24.

[96] 张捷，莫扬. “科斯范式”与“庇古范式”可以融合吗？——中国跨省流域横向生态补偿试点的制度分析 [J]. 制度经济学研究，2018 (3)：23 -44.

[97] 张捷．广东省生态文明与低碳发展蓝皮书 [M]．广州：广东人民出版社，2015.

[98] 张捷．我国流域横向生态补偿机制的制度经济学分析 [J]．中国环境管理，2017 (3)：27-29.

[99] 张劲松．生态治理：政府主导与市场补充 [J]．福州大学学报（哲学社会科学版），2013 (5)：7-14.

[100] 张军，高远．官员任期、异地交流与经济增长——来自省级经验的证据 [J]．经济研究，2007 (11)：91-103.

[101] 张军，章元．对中国资本存量 K 的再估计 [J]．经济研究，2003 (7)：35-43.

[102] 张宇，蒋殿春．FDI、政府监管与中国水污染——基于产业结构与技术进步分解指标的实证检验 [J]．经济学（季刊），2014 (2)：491-514.

[103] 钟茂初．长江经济带生态优先绿色发展的若干问题分析 [J]．中国地质大学学报：社会科学版，2018，18 (6)：13-27.

[104] 周黎安，陈烨．中国农村税费改革的政策效果：基于双重差分模型的估计 [J]．经济研究，2005 (8)：44-53.

[105] 周黎安．中国地方官员的晋升锦标赛模式研究 [J]．经济研究，2007 (7)：36-50.

[106] 朱永杰．中国省域森林资源碳汇贡献及其补偿问题研究 [M]．北京：中国林业出版社，2012.

[107] 朱远，綦玖竑．生态文明建设中的政府与市场：以碳交易为例 [J]．东南学术，2014 (6)：61-68.

[108] Abe H., J. Alden D. Regional Development Planning in Japan [J]. Regional Studies, 1988, 22 (5): 429-438.

[109] Ackerman B. A., Stewart R. B. Reforming Environmental Law: The Democratic Case for Market Incentives [J]. Columbia Journal of Environmental Law, 1987, 13.

[110] Adhikari B., Agrawal A. Understanding the Social and Ecological Outcomes of PES Projects: A Review and an Analysis [J]. Conservation and So-

ciety, 2013, 11 (4): 359 -374.

[111] Agrawal A. Common Property Institutions and Sustainable Governance of Resources [J]. World Development, 2001, 29 (10): 1649 -1672.

[112] Aldashev G., Vallino E. The Dilemma of NGOs and Participatory Conservation [J]. World Development, 2019, 123 (11): 104615.

[113] Andersson K. P., Cook N. J., Grillos T., Lopez M. C., Salk C. F., Wright G. D., Mwang E. Experimental Evidence on Payments for Forest Commons Conservation [J]. Nature Sustainability, 2018, 1 (3): 128 -135.

[114] André S. Land, Property Rights, and Planning in Japan: Institutional Design and Institutional Change in Land Management [J]. Planning Perspectives, 2010, 25 (3): 279 -302.

[115] Balmford A., Bruner A., Cooper P., Costanza R., Farber S., Green R. E., Jenkins M., Jefferiss P., Jessamy V., Madden J., Munro K., Myers N., Naeem S., Paavola J., Rayment M., Rosendo S., Roughgarden J., Trumper K., Turner R. K. Economic Reasons for Conserving Wild Nature [J]. Science, 2002, 297 (5583): 950 -953.

[116] Baumol W. J., Oates W. E. The Theory of Environmental, Policy [J]. Cambridge Books, 1988, 27 (1): 127 -128.

[117] Baylis K., Peplow S., Rausser G., Simon, L. Agri - Environmental Policies in the EU and United States: A Comparison [J]. Ecological Economics, 2008, 65 (4): 753 -764.

[118] Bendor T. K., Spurlock D., Woodruff S. C., et al. A research agenda for ecosystem services in American environmental and Land Use Planning [J]. Cities, 2017, 60: 260 -271.

[119] Blundell R., Bond S. Initial Conditions and Moment Restrictions in Dynamic Panel Data Models [J]. Economics Papers, 1998, 87 (1): 115 - 143.

[120] Bolle F., Otto P. A price is a Signal: On Intrinsic Motivation, Crowding - Out, and Crowding - In [J]. Kyklos, 2010, 63 (1): 9 -22.

[121] Boyd G., McClelland J. The Impact of Environmental Constraints on

Productivity Improvement and Energy Efficiency an Integrated Paper and Steel Plants [J]. Journal of Environmental Economics and Management, 1999 (38): 121 - 146.

[122] Boyd G., Pang J. Estimating the Linkage Between Energy Efficiency and Productivity [J] Energy Policy, 2000 (28): 289 - 296.

[123] Brandt L., Biesebroeck J. V., Zhang Y. F. Challenges of Working with the Chinese NBS Firm - Level Data [J]. China Economic Review, 2014, 30: 339 - 523.

[124] Brandt L., Biesebroeck J. V., Zhang Y. F. Creative Accounting or Creative Destruction? Firm - Level Productivity Growth in Chinese Manufacturing [J]. Journal of Development Economic, 2012, 97 (2): 339 - 351.

[125] Brink P. T. Nature and Its Role in the Transition to a Green Economy [C] // Euroarc Conference, 2014.

[126] Brouwer R., Tesfaye A., Pauw P. Meta - Analysis of Institutional - Economic Factors Explaining the Environmental Performance of Payments for Watershed Services [J]. Environmental Conservation, 2011, 38 (4): 380 - 392.

[127] Brown L. Bridging Organizations and Sustainable Development [J]. Human Relations, 1991, 44 (8): 807 - 831.

[128] Buchanan J. M., Stubblebine W. C. Externality [J]. Economica, 1962, 29 (116): 371 - 384.

[129] Cardenas J. C. Norms from Outside and from Inside: An Experimental Analysis on the Governance of Local Ecosystems [J]. Forest Policy and Economics, 2004, 6 (3 - 4): 229 - 241.

[130] Cardenas J. C., Ahn T., Ostrom E. Communication and Co - operation in a Common - Pool Resource Dilemma: A Field Experiment. In Advances in Understanding Strategic Behaviour [M]. Basingstroke: Palgrave Macmillan UK, 2004.

[131] Cardenas J. C. Norms from Outside and from Inside: An Experimental Analysis on the Governance of Local Ecosystems [J]. Forest Policy and Economics, 2004, 6 (3 - 4): 229 - 241.

[132] Cardenas J. C. , Ahn T. , Ostrom E. Communication and Co – operation in a Common – Pool Resource Dilemma: A Field Experiment [J]. Advances in Understanding Strategic Behaviour, Palgrave Macmillan UK. 2004: 258 – 286.

[133] Carlson C. , Burtraw D. , Croppe M. , Palmer K. Sulfur Dioxide Control by Electric Utilities: What Are the Gains from Trade? [J]. Journal of Political Economy, 2000, 108 (6): 1292 – 1326.

[134] Chan . M. A. , Satterfield T. , Goldstein J. Rethinking Ecosystem Services to Better Address and Navigate Cultural Values [J]. Ecological Economics, 2012, 74: 8 – 18.

[135] Chen C. M. A Critique of Non – parametric Efficiency Analysis in Energy Economics Studies [J]. Energy Economics, 2013 (38): 146 – 152.

[136] Cleaver F. Institutional Bricolage, Conflict and Cooperation in Usangu, Tanzania [J]. Ids Bulletin, 2010, 32 (4): 26 – 35.

[137] Clement T. , John A. , Nielsen K. , et al. Payments for Biodiversity Conservation in the Context of Weak Institutions: Comparison of Three Programs from Cambodia [J]. Ecological Economics, 2010, 69 (6): 1283 – 1291.

[138] Clements T. , John A. , Nielsen K. , An D. , Tan S. , Milner – Gulland E. J. Payments for Biodiversity Conservation in the Context of Weak Institutions: Comparison of Three Programs from Cambodia [J]. Ecological Economics, 2010, 69 (6): 1283 – 1291.

[139] Coase R. H. The Problem of Social Cost [J]. Journal of Law and Economic, 1960, 3 (4): 1 – 44.

[140] Corbera E. , Brown K. , Adger W. N. The Equity and Legitimacy of Markets for Ecosystem Services [J]. Development and Change, 2007a, 38 (4): 587 – 613.

[141] Corbera E. , Kosoy N. , Tuna M. M. Equity Implications of Marketing Ecosystem Services in Protected Areas and Rural Communities: Case Studies from Meso – America [J]. Global Emvironment Change – Human Police Dimensions, 2007, 17 (3 – 4): 365 – 380.

[142] Corbra E., Brown K., Adger W. N. The Equity and Legitimacy of Markets for Ecosystem Services [J]. Development and Change, 2007, 38 (4): 587-613.

[143] Costanza R., d'Arge R., Groot R. D., Farber S., Grasso M., Hannon B., Limburg K., Naeem S., O'Neill R. V., Paruelo J., Raskin G. R., Sutton P., Van den Belt M. The Value of the World's Ecosystem Services and Natural Capital [J]. Nature, 1997, 387: 253-260.

[144] Cremer H., Gahvari F., Ladoux N. Externalities and Optimal Taxation [J]. Journal of Public Economics, 1998, 70: 343-364.

[145] Crocker T. D. The Structuring of Air Pollution Control Systems [J]. New York: W. W. Norton, 1966.

[146] Crona B., Paker J. Learning in Support of Governance: Theories, Methods, and a Framework to Assess how Bridging Organizations Contribute to Adaptive Resource Governance [J]. Ecology and Society, 2012, 17 (1): 32.

[147] Dales J. Pollution Property and Prices [M]. Toronto: University of Toronto Press, 1968.

[148] Daniels T. Smart Growth: A New American Approach to Regional Planning [J]. Planning Practice & Research, 2001, 16 (3-4): 271-279.

[149] Dietz T., Ostrom E., Stern P. C. The Struggle to Govern the Commons [J]. Science, 2003, 302 (5652): 611-622.

[150] Driesen D. M. Is Emissions Trading an Economic Incentive Program: Replacing the Command and Control/Economic Incentive Dichotomy [J]. Washington and Lee law Review. 1998, 55 (2): 289-350.

[151] Duong N. T. B., Groot W. T. D. Distributional Risk in PES: Exploring the Concept in the Payment for Environmental Forest Services Program, Vietnam [J]. Forest Policy and Economics, 2018, 92: 22-32.

[152] Engel S., Pagiola S., Wunder S. Designing Payments for Environmental Services in Theory and Practice: An Overview of the Issue [J]. Ecological Economics, 2008, 65 (4): 663-674.

[153] Eriksson M. The Role of the Forest in Climate Policy [D]. Swedish:

PhD thesis of Umeå University, 2016.

[154] Evans D. S., Leighton L. S. Some Empirical Aspects of Entrepreneurship [J]. The American Economic Review, 1989, 79 (3): 519 – 535.

[155] Farley J., Costanza R. Payments for Ecosystem Services: From Local to Global [J]. Ecological Economics, 2010, 69 (11): 2060 – 2068.

[156] Farley J., Schmitt A., Burke M., Farr M. Extending Market Allocation to Ecosystem Services: Moral and Practical Implications on a Full and Unequal Planet [J]. Ecological Economics, 2015, 117: 244 – 252.

[157] Farrell A., Carter R., Raufer R. The NO_x Budget: Market – based Control of Tropospheric Ozone in the Northeastern United States [J]. Resource and Energy Economics, 1999 (21): 103 – 124.

[158] Federici S. Caliban and the Witch: Women, the Body and Primitive Accumulation [J]. Autonomedia, New York, 2004.

[159] Fehr E., Leibbrandt A. A Field Study on Cooperativeness and Impatience in the Tragedy of the Commons [J]. Journal of Public Economics, 2011, 95 (9): 1144 – 1155.

[160] Ferrini S., Schaafsma M., Bateman I. J. Ecosystem Services Assessment and Benefit Transfer [M]. Benefit Transfer of Environmental and Resource Values. Springer, 2015.

[161] Fisher J. A, Brown K. Ecosystem Services Concepts and Approaches in Conservation: Just a Rhetorical Tool? [J]. Ecological Economics, 2015, 117 (9): 261 – 269.

[162] Fleisher B. M., Chen J. The Coast – Noncoast Income Gap, Productivity, and Regional Economic Policy in China [J]. Journal of Comparative Economics, 1997, 25 (2): 220 – 236.

[163] Fre R., Grosskopf S., Jr. C. A P. Tradable Permits and Unrealized Gains from Trade [J]. Energy Economics, 2013 (40): 416 – 424.

[164] Fre R., Grosskopf S., Jr. C. A P. Potential Gains from Trading Bad Outputs: The Case of U. S. Electric Power Plants [J]. Resource and Energy Economic, 2014 (36): 99 – 112.

[165] Fre R., Grosskopf S., Weber W. L. Shadow Prices and Pollution Costs in U. S. Agriculture [J]. Ecological Economics, 2006 (56): 89 – 103.

[166] Fujita M., Hu D. Regional Disparity in China 1985 – 1994: The Effects of Globalization and Economic Liberalization [J]. Annals of Regional Science, 2001, 35 (1): 3 – 37.

[167] Gómez – Baggethun E. To Ecologise Economics or to Economise Ecology: Theoretical Controversies and Operational Challenges in Ecosystem Services Valuation [D]. (Thesis (PhD)). Universidad Autónoma de Madrid, Madrid, Spain, 2010.

[168] Gomez – Baggethun E., Groot R. D., Lomas P. L., Montes C. The History of Ecosystem Services in Economic Theory and Practice: From Early Notions to Markets and Payment Schemes [J]. Ecological Economics, 2010, 69 (6): 1209 – 1218.

[169] Gómez – Baggethun E., Muradian R. In markets We Trust? Setting the Boundaries of Market – Based Instruments in Ecosystem Services Governance [J]. Ecological Economics, 2015, 117: 217 – 224.

[170] Goulder L. H., Parry I. W. H., Williams R. C., Burtraw D. The Cost – Effectiveness of Alternative Instruments for Environmental Protection in a Second – Best Setting [J]. Journal of Public Economics, 1999, 72 (3): 329 – 360.

[171] Greenstone M., Hanna R. Environmental Regulations, Air and Water Pollution, and Infant Mortality in India [J]. American Economic Review, 2014, 104 (100): 3038 – 3072.

[172] Grossman S. T., Hart O. D. The Costs and Benefits of Ownership: A Theory of Vertical and Lateral Integration [J]. Journal of Political Economy, 1986, 94 (4): 691 – 719.

[173] Guerra R. Assessing Preconditions for Implementing a Payment for Environmental Services Initiative in Cotriguacu (Mato Grosso, Brazil) [J]. Ecosystem Services, 2016, 21 (10): 31 – 38.

[174] Gullison R. E., Frumhoff P. C., Canadell J. G., et al. Environ-

ment, Tropical Forests and Climate Policy [J]. Science, 2007, 316 (5827): 985 -986.

[175] Hahn R. W. Market Power and Transferable Property Rights [J]. The Quarterly Journal of Economics, 1984 (4): 753 -765.

[176] Hahn R. W., Stavins R. N. Economic Incentives for Environmental Protection: Integrating Theory and Practice [J]. American Economic Review, 1992, 82 (2): 464 -468.

[177] Hahnel R., Sheeran K. A. Misinterpreting the Coase Theorem [J]. Journal of Economics Issues, 2009, 43 (1): 215 -238.

[178] Hallwood P. Contractual Diffificulties in Environmental Management: The Case of Wetland Mitigation Banking [J]. Ecological Economics, 2007, 63: 446 -451.

[179] Harris R. D. F., Tzavalis E. Inference for Unit Roots in Dynamic Panels where the Time Dimension is Fixed [J]. Journal of Econometrics, 2004, 91 (2): 201 -226.

[180] Harvey D. A brief history of neoliberalism [M]. Oxford University Press, New York, 2005.

[181] Hasegawa J. Drafting of the 1968 Japanese City Planning Law [J]. Planning Perspectives, 2014, 29 (2): 231 -238.

[182] Hayes T., Murtinho F., Wolff H. An Institutional Analysis of Payment for Environmental Services on Collectively Managed Lands in Ecuador [J]. Ecological Economics, 2015, 118 (10): 81 -89.

[183] He J., Huang A. P., Xu L. D. Spatial Heterogeneity and Transboundary Pollution: A Contingent Valuation (CV) Study on the Xijiang River Drainage Basin in South China [J]. China Economic Review, 2015, 36: 101 -130.

[184] Hecken G. V., Bastiaensen J. Payments for Ecosystem Services: Justified or Not A Political View [J]. Environmental Science & Policy, 2010, 13 (8): 785 -792.

[185] Helpman E. Imperfect Competition and International Trade: Evi-

dence from Fourteen Industrial Countries [J]. Journal of the Japanese & International Economies, 1985, 1 (1): 62 -81.

[186] Henger R., Bizer K. Tradable Planning Permits for Land - Use Control in Germany [J]. Land Use Policy, 2010, 27 (3): 843 -852.

[187] Hiroe I., Pascual U., Hodge I. Dancing With Storks: The Role of Power Relations in Payments for Ecosystem Services [J]. Ecological Economics, 2017, 139 (9): 45 -54.

[188] Huang X., He P., Zhuang W. A Cooperative Differential Game of Transboundary Industrial Pollution between Two Regions [J]. Journal of Cleaner Production, 2016, 120: 43 -52.

[189] Hurwicz L. The Design of Mechanisms for Resource Allocation [J]. American Economic Review, 1973, 61: 1 -30.

[190] Ishihara H., Pascual U., Hodge L. Dancing with Storks: The Role of Power Relations in Payments for Ecosystem Services [J]. Ecological Economics, 2017, 139 (9): 45 -54.

[191] Jaffe A. B., Newell R. G., Stavins R. Technological Change and the Environment [J]. Handbook of Environmental Economics, 2003 (1): 462 -516.

[192] Jax K., Barton D. N., Chan K., de Groot, R., Doyle, U., E-ser U., Gör, C., Gómez - Baggethun E., HaberW., et al. Ecosystem Services and Ethics [J]. Ecological Economics, 2013, 93: 260 -268.

[193] Jørgensen S. L., Olsen S. B., Ladenburg J., Martinsen L., Svenningsen S. R., Hasler B. Spatially Induced Disparities in Users' and Non - Users' WTP for Water Quality Improvements - Testing the Effect of Multiple Substitutes and Distance Decay [J]. Ecological Economics, 2013, 92 (92): 58 - 66.

[194] Kaczan D., Pfaff A., Rodriguez L., et al. Increasing the Impact of Collective Incentives in Payments for Ecosystem Services [J]. Journal of Environmental Economics and Management, 2017, 86 (11): 48 -67.

[195] Kaczan D., Pfaff A., Rodriguez, L., Shapiro - Garza E. Increas-

ing the Impact of Collective Incentives in Payments for Ecosystem Services [J]. Journal of Environmental Economics and Management, 2017, 86 (11): 48 -67.

[196] Kaczan D., Swallow B. M., Adamowicz W. L. V. Designing Payments for Ecosystem Services (PES) Program to Reduce Deforestation in Tanzania: An Assessment of Payment Approaches [J]. Ecological Economics, 2013, 95 (11): 20 -30.

[197] Kahn M. E. Domestic Pollution Havens: Evidence from Cancer Deaths in Border Counties [J]. Journal of Urban Economics, 2004, 56 (1): 51 -69.

[198] Kanbur R., Zhang X. Which Regional Inequality? The Evolution of Rural - Urban and Inland - Coastal Inequality in China from 1983 to 1995 [J]. Journal of Comparative Economics, 1998, 27 (4): 686 -701.

[199] Kindermann G., Obersteiner M., Sohngen B, et al. Global Cost Estimates of Reducing Carbon Emissions through Avoided Deforestation [J]. Proceedings of the National Academy of Sciences, 2008, 105 (30): 10302 - 10307.

[200] Koellner T., Sell J., Navarro G. Why and How Much Are firms Willing to Invest in Ecosystem Services from Tropical Forests? A Comparison of International and Costa Rican Firms [J]. Ecological Economics, 2011, 69 (11): 2127 -2139.

[201] Kosoy N., Corbera E. Payments for Ecosystem Services as Commodity Fetishism [J]. Ecological Economics, 2010, 69 (6): 1228 -1236.

[202] Kosoy N., Martinez T. M., Muradian R., et al. Payments for Environmental Services in Watersheds: Insights from a Comparative Study of Three Cases in Central America [J]. Ecological Economics, 2007, 61 (2 - 3): 446 -455.

[203] Kroeger T., Casey F. An Assessment of Market - Based Approaches to Providing Ecosystem Services on Agricultural Lands [J]. Ecological Economics, 2007, 64 (2): 321 -332.

[204] Kumar S., Russell R. R. Technological Change, Technological Catch - Up, and Capital Deepening: Relative Contributions to Growth and Convergence [J]. The American Economic Review, 2002, 92 (3): 527 -548.

[205] Lapeyre R., Froger G., Hrabanskic M. Biodiversity Offsets as Market - Based Instruments for Ecosystem Services? From Discourses to Practices [J]. Ecosystem Services, 2015, 15: 125 -133.

[206] Leibbrandt A., Lynham J. Does the Allocation of Property Rights Matter in the Commons? [J]. Journal of Environmental Economics & Management, 2018.

[207] Levi S. C., Weightman J., Weighman D. The Savage Mind [J]. Nature of Human Society, 1968, 3 (3): 157 -178.

[208] Lévi - Strauss C. The Savage Mind [J]. Nature of Human Society, 1968, 35 (11).

[209] Li S. D. A Differential Game of Transboundary Industrial Pollution with Emission Permits Trading [J]. Journal of Optimization Theory and Applications, 2014, 163 (2): 642 -659.

[210] Lindenberg S. Steg L. Normative, Gain and Hedonic Goal Frames Guiding Environmental Behavior [J]. Journal of Social Issues, 2007, 63 (1): 117 -137.

[211] Lockie S. Market Instruments, Ecosystem Services, and Property Rights: Assumptions and Conditions for Sustained Social and Ecological Benefifits [J]. Land Use Policy, 2012, 31: 90 -98.

[212] Martin P. Estimating the CO_2 Uptake in Europe [J]. Science, 1998, 281 (5384): 1806 -1806.

[213] Martínez - Alier J. The Environmentalism of the Poor [J]. Edward Elgar, Cheltenham, 2002.

[214] Marx K., Proceedings of the Sixth Rhine Province Assembly. Debates on the Law of the Theft of Wood. In: Marx, Karl, Engels, Frederick (Eds.) [J]. Collected Works volume I. International Publishers, New York: 1975, 224 -263 (originally published in 1842).

[215] Matzdorf B., Sattler C., Engel S. Institutional Frameworks and Governance Structures of PES Schemes [J]. Forest Policy and Economics, 2013, 37: 57 -64.

[216] McCauley D. J. Selling out on Nature [J]. Nature, 2006, 443: 27 -28.

[217] Meub L., Proeger T., Bizer K., et al. Experimental Evidence on the Resilience of a Cap & Trade System for Land Consumption in Germany [J]. Land Use Policy, 2016, 51: 95 -108.

[218] Milder J. C., Scherr S. J., Bracer C. Trends and Future Potential of Payment for Ecosystem Services to Alleviate Rural Poverty in Developing Countries [J]. Ecology and Society, 2010, 15 (2): 4.

[219] Mislimshoeva B., Samimi C., Kirchhoff J. F., Koellner T. Analysis of Costs and People's Willingness to Enroll in Forest Rehabilitation in Gorno Badakhshan, Tajikistan [J]. Forest Policy and Economics, 2013, 37: 75 -83.

[220] Molden O., Abrams J., Davis E. J., et al. Beyond localism: The Micropolitics of Local Legitimacy in a Community - Based Organization [J]. Journal of Rural Studies, 2017, 50 (11): 60 -65.

[221] Molden, O. Beyond Localism: The Micropolitics of Local Legitimacy in a Community - Based Organization [J]. Journal of Rural Studies, 2017, 50 (11): 60 -65.

[222] Moll B. Productivity Losses from Financial Frictions: Can Self - Financing Undo Capital Misallocation? [J]. American Economic Review, 2014, 104 (10): 3186 -3221.

[223] Montgomery W. D. Markets in License and Efficient Pollution Control Programs [J]. Journal of Economic Theory, 1972 (5): 395 -418.

[224] Morello F., Rachel, Jr P., et al. Environmental Justice and Regional Inequality in Southern California: Implications for Future Research [J]. Environmental Health Perspectives, 2002, 110 (Suppl 2): 149 -154.

[225] Muradian R., Corbera E., Pascual U., Kosoy N., May P. H. Reconciling Theory and Practice: An Alternative Conceptual Framework for Un-

derstanding Payments for Environmental Services [J]. Ecological Economics, 2010, 69 (6): 1202 - 1208.

[226] Muradian R., Martinez - Tuna M., Kosoy N., Perez M., Martinez - Alier J. Institutions and the Performance of Payments for Water - Related Environmental Services [C] // Lessons from Latin America [J]. Development Research Institute, Tilburg University (Working Paper), 2008.

[227] Muradian R., Rival L. Between Markets and Hierarchies: The Challenge of Governing Ecosystem Services [J]. Ecosystem Services, 2012, 1 (1): 93 - 100.

[228] Murray B. C., Lubowski R., Sohngen B. Including International Forest Carbon Incentives in Climate Policy: Understanding the Economics [D]. NC: Working Papers of Nicholas Institute for Environmental Policy Solutions, Duke University Durham, 2014.

[229] Narloch U., Pascual U., Drucker A. G. Collective Action Dynamics under External Rewards: Experimental Insights from Andean Farming Communities [J]. World Development, 2012, 0 (10): 2096 - 2107.

[230] Nelson G., Simron J. S., Smetschka B. Payment for Ecosystem Services (PES) in Latin America: Analysing the Performance of 40 Case Studies [J]. Ecosystem Services, 2016, 17 (2): 24 - 32.

[231] Nelson R., Winter S. An Evolutionary Theory of Economic Change [M]. Cambridge: Harvard University Press, 1982.

[232] Netz B., Davidson O. R., Bosch P. R., et al. Climate Change 2007: Mitigation. Contribution of Working Group III to the Fourth Assessment Report of the Intergovernmental Panel on Climate Change. Summary for Policymakers. Summary for Policymakers. Contribution of Working Group I to the Fourth Assesment Report of the Intergovernmental Panel on Climate Change, Climate Change 2007: The Physical Science Basis, 2007.

[233] Neuteleers S. Engelen B. Talking Money: How Market - Based Valuation Can Undermine Environmental Protection [J]. Ecological Economics, 2015, 117 (9): 253 - 260.

[234] Ng, Y. K. Eternal Coase and External Costs: A Case for Bilateral Taxation and Amenity Rights [J]. European Journal of Political Economy, 2007, 23 (3): 641 -659.

[235] Nordhaus W. A Question of Balance: Weighing the Options on Global Warming Policies [M]. New Haven: Yale University Press, 2008.

[236] Nordhaus W., Boyer J. Warming the World: Economic Models of Global Warming [M]. Cambridge: MIT Press, 2000.

[237] Nordhaus W., Sztorc P. 2013. DICE 2013R: Introduction and User's Manual, Yale University.

[238] Norgaard R. B. Ecosystem Services: from Eye - Opening Metaphor to Complexity Blinder [J]. Ecological Economics, 2010, 69 (6): 1219 - 1227.

[239] Ojha H. R., Ford R., Keenan R. J., et al. Delocalizing Communities: Changing Forms of Community Engagement in Natural Resources Governance [J]. World Development, 2016, 87 (11): 274 -290.

[240] Ojha H. R., Ford R., Keenan R. J., Race D., Vega D. C., Baral, H., Sapkota P. Delocalizing Communities: Changing Forms of Community Engagement in Natural Resources Governance [J]. World Development, 2016, 87 (11): 274 -290.

[241] Ostrom E. Beyond Markets and States: Polycentric Governance of Complex Economic Systems [J]. American Economics Review, 010, 100 (3): 641 -672.

[242] Ostrom E. Crowding out Citizenship [J]. Scandinavian Political Studies, 2000, 23 (1): 3 -16.

[243] Ostrom E., Gardner R., Walker J. Rules, Games, and Common - Pool Resources [M]. Michigan: University Of Michigan Press, 1994.

[244] Ostrom E., Schlager E. The Formation of Property Rights, in Rights to Nature [M]. Washington, D. C., USA, Islang Press, 1996.

[245] Pagiola S., Arcenas A., Platais G. Can Payments for Environmental Services Help Reduce Poverty? An Exploration of the Issues and the Evidence

to Date from Latin America [J]. World Development, 2005, 33 (2): 237 - 253.

[246] Pagiola S., Bishop J., Landell - Mills N. Selling Forest Environmental Services. Market - based Mechanisms for Conservation and Development [J]. Earthscan, London, 2002.

[247] Parlee C. E., Melanie G., Wiber. Institutional Innovation in Fisheries Governance: Adaptive Co - Management in Situations of Legal Pluralism [J]. Current Opinion in Environmental Sustainability, 2014 (12): 48 - 54.

[248] Parlee C. E., Wiber M. G. Institutional Innovation in Fisheries Governance: Adaptive Co - Management in Situations of Legal Pluralism [J]. Current Opinion in Environmental Sustainability, 2014 (12): 48 - 54.

[249] Pascual U., Muradian R., Rodríguez L. C., Duraiappah, A. Exploring the Links between Equity and Efficiency in Payments for Environmental Services: A Conceptual Approach [J]. Ecological Economics, 2010, 69 (6): 1237 - 1244.

[250] Polanyi, K. The Great Transformation [M]. Beacon Press, Boston, 1944.

[251] Porras I., Grieg - Gran M., Neves N. All that Glitters: A Review of Payments for Watershed Services in Developing Countries [J]. International Institute for Environment and Development (UK), 2008.

[252] Porter M. E. America's Green Strategey [J]. Scientific American, 1991 (264): 4 - 96.

[253] Porter M. E., Linde C. V. D. Toward a New Conception of the Environment - Competitiveness Relationship [J]. Journal of Economic Perspectives, 1995 (9): 97 - 118.

[254] Prediger S., Vollan B., FroLich M. The Impact of Culture and Ecology on Cooperation in a Common - Pool Resource Experiment [J]. Ecological Economics, 2011, 70 (9): 1599 - 1608.

[255] Rawlins M. A., Westby L. Community Participation in Payment for Ecosystem Services Design and Implementation: An Example from Trinidad [J].

Ecosystem Services, 2013, 6 (12): 117 - 121.

[256] Rees W. E. Ecological Footprints And Appropriated Carrying Capacity: What Urban Economics Leaves out [J]. Environment and Urbanization, 1992, 4 (2): 121 - 130.

[257] Robertson M. M. The Neoliberalisation of Ecosystem Services: Wetland Mitigation Banking and Problems in Environmental Governance [J]. Geoforum, 2004, 35 (3): 361 - 373.

[258] Robin J. K. , Joshua F. , Christopher J. K. , Determining When Payments are an Effective Policy Approach to Ecosystem Service Provision [J]. Ecological Economics, 2010, 69 (11): 2069 - 2074.

[259] Rodela R. , Tuker C. M. , Šmid - Hribar M. , Sigura M. , Bogataj N. , Urbanc M. , Gunya A. Intersections of Ecosystem Services and Common - Pool Resources Literature: An Interdisciplinary Encounter [J]. Environmental Science and Policy, 2019, 94 (4): 72 - 81.

[260] Rodriguez - Sickert C. , Guzmán R. A. , Cárdenas J. C. Institutions influence Preferences: Evidence from a Common Pool Resource Experiment [J]. Journal of Economic Behavior & Organization, 2008, 67 (1): 215 - 227.

[261] Romer P. M. Human Capital and Growth: Theory and Evidence [J]. Social Science Electronic Publishing, 1989, 32 (1): 287 - 291.

[262] Salzman J. , Ruhl J. B. Currencies and the Commodifification of Environmental Law [J]. Stanford Law Review, 2000, 53 (3): 607 - 694.

[263] Sánchez - Azofeifa G. A. , Pfaff A. , Robalino J. A. , Boomhower J. P. Costa Rica's Payment for Environmental Services Program: Intention, Implementation, and Impact [J]. Conservation Biology, 2007, 21 (5): 1165 - 1173.

[264] Sandel M. J. What Money Can't Buy: The Moral Limits of Markets [J]. International Review of Economics, 2013, 60 (1): 101 - 106.

[265] Satz D. Why Some Things Should Not Be for Sale: The Moral Limits of Markets [M]. Oxford University Press, Oxford, U. K, 2010.

[266] Schmalensee R. , Stavins R. N. Lessons Learned from Three Dec-

ades of Experience with Cap and Trade [J]. Review of Environmental Economics and Policy, 2017, 11 (1): 59 – 79.

[267] Shapiro J. S., Walker R. Why is Pollution from U. S. Manufacturing Declining? The Roles of Trade, Regulation, Productivity and Preferences [J]. NBER Working Paper, 2017, No. 20879.

[268] Sigman H. Transboundary Spillovers and Decentralization of Environmental Policies [J]. Journal of Environmental Economics and Management, 2005, 50 (1): 82 – 101.

[269] Silva E. C. D., Caplan A. J. Transboundary Pollution Control in Federal Systems [J]. Journal of Environmental Economics and Management, 1997, 34 (2): 173 – 186.

[270] Simon H. A. Administrative Behavior: A Study of Decision – Making Processes in Administrative Organization [J]. Administrative Science Quarterly, 1976, 244.

[271] Sohngen B., Mendelsohn R. A Sensitivity Analysis of Carbon Sequestration [R] // SCHLEINGER M E, et al., 2007. Human – Induced Climate Change: An Interdisciplinary Assessment [M]. Cambridge: Cambridge University Press, 2007, 227 – 236.

[272] Sohngen B., Mendelsohn R., Sedjo R. Forest Management, Conservation, and Global Timber Markets [J]. American Journal of Agricultural Economics, 1999, 81 (2): 1 – 13.

[273] Solazzo A., Jones A., and Cooper N. Revising Payment for Ecosystem Services in the Light of Stewardship: The Need for a Legal Framework [J]. Sustainability, 2015, 7 (11): 15449 – 15463.

[274] Sommerville M., Jones J. P. G., Rahajaharison M., Milner – Gulland E. J. The Role of Fairness and Benefit Distribution in Community – Based Payment for Environmental Services Interventions: A Case Study from Menabe, Madagascar [J]. Ecological Economics, 2010, 69 (6): 1262 – 1271.

[275] Stavins, R. N. Experience with Market – Based Environmental Policy Instruments [J]. Handbook of Environmental Economics, 2003 (1):

356 – 435.

[276] Stewart R. B. Models for Environmental Regulation: Central Planning Versus Market – Based Approaches [J]. Boston College Environmental Affairs Law Review, 1992, 19 (3): 547 – 562.

[277] Swallow B. M., Kallesoe M. F., Iftikhar U. A., Noordwijk M. V., Bracer C., Scherr S. J., Raju K. V., Poats S. V., Duraiappah A. K., Ochieng B. O., Mallee H., Rumley R. Compensation and Rewards for Environmental Services in the Developing World: Framing Pan – Tropical Analysis and Comparison [J]. Ecology and Society, 2009, 14 (2): 26.

[278] Swallow B. M., Kallesoe M. F., Lftikhar U. A., et al. Compensation and Rewards for Environmental Services in the Developing World: Framing Pan – Tropical Analysis and Comparison [J]. Ecology and Society, 2009, 14 (2): 26.

[279] Tacconi L. Redefining Payments for Environmental Services [J]. Ecological Economics, 2012, 73: 29 – 36.

[280] Tavoni M., Sohngen B., Bosetti V. Forestry and the Carbon Market Response to Stabilize Climate [J]. Ssrn Electronic Journal, 2007, 35 (11): 5346 – 5353.

[281] The Economics of Ecosystems and Biodiversity (TEEB). The Economics of Ecosystems and Biodiversity: Ecological and Economic Foundations [J]. Routledge, 2010.

[282] Tietenberg T. Emissions Trading: An Exercise in Reforming Pollution Policy [J]. Resources for the Future, Washington DC, 1985.

[283] Tullock G. Externalities and Government [J]. Public Choice, 1998, 96 (3 – 4): 411 – 415.

[284] Uthes S., Matzdorf B. Studies on Agri – Environmental Measures: A Survey of the Literature [J]. Environmental Management, 2013, 51 (1): 251 – 266.

[285] Vaissière A. C., Levrel H. Biodiversity Offset Markets: What Are They Really? An Empirical Approach to Wetland Mitigation Banking [J]. Ecolog-

ical Economics, 2015, 110: 81 -88.

[286] Vatn A. An Institutional Analysis of Payments for Environmental Services [J]. Ecological Economics, 2010, 69 (6): 1245 -1252.

[287] Vatn A. Markets in Environmental Governance from Theory to Practice [J]. Ecological Economics, 2015, 105: 97 -105.

[288] Vatn A., Barton D. N. Lindhjem, H. Movik, S. RingI., Santos R. Can Markets Protect Biodiversity? An Evaluation of Different Financial Mechanisms [J]. Noragric Report, No. 60, 2011.

[289] Vatn, A., Bromley D. W. Choices without Prices without Apologies [J]. Journal of Environmental Economics and Management, 1994, 26 (2): 129 -148.

[290] Wackernagel M., Rees W. E. Our Ecological Footprint: Reducing Human Impact on the Earth [M]. Gabriola Island, BC: New Society Publishers, 1996.

[291] Wackernagel M., Rees W. E. Perceptual and Structural Barriers to Investing in Natural Capital: Economics from an Ecological Footprint Perspective [J]. Ecological Economics, 1997, 20 (1): 3 -24.

[292] Wang K., Wei Y. M., Huang Z. M. Potential Gains from Carbon Emissions Trading in China: A DEA based Estimation on Abatement Cost Savings [J]. Omega, 2016 (63): 48 -59.

[293] Wegener M. Policy Integration in Practice : The integration of Land Use Planning, Transport and Environmental Policy - Making in Denmark, England and Germany [J]. International Journal of Sustainability in Higher Education, 2004, 20 (6): 827 -830.

[294] Westerlund J. Testing for Error Correction in Panel Data [J]. Oxford Bulletin of Economics & Statistics, 2007, 69 (6): 709 -748.

[295] Wilgen B. V., Maitre D. L. Cowling R. M. Ecosystem Services, Efficiency, Sustainability and Equity: South Africa's Working for Water Programme [J]. Trends in Ecology Evolution, 1998, 13 (9): 378.

[296] Winjum J. K., Dixon R. K., Schroeder P. E. Forest Management

and Carbon Storage: An Analysis of 12 Key Forest Nations [J]. Water Air & Soil Pollution, 1993, 70 (1-4): 239-257.

[297] Wolf A. T. Shared Waters: Conflict and Cooperation [J]. Annual Review of Environment and Resources, 2007, 32 (1): 241-269.

[298] Wu H. Y., Guo H. X., Zhang B., Bu M. L. Westward Movement of New Polluting Firms in China: Pollution Reduction Mandates and Location Choice [J]. Journal of Comparative Economics, 2017, 45 (1): 119-138.

[299] Wunder S. Are Direct Payments for Environmental Services Spelling Doom for Sustainable Forest Management in the Tropics? [J]. Ecology and Society, 2006, 11 (2): 23.

[300] Wunder S. Payments for Environmental Services: Some Nuts and Bolts [J]. CIFOR Occasional Paper, 2005, 42: 1-24.

[301] Wunder S. Revisiting the Concept of Payments for Environmental Services [J]. Ecological Economics, 2015, 117: 234-243.

[302] Wunder S. When Payments for Environmental Services will Work for Conservation [J]. Conservation Letters, 2013 (6): 230-237.

[303] Wunder S., Engel S. Pagiola S. Taking Stock: A Comparative Analysis of Payments for ENVIRONMENTAL SERVICES Programs in Developed and Developing Countries [J]. Ecological Economics, 2008, 65 (4): 834-852.

[304] Wunscher, T., Engel S. International Payments for Biodiversity Services: Review and Evaluation of Conservation Targeting Approaches [J]. Biological Conservation, 2012, 152 (8): 222-230.

[305] Xiong Y., Wang K. L. Eco-Compensation Effects of the Wetland Recovery in Dongting Lake Area [J]. Journal of Geographical Sciences, 2010, 20 (3): 389-405.

[306] Yang X., He C. Do Polluting Plants Locate in the Borders of Jurisdictions? Evidence from China [J]. Habitat International, 2015, 50: 140-148.

[307] Yao S., Zhang Z. On Regional Inequality and Diverging Clubs: A Case Study of contemporary China [J]. Journal of Comparative Economics,

2001, 29 (3): 466 -484.

[308] Yew - Kwang Ng. Eternal Coase and External Costs: A Case for Bilateral Taxation and Amenity Rights [J]. European Journal of Political Economy, 2007, 23 (3): 641 -659.

[309] Zhao L. J., Qian Y., Huang R. B., Li C. M., Xue J., Hu Y. Model of Transfer Tax on Transboundary Water Pollution in China's River Basin [J]. Operations Research Letters, 2012, 40 (3): 218 -222.

[310] Zhou P., Ang B. W., Zhou D. Q. Measuring Economy - wide Energy Efficiency Performance: A Parametric Frontier Approach [J]. Applied Energy, 2012 (90): 196 -200.

后　　记

本书是国家社会科学基金重大项目《我国重点生态功能区市场化生态补偿机制研究》（15ZDA054）的最终成果。项目研究历时六载，项目组国内田野调查足迹纵横十余省，并先后赴日本、韩国、澳大利亚等国访问和参加国际会议，在数据获取十分困难的条件下，努力进行了模型构建、制度分析、机制设计、模拟预测和计量分析等工作，突破了过去的研究文献大多停留在定性研究的局限，在理论创新、制度设计和实证研究上作出了较大建树，为生态补偿市场机制的政策制定提供了理论依据。项目组发表论文近百篇，重要论文发表在《经济研究》《数量经济技术经济研究》《中国人口资源与环境》《公共管理学报》《制度经济学研究》《财经智库》《中国环境管理》《林业科学》和 SSCI 检索英文期刊等高水平期刊上；项目已经出版和即将出版专著四部；主编出版《广东省生态文明与低碳发展》蓝皮书五部；向全国政协及广东省政协提出了多项提案。项目在取得良好社会影响和丰硕成果的同时，也留下些许遗憾。我国重点生态功能区种类繁多、幅员辽阔且分布偏远，项目对其研究未臻完善，留待今后继续努力。

项目取得成功是与项目组成员的同心协力以及许多热心相助的机构和个人的慷慨支持分不开的，在最终成果付梓之际，作者在此特表诚挚谢意。他们是：暨南大学傅京燕教授、张宁教授、何凌云教授、陈林教授、陈红蕾教授、朱帮助教授、沈洪涛教授、于艳妮教授、吴建新副教授、莫杨副教授、郑筱婷副教授、谢子雄副教授、伍亚副教授、杨杰老师、何敬宁老师和陈菀菁老师。我们衷心感谢在项目研究过程中给予了大力支持的以下机构（机构中给予宝贵支持的个人恕不一一列举）：广东省生态环保厅、广东省水利厅、珠江水利委员会、广东省林业厅、广东省林科院、广西壮族自治区生态环保厅、贵州省生态环保厅、青海省三江源国家公园管理局、广东河源市政府、广东韶关市政府、浙江淳安县政府、广西田阳县政府、广东省环境权益交易所、广州碳排放权交易所、中国（北京）水权交易所、大自然保护协会（TNC）、善水基金、千岛湖水基金、粤海水务公司、广西民族大学、浙江农林大学、日本兵库县立大学、韩国仁荷大学、澳洲昆士兰大学、澳洲纽卡斯尔大学等。当然，本书存在的所有问题，均由作者负责。

张捷

2021 年 5 月